天然气长输管道与运行维护

刘欢欢　张斌　胡彬　著

吉林科学技术出版社

图书在版编目（CIP）数据

天然气长输管道与运行维护 / 刘欢欢，张斌，胡彬著. -- 长春：吉林科学技术出版社，2024. 5. -- ISBN 978-7-5744-1376-4

Ⅰ. TE973.8

中国国家版本馆 CIP 数据核字第 2024LP8001 号

天然气长输管道与运行维护

著　刘欢欢　张斌　胡彬
出版人　宛霞
责任编辑　郭建齐
封面设计　刘梦杳
制　版　刘梦杳
幅面尺寸　185mm × 260mm
开　本　16
字　数　397 千字
印　张　20.375
印　数　1~1500 册
版　次　2024 年5月第1 版
印　次　2024年10月第1次印刷

出　版　吉林科学技术出版社
发　行　吉林科学技术出版社
地　址　长春市福祉大路5788 号出版大厦A 座
邮　编　130118
发行部电话/传真　0431-81629529 81629530 81629531
81629532 81629533 81629534
储运部电话　0431-86059116
编辑部电话　0431-81629510
印　刷　廊坊市印艺阁数字科技有限公司

书　号　ISBN 978-7-5744-1376-4
定　价　88.00元

前言

石油天然气推动着当今世界经济的发展，而管道作为输送石油天然气最经济的途径，已经成为可以与公路、铁路、水运、航空运输并驾齐驱的重要基础设施。十几年来，大型天然气管道工程的建设与运行关键技术的应用实践，完成了大口径高压力天然气管道设计与施工、运营与维护管理、天然气管道关键设备国产化技术、储气库建设技术、以自动焊为核心的大口径管道机械化施工装备、管道完整性管理、天然气管道运维抢修、管道防腐和防护、地下储气库建设和海洋管道等天然气管道建设与运行的完整技术体系，形成了天然气输送工艺与控制、天然气储存、管道工程建设、运行维护以及材料装备国产化等关键技术，高钢级管线钢应用技术、特殊复杂地段的管道设计和敷设施工技术、大型天然气骨干管网运行调度和远程控制技术等已进入世界先进水平。

目前，我国天然气主干管网初步形成了以西气东输系统（西气东输一线、西气东输二线、西气东输三线）、川气东送、陕京系统（陕京一线、陕京二线、陕京三线、陕京四线）、中缅天然气管道等天然气管道、沿海LNG外输系统为主干线，以兰银线、淮武线、冀宁线为联络线的国家基干管网，同时川渝、华北、长江三角洲等地区已经形成相对完善的区域管网，"西气东输、海气登陆、就近供应"的供气格局基本形成，为持续促进我国大气污染治理、提升人民生活质量、提高天然气利用水平、保障国家能源安全提供了重要的资源支撑。

与此同时，管道里程的延长意味着输送安全将成为重要的安全监管领域。因此，应加强油气管道运行过程管理与应急处置。随着天然气管道的迅速发展，人们发现：大量仍然处于运行中的老旧管道，由于建设时焊接及检验技术落后，管道质量差，破裂泄漏事故频发；或者存在事故隐患，急需检测排查和有效维护管理。与此同时，与管道安全运行有关的新技术日新月异，已经具备了改进的手段。这种状况的存在，客观上要求根据不断变化的管道因素，对管道运营中面临的风险因素进行识别和技术评价，制定相应的风险控制对策，不断改善识别到的不利影响因素，从而将管道运营的风险水平控制在合理的、可接受的范围内。即要按照管道完整性管理的规范进行管理，从而达到减少和预防管道事故发生、经济合理地保证管道安全运行的目的。

本书主要介绍了天然气长输管道施工、管理、保护、运行与维护等方面的基本知识，包括天然气管输、天然气管道系统、设备安装、油气长输管道建设施工、天然气管道设计与施工质量管理、天然气管道的安全技术及措施、管道系统运行与维护、地下管道的表面防护、管道的腐蚀及防腐方法、埋地管道腐蚀与阴极防护、油气管道实时数据的采集与存储、天然气管道完整性管理、天然气管道运行的安全与管理。本书在写作时突出基本概念与基本原理，同时注重理论与实践相结合，希望可以对广大相关从业者提供借鉴或帮助。

本书由刘欢欢、张斌、胡彬、卢振永、刘崇斌、张宜林、施庆年、祖占久、刘畅、洪俊烈、曾庆刚、张翕超、岳从海、代兴旺所著，具体分工如下：刘欢欢（国家管网集团西气东输公司郑州输气分公司）负责第八章、第十章、第十三章内容撰写，计 10.8 万字；张斌（国家石油天然气管网集团有限公司西北分公司甘陕输气分公司）负责第五章第二节至第四节、第六章、第九章内容撰写，计 8.6 万字；胡彬（国家石油天然气管网集团有限公司山东分公司）负责第二章、第三章内容撰写，计 5.4 万字；卢振永（国家管网集团北京管道有限公司石家庄输油气分公司）负责第一章、第七章第六节内容撰写，计 3.5 万字；刘崇斌（国家石油天然气管网集团有限公司西气东输分公司苏北输气分公司）负责第七章第一节至第五节内容撰写，计 3.1 万字；张宜林（国家管网集团西气东输公司长沙输气分公司）负责第十一章、第十二章第一节至第二节内容撰写，计 3.2 万字；施庆年（国家管网集团北京管道有限公司石家庄输油气分公司）负责第四章内容撰写，计 2.1 万字；祖占久（国家管网集团北京管道有限公司石家庄输油气分公司）负责第五章第一节、第十二章第三节至第七节内容撰写，计 3 万字；刘畅（国家管网集团西气东输分公司）、洪俊烈（国家管网集团西气东输分公司）、曾庆刚（四川科宏石油天然气工程有限公司）、张翕超（国家管网集团北京管道有限公司石家庄输油气分公司）、岳从海（中国石油天然气股份有限公司西南油气田分公司）、代兴旺（国家管网集团北京管道有限公司石家庄输油气分公司）负责全书统稿。

本书内容涉及专业范围广、技术性强，因作者经验和水平有限，书中如有错误、纰漏和不妥之处，恳请读者不吝指正。

目 录

第一章　天然气管输

第一节　天然气输送系统及其工艺

天然气具有密度小、体积大、易压缩的性质，从陆上运输来看，管道几乎是其唯一的输送方式。天然气管输系统是一个联系采气井与用户间的由复杂而庞大的管道及设备组成的采、输、供网络。一般而言，天然气从气井中采出至输送到用户，其基本输送过程是：气井（或油井）→油气田矿场集输管网→天然气增压及净化→输气干线→城镇或工业区配气管网→用户。

天然气管输系统虽然复杂而庞大，但将其系统中的管线、设备及设施进行分析归纳，至少包括 4 个基本组成部分，即矿场集输系统、干线输气系统、城市配气系统和天然气储存及调峰系统。

天然气管输系统各部分以不同的方式相互连接或联系，组成一个密闭的天然气输送系统，即天然气是在密闭的系统内进行连续输送的。

一、矿场集输系统及其工艺

矿场集输系统是指天然气从气井采出，经分离、计量、调压、除尘、除液处理后，由集气支线、集气干线输送到天然气处理厂或长输管道首站的输气系统，整个系统包括井场、集气管网、集气站、天然气处理厂和外输总站等。当天然气中含有 H_2S、CO_2 时，须经天然气处理厂进行脱硫、脱水处理，方能输至长输管道首站。

矿场集输工艺流程分为单井集气流程和多井集气流程。

（1）单井集气流程。所有矿场处理的工艺过程均在井场进行，经处理后的天然气在集气站汇集并经分离、调压、计量后输至脱硫厂或外输首站。这种流程多用于高压、超高压及大气量气井。

（2）多井集气流程。井场仅有采气树和缓蚀剂注入装置，天然气经初步减压后经过采气管线送至集气站，所有集气工艺过程都在集气站进行。所有井口来气在集气站进行节流、加热或注醇、调压、分离、计量后通过集气管网集中到集气总站，在集气总站进行进一步的调压、处理和计量后，外输至脱硫厂或外输总站。无论是单井集气还是多井集气，都可以采用树枝状或环状集气管网。具体采用何种流程和集气方式需要根据矿场气井的分布、产量、压力和气体性质等进行综合技术经济比选后方能确定。

二、干线输气系统

干线输气始于与气田外输总站毗邻而建的输气首站，终于输气末站。长距离干线输气管道系统包括输气首站、中间压气站、分输站、阀室、障碍穿跨越、阴极保护站、清管站等主要工艺站场，并有通信、自控、维护抢修等辅助生产系统。

输气干线的主要作用是将天然气输送到各个分输站和终点配气站。在中国由于资源与市场分布不均衡，天然气产地大多远离天然气消费中心，因此需要建设大型管道进行长距离输送。大型输气管道系统的特点是年输气规模大、管径大、输气压力高、运距长，多为跨国输气管道系统或国内的干线输气管道系统年设计输气规模一般都在几十亿立方米以上，有的甚至达到数百亿立方米。比如亚马尔输气管道是俄罗斯向欧洲供气的主要管道，设计输气规模为320亿立方米/年，管径为1420mm、工作压力为7.5MPa，在苏联境内全长4451km（未计算国外部分），共设压气站41座，压缩机组134台，总装机功率约3000MW。大型输气管道是一个庞大的复杂工程系统，往往是一个独立经营的企业，独立进行经济核算。

输气首站是输气干线的起点。它接收气田来气，经过升压、计量后向下一站输送。在气田开发初期，地层压力较高而输气量较小时，气层压力足以满足将天然气输送到下一站，则输气首站可暂不设压缩机组。但随着输气量的增加，所需起输压力不断增加，此时就需要增建压缩机组。

干线输气系统的核心是压气站。压气站的作用是为输送天然气提供必要的压力能。天然气在管道中运输，随着输送距离的增加，压力能不断减少，因此为了维持天然气的正常输送，在管道沿途需要每隔一段距离就设置一座压气站。当气田来气的压力不够时，输气首站便是第一座压气站，其后的压气站均为中间压气站。但当气田来气的压力足够时，输气首站此时的作用仅相当于一个调压计量站。

输气末站是干线输气管道的末端，其作用是向城市配气管网或大型用户供气，本质上也是一个调压计量站。通信、自控、维护抢修等属于干线管道系统的辅助生产系统，是干线管道正常生产运营和安全供气的有效保障。

三、城市配气系统

城市配气系统是天然气输送系统的延伸，是城市门站从干线管道输气末站或分输站接气之后，通过城市各级配气管网向不同用户供气的系统。城市配气系统由城市门站、各级配气管网、储气设施、调压设施、管理设施和监控系统等组成。城市输配系统压力级制的选择，门站、储配站、调压站和燃气干管的布置，应根据燃气供应来源、用户的用气量及其分布全面规划、分步实施，逐步形成环状管网供气。

城市配气系统的主要用户是居民用气和冬季采暖，用户用气存在月、日和小时用气的不均衡性，在城市管网设计时要处理好如何解决用户调峰的问题。

四、天然气储存及调峰设施系统

由于受资源条件的限制，气田生产的天然气大多需经长距离管道输送至用户。而在使用天然气的过程中，存在着输气管道均衡供气与用气量不均衡的矛盾，这个矛盾对于城市燃气用户和天然气发电用户而言尤为突出。长输管道虽然具有一定的调峰能力，但由于市场需求峰谷差悬殊，单靠输气管道是无法解决的，也不一定经济。为解决这一问题，就需要建设天然气储存和调峰设施以平衡供需时序的不均衡，满足整个供气系统的调峰要求。

天然气储存和调峰系统包括地下储气库、高压储气罐、高压管束、干线管道末端储气、液化天然气及液化石油气储备等多种措施。地下储气库是天然气储存的最佳方式，是天然气输送系统的重要组成部分，但其易受地质条件的限制。

天然气储存和调峰系统的作用是在用气低峰时储存管道系统中富余的天然气，而在用气高峰时参与供气、补充干线管道供应的不足。

天然气输送系统是连接天然气产、运、销、储的纽带，天然气的特殊性质决定了天然气利用必须考虑天然气上、中、下游的协调发展。天然气供应、销售要注意产、运、销、储的衔接，下游终端销售应通过调查研究和资料分析，在完成各类用户全年综合用气负荷资料的基础上，提出逐月、逐日用气计划，积极与供气方协商落实供气计划，同时建设必要的储气调峰设施，以满足高峰期的用气需求。天然气供应方则应积极组织天然气气源，充分发挥上游、管道和地下储气库的调峰能力，切实保证天然气的安全平稳供应。

第二节　天然气输送线路选择及地区等级划分

一、输气线路的选择

(一) 线路选择原则

线路选择是输气管道工程设计的一部分，是输气管道设计的基础，直接关系着设计方案的制定和优化。输气管道是一个庞大的系统工程，线路工程在整个工程投资中占很大的比重，因此输气线路的选择在整个管道设计过程中处于重要的地位。输气线路的选择应针对工程的自身特点，以优选线路走向、贯彻管道建设与沿线自然环境条件有机结合为核心，管道工程设计与地方规划建设相符合为重点，处理好水土保持、管道保护的关系，通过多学科的综合研究和先进勘察手段的应用，达到设计建设“绿色”管道的最终目的。

(二) 线路选择的一般与特殊要求

1. 线路选择的一般要求

(1) 线路的选择要结合气源的地理位置和市场的分布进行选择，要符合输气工程的总体走向要求。

(2) 以市场为导向，密切结合主要目标市场，合理兼顾其他用气市场，确保线路建设与天然气需求相吻合。

(3) 符合全国天然气管网总体规划布局，处理好干线与支线的关系。

(4) 与沿线的城市建设规划相结合，采纳各地政府的合理建议，避免孤立化建设造成的布线滞后或与城市发展不符的问题。

(5) 线路应尽量避开不良地质地段，绕避不开时应尽量减少其通过长度。

(6) 尽量依托现有公路，以利于管道施工和运营管理。

(7) 在符合线路总体走向的前提下，合理选择大型河流穿越、跨越位置。

(8) 严格执行国家和行业相关设计规范和标准、国家和地方的法律法规。

2. 线路选择的特殊要求

长输管道输送距离较长，管道所经地貌类型主要有平原、低山、丘陵、山地、高原、沙漠、戈壁等。管道在实际选线时，应根据管道线路走向途经区域的不同，制定不同线路段的特殊选线原则，在确保安全、稳定、可靠的条件下，尽量控制和减少管道线路段工程量，以降低投资。

(1) 平原区的选线要求

① 站场位置在符合管线总体走向的同时，充分考虑站场的功能需求以及运营管理的社会依托条件；

② 线路应尽量绕避城市规划区、多年经济作物区；

③ 应尽量避开地震断裂带和灾害地质地段；

④ 合理选择大型河流穿越及跨越位置；

⑤ 应尽量减少管道与河流、沟渠交叉；

⑥ 应避开自然保护区、风景名胜区、旅游区和军事区。

(2) 山地、丘陵区的选线要求

① 应选择较宽阔、纵坡较小的河谷、沟谷地段通过;

② 尽量选择稳定的缓坡地带敷设，避开陡坡、陡坎和陡崖地段;

③ 尽量减少对森林植被的破坏;

④ 应避开自然保护区、风景名胜区、旅游区和军事区;

⑤ 应尽量绕避煤矿采空区。

(3) 黄土地区的选线要求

① 在黄土沟壑区应尽量选择黄土湿陷等级较低的非自重湿陷区段通过;

② 应尽量选择与管道整体走向相一致的黄土梁上通过;

③ 应尽量避开黄土冲沟发育，滑坡、崩塌、泥石流等易发地区。

(三) 影响线路选择的因素

1. 气源和市场的地理位置

气源和市场是输气管道线路走向选择的两个关键控制点。市场距离气源较近时，一般利用气田的压力就能满足输气的要求，不必考虑增压的问题，多选用较小的管径。而主要目标市场距离气源较远时，就要根据市场的分布，综合考虑天然气的流向，选择合理的管径和压力，通常需要考虑建设压气站，向市场供气则多采用干线和支线相结合的方式进行。

2. 沿线的自然条件

沿线的自然条件主要指线路通过地区的水文、气象、地形、地貌、工程地质条件和江河湖泊等。

管道线路选择时要充分考虑沿线地质情况对管道建设和运营的影响，应尽量避开淤泥软土、冻土、沙漠、湿陷性黄土、滑坡、泥石流、地震断裂带、煤矿采空区等不良地质带。如果避让不开，需要建设必要的防护措施。在管道的建设过程中，一些大型的河流穿跨越工程和隧道穿越往往成为制约管道工程建设进度、工程投资水平和运行管理的重要因素。在线路比选的时候，要充分考虑方案实施的可能性和可行性，尽可能进行定量分析，进行技术经济对比。与此同时，在进行管道工程可行性研究的过程中，还要根据沿线地震断裂带、地质情况、自然保护区、文物古迹、水源保护区等的分布情况，进行地震断裂带、环境保护、安全评价、水土保护等专题报告。

3. 沿线城镇的发展现状与规划

管道沿线站场的建设以及管道的运营管理需要考虑交通、电力、水源等社会依托条件，线路选择时应尽可能靠近目标市场，但建设时需要考虑是否与沿线城镇的建设规划相冲突，要有效避让这些规划区域。若实在避让不开，应征得地方政府及规划部门的许可，并充分评价地方规划建设对管线的影响。

二、输气线路地区的等级划分

（一）管道设计的安全原则

在输气管道设计中，对管道与公共安全的考虑主要遵循两种不同的设计原则：一是距离安全的设计原则，如苏联的建筑标准和规范，它的原则是对管道系统强度有一定的要求，但主要做法是控制管道与周围建筑物的距离，以此对周围建筑物提供安全保证；二是强度安全的设计原则，如美国的标准规范，它的原则是严格要求管道及其构件的强度和严密性，并贯穿于从管道设计、设备材料选用、施工、生产、维护到更新改造的全过程。以强度确保管线系统安全，从而为周围建筑物提供安全保证，被欧美国家管道设计广泛采用。中国的长输管道国家设计标准《输气管道工程设计规范》（GB 50251—2015）采用强度安全设计原则，管道按所处的不同地区采用不同的设计系统，提供不同的强度储备保证不同地区的安全要求。

（二）线路地区的等级划分

《输气管道工程设计规范》（GB 50251—2015）的相关规定有以下几方面。

（1）输气管道所通过地区，应按沿线居民户数和（或）建筑物密集程度划分为4个地区等级，并依据地区等级作出相应的管道设计。

（2）沿着管道中心线两侧各200m范围内，任意划分成长度为2km并能包括最多数量供人居住的建筑物的若干地段，按划定的地段内供人居住的建筑物内的户数划分为4个地区等级（农村中人口聚集的村庄、大院、多单元住宅，按每一独立户作为一个供人居住建筑物计算）。一级地区：供人居住的建筑物内的户数在15户或以下的区段。二级地区：供人居住的建筑物内的户数在15户以上100户以下的区段。三级地区：供人居住的建筑物内的户数在100户以上的区段，包括市郊居住区、商业区、工业区、发展区以及不够四级地区条件的人口稠密区。四级地区：系指四层及四层以上楼房（不计地下室层数）普遍集中、交通频繁、地下设施多的区域。

（3）在一级、二级地区内人群聚集的场所，如学校、医院以及其他公共场所等应按照三级地区对待。

（4）在划分地区等级时，应考虑该地区的发展规划，如足以改变该地区的现有等级，应按发展规划划分地区等级。

（5）地区等级范围的边界线，距最近一幢建筑物外边缘应≥于200m。

第三节　天然气管道的用管选择与敷设

一、天然气管道用管

西气东输和进口周边国家天然气项目的实施，将拉动天然气管道运输业的发展，为提高经济效益，降低输气成本，扶持国内冶金工业的发展，作为管道投资项目的主题——管道用管如何合理选用具有重要意义。

(一)因地制宜确定管道用管类型

目前用于干线输气管道的钢管类型主要有直缝焊管和螺旋缝埋弧焊管，其中，直缝焊管又包括电阻焊（Electric Resistance Welding，ERW）和埋弧焊直缝焊管（包括UOE、RBE和JCOE三种成型）。国外对于直缝焊管，在直径小于610mm时，选用ERW直缝焊管；直径大于660m时，选用UOE直缝焊管。螺旋缝埋弧焊管由于焊管成本低、生产管径范围宽、管道结构脆性，破坏时不影响断裂的延伸性等优点，20世纪五六十年代曾在国外油气管道建设中占统治地位。自20世纪七八十年代以来，随着高压输气管道发展对钢管可靠性要求的逐渐提高，螺旋缝埋弧焊管的应用受到UOE及ERW直缝焊管的严重挑战。由于UOE直缝焊管具有残余应力小、成型和焊接质量好、焊缝短等一系列优点，成为目前质量最好、可靠性最高的钢管，有逐渐替代螺旋缝埋弧焊管的趋势。据不完全统计，近年来在国外长输管道中，约有75%采用直缝焊管（ERW和UOE直缝焊管），25%采用螺旋缝埋弧焊管。

在国外高压干线输气管道中，选用螺旋缝埋弧焊管或UOE直缝焊管并无特别的差异和严格规定，总的原则是，在满足管道技术性能要求的前提下，决定性因素取决于具体项目的经济性和国家制管业的现状。例如，美国Amco等一些油气公司明确规定，禁止在油气长输管道上使用螺旋缝埋弧焊管。德国有关规范标准虽没有限定采用何种钢管，但因其制管业以生产UOE直缝焊管为主，因此在管道建设中大量应用UOE直缝焊管。德国原五家螺旋缝埋弧焊管厂中，至今只保留了一家，其生产的焊管用于输水管道。俄罗斯有关标准规范允许输送净化气时可使用螺旋缝埋弧焊管，并在大部分独联体地区统一供气系统上采用了螺旋缝埋弧焊管。

加拿大由于对现有制管设备和螺旋缝埋弧焊管安全性的开发和研究，特别是腐蚀、开裂、止裂的研究，获得了世界领先的螺旋缝埋弧焊管生产技术，形成了一整套螺旋缝埋弧焊管安全使用理论，保证了高压输气管道的安全性和可靠性。因此，其制管产品以螺旋缝埋弧焊管为主，并在全国25万公里大口径输油气管道上（采用UOE直缝焊管的河流穿跨越等特殊地段除外）大量采用了螺旋缝埋弧焊管，从而节省了大量运费，降低了管道项目成本。目前在建的全长2968km、管径为914～1067mm、输气压力为12MPa的加拿大哥伦比亚省北部到美国芝加哥的ALLICANCE长输管道用管中，加拿大境内段约1600km长管道采用了X70螺旋缝埋弧焊管，焊管许用应力为0.808，壁厚为1423mm；美国境内段1428km长管道采用了X70的UOE直缝焊管，焊管许用应力为0.728，壁厚为15.8mm。这是螺旋缝埋弧焊管和UOE直缝焊管在管道选型中混用的最新实例。

国内为实施西气东输和跨国油气管道项目，由中国石油规划设计总院和石油管材研究所等单位合作开展了油气长输管道使用国产螺旋缝埋弧焊管的可行性研究工作。通过对27根各种钢管1931个试样的多种试验，取得了近万个数据并全面系统地评价了国产螺旋缝埋弧焊管与进口UOE焊管的力学性能。试验结果同样表明：国产螺旋缝埋弧焊管在非腐蚀性气管道的一级、二级地区可与进口普通UOE直缝焊管等共同采用；在三级、四级地区及一些特殊地段，为确保管道安全可靠性，宜采用高质量直缝埋弧焊管。

（二）关于管道用管钢级

随着输送压力的提高，世界范围内管道用管钢级一直在向高强度及超高强度钢级发展。目前，X70级和X65级已成为最主要的管道用钢，是在70～10MPa输气压力时国际公认的大口径输气管道用管的理想钢级，尤其是X70，因为这两种钢级技术成熟，韧性和可焊性好，使用风险小。根据对德国Europipe制管公司（欧洲最大的钢管制造公司）1991—1999年为输气管道（直径为508～1524mm）用UOE直缝焊管供货的统计，在总生产量为5035084t钢管中，X65级和X70级钢管的生产量分别占总生产量的37.3%和52.0%。X65级和X70级钢管的供货量占总量的89.3%，特别是近三四年来，X70级钢管供货量已超过X65级钢管，充分说明了这一趋势。

X80级UOE直缝焊管由德国Manesmann钢管公司研制成功并由德国鲁尔公司铺设了管径为1220mm、壁厚为18.3mm和19.4mm、长度为250km、输气压力为10MPa的输气管道。X80级螺旋焊缝管由加拿大IPSCO钢铁公司和Stelco公司于20世纪90年代研制成功，由NOVA等几家管道公司共铺设长约200km的输气管道。迄今为止，全世界采用X80级钢管共铺设了8条，总长度为462km的输气管道，标志着X80级钢管的生产和管道施工技术日趋成熟。但是，由于缺乏实践经验以及配套焊接和管件等问题还需进一步完善，X80级钢管的生产和使用量还不大。X90级和X100级钢管已由加拿大IPSCO钢铁公司和德国Europipe制管公司研制成功，但目前世界上还没有X100级钢管的应用实例。

（三）关于大口径钢管管径和焊管长度选择

确定输气管道管径应综合考虑输量和压缩机组的能力以及具体国家的制管能力、制管设备、施工机具及管件的供货能力。1220mm 是西方推荐和目前西方所建的最大口径的输气管道，与此相配套的管件和施工设备均已成熟。但是，在独联体和伊朗输气管道中，φ1420mm 管径和 7.5MPa 输气压力是推荐和实际应用的最大管径和最大输气压力。

制造和运输设备的进步使生产更长管长的焊管成为可能，采用较长的钢管能减少管道在现场的焊接和检验工作量，提高施工速度，大量节约管道建设成本，因此，目前国外在管道建设中尽量使用较长的钢管。如正在建设的从加拿大到美国芝加哥的 Alliance 输气管道采用了 24m 长的焊管，俄罗斯正在修建的从亚马尔到德国的输气管道采用了 18m 长的焊管。

（四）建议

（1）在保证管道安全可靠的前提下，为降低管道建设和运行成本，同时扩大内需，扶持国内冶金工业，建议在目前国内干线输气管道用管中，允许混用直缝埋弧焊管和螺旋缝埋弧焊管，在国内冶金工业提供的板材厚度能够满足制管要求的前提下，应优先在一级、二级地区选用螺旋缝埋弧焊管；在人口稠密的三级、四级地区和一些特殊地段，宜选用直缝埋弧焊管，在压缩机站的进、出站部分地面管道也宜采用直缝埋弧焊管。

（2）目前国内冶金工业可批量供货的热轧卷板最高钢级为 X65，最大壁厚为 14.3mm。经过技术改造，国内有可能提供钢级为 X70、壁厚为 16mm 的热轧卷板，用于螺旋缝埋弧焊管的生产。建议在现有生产基础上加强 X70 级钢的应用和批量生产，增大产品管径、壁厚和管长。为满足特殊地段管线用管需要，建议尽快引进直缝埋弧焊管机组。为了做好今后输气管道建设的技术储备，还应注重 X80 级钢的研制和使用。

（3）结合计划建设的长 4200km、钢耗达 174 万吨的“西气东输”管道工程，建议石油、冶金、制管等行业应尽快研究落实该工程的用管类型、钢级及国内冶炼和制管能力等问题，并应组织有关研究院所对采用的钢管进行先期安全评价，特别要进行钢管的研究和设计，以保证该工程的安全可靠性和经济性。

二、天然气管道敷设

根据管道敷设的地形、地质、水文及气候条件的不同，管道采用的敷设方式也不同。之前常用的管道敷设方式主要有埋地敷设和架空敷设，具体形式包括地下敷设、半地下敷设、地上敷设（土堤敷设）和架空敷设。

（一）地下敷设

地下敷设是长输管道最常用的一种管道敷设形式，埋地管道的顶端位于地表以下一定位置处。地下敷设施工方便、费用低，不影响自然环境和农业生产，管道不易遭受外力损坏，适用于绝大多数地区。但在活动性滑坡、崩塌、泥石流地区和可能发生较大地层移动的采矿区则不适宜采用地下敷设。地下敷设又分为弹性敷设和非弹性敷设。利用管道的弹性弯曲改变管道的平、竖面转角称为弹性敷设；而利用弯头或弯管改变管道的平面走向和适应纵向变化称为非弹性敷设。

地下管道覆土层最小厚度与管道敷设的地区等级和覆土类型有关。

在不能满足最小覆土厚度、外载荷过大的地方，外部作业可能危及管道之处，管道均应采取保护措施。

1. 管沟边坡坡度要求

管沟边坡坡度应根据土壤类型和物理力学性能（如黏聚力、内摩擦角、湿度、容重等）确定。

2. 沟底深度

管沟深度大于3m而小于5m，沟底宽度可适当加宽。如果管沟需加支撑，在决定沟底宽度时，应考虑支撑结构的厚度。沟深度大于5m，应根据土壤类别及物理力学性质确定沟底宽度。岩石、砾石区的管沟，沟底应比设计深度超挖0.2m，用细土或沙将超深部分铺上垫层，平整后才允许管道下沟。

3. 管沟回填要求管沟

回填应先用细土回填至管顶以上0.3m，才允许用土、沙或粒径小于100mm的碎石回填并压实。管沟回填土高度应高出地面0.3m。

（二）土堤敷设

土堤敷设是在不宜开挖管沟或开挖不足的地段，在地面筑土堤以保证管道的覆土深度。它一般用于非农业区地下水位较高和沼泽地区，其缺点是土堤土壤稳定性差，阻拦自然排水，妨碍地面交通。当管道采用土堤敷设时，应符合下列规定。

（1）管道在土堤中的覆土厚度不应小于0.6m，土堤顶部宽度应大于2倍管径，但不得小于0.5m。

（2）土堤的边坡坡度根据自然条件、土壤类别和土堤高度确定。黏性土堤的压实系数为0.94～0.97。堤高2m以下时，边坡坡度采用（1：0.75）～（1：1.1）；堤高

2～5m时，边坡坡度采用（1∶1.25）～（1∶1.5）。土堤受水浸没部分的边坡采用1∶2的坡度。

（3）位于斜坡上的土堤，应进行稳定性计算，当自然地面坡度大于20%时，应采取防止土沿坡面滑动的措施。

（4）当土堤阻碍原地表水或地下水流动时，应设置泄水设施。泄水能力根据地形和汇水量按防洪标准25年（重现期）洪水量设计，并应采取防止水流对土堤冲刷的措施。

（5）填筑土堤的土壤透水性能不宜差别过大，否则在填土内易形成水囊，损坏土壤。

（6）沿土堤基底表面的植被应清除干净。

（三）架空敷设

架空敷设的管架高度应根据使用要求确定，一般以不妨碍交通，便于检修为原则。常用输气管支架有钢支架、钢筋混凝土支架和管墩，根据不同高度、位置和受力状况经计算后确定。

（四）半地下敷设

半地下敷设是介于地上和地下敷设之间的一种敷设方式，是在上述敷设无法实现时使用的一种敷设方式。

第四节　天然气管道的风险因素分析

一、天然气管道的安全与风险概述

（一）安全理念

天然气管道安全管理的核心理念是保证管道系统的安全、可靠、高效运行。要在管道的规划设计、施工建设、投产试运、运行维护等各个阶段，始终贯穿这一安全理念。

所有天然气管道的设计思想及生产经营活动都应遵循以下评估优先顺序：安全性、可靠性、高效性。

1. 安全性

安全是一个相对概念，即天然气管道运行过程发生事故的概率或造成的人员伤亡、财产损失程度在人们的可接受范围。从这一角度而言，安全包括如下三个层次：

(1) 人员保护

人员保护是指要实现人员的零伤害目标，即所有的活动不会对员工、供 / 用气方和社会公众造成任何伤害。

在进行新管道系统建设和对老管道系统进行改造时，从系统设计、运行、维护以及人员安全装备等各个方面都应满足或高于核心理念中的安全要求。

(2) 环境保护

目前环境保护已成为全球性问题，在我国正日益受到人们的重视。因此，必须通过细化管道管理程序来保证天然气管道的建设和运营不会对环境造成持续性破坏。

(3) 资产保护

资产保护是指要实现资产零损失的目标，即管道运营者、供 / 用气方或公众以及任何运行工况下都不会造成资产的损失。

管道运营者在进行涉及安全问题的决策和行为时，必须遵循首先要满足对人和环境的保护，再考虑资产保护的原则。

以上多次提到安全目标，安全目标当前主要依靠绩效评价方法进行考核确定，以每年各类事故发生数量为主要依据来进行考核。绩效评价的目的是完善公司管理程序，提高绩效和效率。质量安全环保部门负责事故报告格式确定，事故调查和通报，以及提出整改意见。

2. 可靠性

可靠性，有时也称为管道的有效性，主要是指通过对管道系统精心管理、精细维护和技术改进，从而延长管道系统的正常运行时间，达到提高管道系统的有效性或可靠性的目的。管道系统的有效性或可靠性主要通过顾客满意度来评价，其评价指标包括供气时间、供气量和合同的履行情况等。

可靠 / 有效目标的绩效评价是通过每年未能满足合同规定的计划量或输送压力的次数进行考核。

3. 高效性

通过降低能耗等方式，实现管道高效运行的目标，该目标也是在进行系统设计、维护时需要满足的要求之一。但是，在任何情况下，效率的重要性不能超过安全和可靠的重要性。对于管道系统而言，首先要满足安全要求，其次要满足可靠性和有效性的要求。

效率目标的绩效评价通过总维护成本、维护成本比率和单位输气能耗进行考核。维护成本比率，即每年非计划维护成本占总维护成本的比例。维护成本比率和单位输气能耗值越小，效率目标值越高。

(二) 安全风险

要保证管道安全运行，首先要知道管道的运行状况，预知管道的薄弱环节和事故隐患所在，通过维修和更换，最大限度地降低管道的运营风险。现在世界上发达国家都十分注重在役管道的风险管理，许多国家通过立法的形式，从法律角度明确规定要对管道进行定期风险评估。

所谓风险管理，是将整个企业或项目单元的风险降低到可接受水平的业务流程。主要包括风险辨识、风险评估、执行决策、风险测量（评定决策的有效性）等。

所谓风险评估，是利用风险评价技术或方法，对将要发生的事故、时间、后果、影响及其发生概率，以及各种技术经济效果进行准确的量化分析，给出可接受的风险水平、风险控制方法和原则，制定减少系统风险的有效措施。

有了安全风险管理最优策略，风险可以大幅降低，对付风险所需的时间和精力也大大降低，安全程度和安全管理水平进一步提高。

天然气管道最主要的安全风险是输气管道发生泄漏、火灾、爆炸的风险。由于天然气属易燃、易爆、有毒物质，输送时天然气中含有的硫化氢、二氧化碳、游离水、粉尘等杂质会对管道系统造成危害，同时管道沿线环境、地质、气象和水文等灾害的影响和管材本身的缺陷以及人为破坏及操作失误等因素，在一定条件下都会对管道本身产生危害并酿成灾害，导致管道发生泄漏、火灾、爆炸事故。这不仅在经济上造成财产损失、给社会公众的生活造成影响，同时还危害生态环境和公共安全，进而造成人员中毒、伤亡、生态环境的污染和破坏等灾难性后果。

二、输气站场的风险因素分析

(一) 站场类型及设施

一般天然气管道包括首站、压气站、分输站、注入站、清管站以及以上站场的组合站和线路阀室。站内主要设备如下。

1. 首站

气质监测及分析系统、过滤、分离设备，计量设备，压缩机组及其配套设备，清管器发送系统，紧急截断系统，通信及自控系统，电气系统，放空、排污、安全泄放系统，自用气系统，可燃气体监测火灾报警及消防系统，防腐检测及控制系统等。

2. 压气站

压缩机组及其配套设备，过滤、分离设备，清管器接收，发送设备，紧急截断系统，通信及自控系统，电气系统，放空、排污、安全泄放系统，自用气系统，可燃气体监测火灾报警及消防系统，防腐检测及控制系统等。

3. 分输站

过滤、分离设备，清管器，接收、发送设备，调压计量系统，紧急截断系统，通信及自控系统，电气系统，自用气系统，放空、排污、安全泄放系统，可燃气体监测火灾报警及消防系统，防腐检测及控制系统等。

4. 注入站

气质监测及分析系统，过滤、分离设备，计量系统，紧急截断系统，压缩机组及其配套设备，清管器接收、发送设备，通信及自控系统，电气系统，自用气系统，放空、排污、安全泄放系统，可燃气体监测火灾报警及消防系统，防腐检测及控制系统等。

5. 清管站

分离设备，过滤设备，清管器接收、发送设备，紧急截断系统，放空、排污、安全泄放系统，防腐检测及控制系统等。

6. 联络站

气质监测及分析系统，分离设备，过滤设备，调压、计量系统，紧急截断系统，通信及自控系统，电气系统，自用气系统，放空、排污、安全泄放系统，可燃气体监测火灾报警及消防系统，防腐检测及控制系统等。

7. 末站

分离设备，过滤设备，调压、计量系统，清管器接收设备，紧急截断系统，通信及自控系统，电气系统，自用气系统，放空、排污、安全泄放系统，可燃气体监测火灾报警及消防系统，防腐检测及控制系统等。

(二) 主要危险源

站场的主要危险有管道及设备设施、站场设备故障和控制系统故障等。

1. 站场设备

由于运行压力较高，且有不均匀变化，因此存在着由于压力波动、疲劳、腐蚀等引发事故的可能；站场均有过滤设备，当过滤分离器的滤芯堵塞时，如果差压变送计失灵，安全阀定压过高或发生故障不能及时泄放，就会造成憋压或泄漏事故。站场计量、调压系统的设备和仪表较多，若这些设备和仪表失灵、法兰安装密封不可靠，可能发生泄漏事故。站场过滤及分离设备效果欠佳或失效，可造成弯头减薄或击穿、阀门内漏、调压系统失效等问题，引起着火、爆炸或爆管等恶性事故。

2. 控制系统

站内现场仪表是实现 SCADA 系统和 ESD 系统控制的关键，如机组运行检测系统、压力检测、计量系统、可燃气体监测火灾报警系统、通信系统等，这些系统及仪表的性能以及日常使用和维护直接关系到整个管道系统运行的安全。另外，站内控制系统还会受雷电天气的影响。尤其是在夏季雷电频发的地区，控制系统元件极易因雷击受到损坏和出现强烈的信号干扰。

3. 天然气排放

管道投产、清管作业、站内设备检修、运行超压以及事故状态都有少量天然气采用火炬燃烧或直接向大气排放的方式放空，每次排放量从几立方米至几十立方米不等。当管道排放天然气与空气混合达到爆炸浓度极限时，存在爆炸危险和造成大气局部污染的可能性。

4. 管道中固体物、液态物

（1）固体物。由于天然气气质和管道腐蚀等原因，管道中还有一些固体废物，主要有沙粒粉尘和腐蚀物（成分是氧化铁和少量的其他氧化物，如氧化镁、氧化锰、氧化铝）等。这些固态物可能会堵塞过滤分离器或排污管线，并对设备造成磨损。

固体废物中的硫化亚铁还可能对清管作业和设备的检修造成隐患，因为硫化亚铁具有自燃性，一旦接触空气在常温条件下能迅速氧化燃烧。

（2）液态物。液态物主要是游离态水或轻烃类物质。游离态水主要是由于管道施工打压后干燥不彻底或天然气净化厂处理不完全所造成的；轻烃类物质主要是由于运行压力变化而凝结出的液态烃。水与天然气中的酸性气体结合对管道及设备产生腐蚀，轻烃排污减压后汽化处理不当可引起着火、爆炸。

另外，天然气中游离态水还会对设备和管道造成影响，具体表现为对管道的腐蚀、产生冰堵、冻裂设备、控制失灵等。

其中水造成控制系统全部或部分失灵的案例很多，以下只选几种比较典型的加以分析。

① 由于结冰导致监控级调压阀指挥器失灵，当下游达到设定值后，监控级调压阀不能自动关闭，使下游压力超高，安全截断阀关断。

② 由于气体中存在的游离态水发生冰堵，造成安全阀气源管路堵塞，导致差压超限而泄压。

③ 由于气体中存在的游离态水发生冰堵，导致气液联动阀控制单元引压管堵塞，导致阀门误关。

5. 噪声

站场内噪声声源主要来自燃气轮机压缩机组、调压系统、放空系统、清管系统等。燃气轮机压缩机组、调压系统的噪声值比较大，操作人员每天接触此噪声，如果防护不当，可能对操作人员的听力造成一定损伤；备用电源的燃气发电机在运行时、大量放空时的噪声都较大，如果防护不当，也可能对操作人员的听力造成伤害。

6. 其他

站场内还存在操作人员意外伤害的可能，如接触电气设备时可能发生触电事故；天然气泄漏发生火灾、爆炸或中毒窒息事故；承压设备上的零部件固定不牢或设备超压可能发生物体打击事故；加热设备运行时可能发生蒸汽泄漏事故，使操作人员遭受高温灼伤。

(三) 各类站场主要危害分析

1. 压气站

压气站的主要设备是燃气轮机（或调速电机）压缩机组，主要故障是因机组的供油系统、自控系统、供电系统和机组部件损坏等原因引起的停机。据统计，约 90% 的故障是由于操作不当、超限运转和停电造成的；约 10% 的故障是由于机组的部件损坏造成的，由于部件的损坏和维修的停机将会直接影响系统的输气能力。

(1) 压缩机系统火灾危险性。天然气泄漏和原动机产生火花（明火）是站场发生火灾、爆炸事故的重要原因。压缩机系统火灾危险性表现在以下几方面。

① 易形成爆炸性混合物。天然气通过缸体连接处、吸排气阀门、轴封处、设备和管道的法兰、焊口和密封等缺陷部位泄漏，或设备局部腐蚀穿孔、疲劳断裂等，导致高压天然气喷出，与空气形成爆炸性气体混合物，遇火源引起空间的爆炸或火灾。如入口处发生抽负现象，可能会使空气从不严密处进入设备系统内部，形成爆炸性气体混合物，如遇到火源或经压缩升温增压，就会发生燃烧甚至爆炸。

② 设备内温度超高。天然气经压缩后温度会迅速提高，如果设备内冷却系统不能有效地运行，会使润滑油黏度降低，失去润滑作用，使设备的运行部件摩擦加剧，进一步造成设备内温度超高；同时，高温能使某些介质发生聚合、分解以致自燃引起火灾。

③ 误操作。操作人员会因受心理、生理或情绪等方面的影响出现操作失误。例如，压缩机发生事故需紧急停车时，操作人员因紧张而未能及时关闭进气阀，也会造成供气设备的增压，最终导致爆炸。另外，压缩机的出口被人为关闭或未能及时清洗的异物堵塞都有可能造成憋压，导致压缩机发生物理性爆炸。

④ 设备缺陷。设备缺陷或故障产生于设计、制造、安装、运行和检修等的各个环节，主要是由于材质及制造工艺不良所致。例如，安全阀被堵塞或损坏而失灵，超压部位得不到及时泄放导致的爆炸；压力或温度显示仪表出现读数差错或显示失

真时引发的误操作导致的爆炸；压缩机的受压部件机械强度本身不符合要求或因水浊、腐蚀性介质等腐蚀，使其强度下降，在正常的操作压力下也能够引起物理性爆炸。

(2) 压缩机喘振危害。由于天然气输送量不均匀，离心式压缩机往往会在变工况下运行，当流量减少时，性能（效率、压比）发生变化；当流量小于一定值时，会产生严重的边界层分离和失速；如进一步减少流量，将会产生强烈的气流脉动和周期性振荡，出现喘振现象。

喘振现象不仅影响整个系统的正常供气，而且对离心式压缩机十分有害。喘振时，由于气流强烈的脉动和周期性振荡，会使叶片强烈振动，叶轮动应力大大增加，使整个机组发生强烈振动，噪声加剧，并可能损坏轴承、密封，进而造成严重的事故。

引起喘振的原因有两个：一是压缩机内的气体出现失速；二是压缩机运行存在的管网系统特性。

2. 分输站

根据天然气分输调压前后压力和温度情况，有些分输站设置加热炉。加热炉炉膛内易积聚泄漏的天然气，并形成爆炸性混合物。加热炉通风置换不良，点火时造成炉膛爆炸事故曾多次发生。另外，由于加热炉供热介质液位计失灵、液位自动调节及高低液位报警失灵或操作失误，将水烧干而又进行误操作突然加入冷水，极易引起炉体爆炸，对人员造成极大伤害。

3. 清管站

在正常运行时，独立的清管站收发球系统与管道干线隔开的，一般不影响管道运行系统的可靠性。但清管站与管道连接的阀门和安装在管道上的接头等一旦发生故障，将会影响管道的正常运行。此外，清管中清理出来的固体废物中可能含有硫化亚铁，它具有自燃性，如果处理不当，可能引发火灾事故。

4. 线路阀室

天然气管道一般设置有紧急截断阀室，其中包括 RTU 阀室。一般位于不同自然和社会环境中，无人值守，容易受到第三方破坏，也易受到雷击、大风、洪水等自然灾害破坏。另外，阀室还存在由于选址不良造成维护条件差、施工质量差等造成阀室内设施组装、防腐等方面出现问题；由于误操作或其他运行问题导致紧急截断阀误关断等问题。

线路阀室故障主要分为导致天然气泄漏的设备故障和阀门无法按要求操作故障。

三、天然气管道的自然灾害风险因素分析

(一) 自然灾害种类

管道距离越长，其通过的地质条件就越复杂，人类工程活动频繁，自然灾害类型就更加多种多样。管道沿线可能对管道造成危害的自然灾害主要有地震、崩塌和滑坡、泥石流、采空塌陷、冲蚀坍岸、风蚀沙埋、洪水、冻土、大风、软土、盐渍土、岩溶塌陷、雷电等。其中，地震、洪水、崩塌和滑坡、泥石流、冲蚀坍岸、岩溶塌陷、风蚀沙埋对管道安全影响较大。

(二) 自然灾害对天然气管道的危害

1. 地震

地震是地壳运动的一种表现，虽然发生频率低，但因目前尚无法准确预报，具有突发的性质，一旦发生，财产和环境损失十分严重。地震产生地面纵向与横向振动，可导致地面开裂、裂缝、塌陷，还可引发火灾、滑坡等次生灾害，对管道工程的危害主要表现在可使管道位移、开裂、折弯；可破坏站场设施，导致水、电、通信线路中断，引发更为严重的次生灾害。

2. 洪水

我国西部河流大多为内陆河流，河流以高山的融雪和大气降水为水源，具有落差大、暴雨洪水洪峰流量比年均流量大几倍甚至几十倍的特点。一般来讲，山区降水量多于平原区，且山区降雨量是平原区的5~6倍，是洪水形成的根源。由于山坡植被贫乏，沟道坡降大，保水蓄水能力极差，6~9月一旦有较大降雨，在短时间内形成极强的洪水径流，流速急，猛涨猛落，夹杂大量石头泥沙，易形成泥石流，对穿越河流的管道具有一定的威胁，特别是布设在弯曲河段凹岸一侧的管道，可能会因沟岸的坍塌而被暴露出来，甚至发生悬空和变形。在管道沿线的低山沟谷、山前冲积平原出山口及山间洼地中的冲沟及冲沟汇流处，降水形式常以暴雨为主，河沟洪水夹带泥沙，形成特有的暴雨洪流危害，对岸边形成冲刷破坏，并具有短时间内破坏建筑设施、道路工程、管道工程设施等特征。这些地段河流落差大，河床不稳定，下切速度快，很容易对管道造成威胁。这些河流还有一个特点是非雨季没有水或水量很小，但进入雨季，山洪暴发，水量剧增，并夹带泥沙石头，对管道破坏极大。

3. 崩塌和滑坡

天然气管道如经过地质构造活动强烈地区，这些地区岩石松散破碎，地形变化较大，易形成崩塌和滑坡，影响管道建设和运营安全。例如，西气东输管道经过新

疆某区域时，管道在山谷中穿行，地表风化作用强烈，地质环境脆弱，管道线位选择余地小，紧靠山体斜坡敷设，地形陡峻，两侧基岩坡角较大，一般大于40° ，最大能达到60°，崩塌、滑坡危险地段长达几十公里。

4. 泥石流

如西部地区发育规模较大的冲沟，冲沟中松散堆积物丰富，坡积物较厚，成为潜在泥石流隐患。一旦遇到突发性的强降水过程，存在发生泥石流的可能性。

5. 冲蚀坍岸

冲蚀是在地表水的动力作用下，地表、冲沟或河床中的碎屑物被搬运，造成河床和岸坡磨蚀的现象。坍岸主要指冲刷作用造成河岸或冲沟岸坡的坍塌现象。

6. 风蚀沙埋

风蚀常与沙漠和砾漠化（戈壁滩）相伴出现，风蚀作用表现为风力及其夹带的沙石对障碍物产生巨大的冲击和磨蚀作用，引起障碍物损坏。随风移动的粉细沙常常在低洼地沉积下来，形成移动沙丘、沙垄等，容易造成低洼处被沙淤埋或填平，成为沙埋灾害。

7. 煤矿采空塌陷和自燃

如管道经过煤矿采矿区域，矿井分布密集，形成采空塌陷区域，同时还存在未塌陷的地下采空区，在管道施工和运营过程中有产生塌陷和不均匀沉降的危险，对管道造成破坏。同时，还有煤层的自燃现象也会危及管道的安全。

8. 冻土

季节性冻土对管道危害主要是冻胀，地基土的冻胀可使管道中应力发生变化，严重时将影响管道安全使用。多年冻土对管道的危害主要是融沉。局部不均匀融沉可使管道应力发生改变，影响管道安全。

9. 地震与沙土液化

饱和沙土在地震力作用下，受到强烈振动后土粒会处于悬浮状态，致使土体丧失抗剪切强度而导致地基失效的现象，称为地震液化。地震液化是一种典型的突发性地质灾害，它是饱和沙土和低塑性粉土与地震力相互作用的结果，一般发生在Ⅷ～Ⅸ级的高地震烈度场内。

10. 岩溶地面塌陷

岩溶地面塌陷是岩溶分布区内普遍发育的一种危害很大的自然现象，是在地下水动力条件急剧变化的状态下，由发育于溶洞之上的土洞往上发展，洞顶上覆土层逐渐变薄，抗塌陷力不断减弱，当接近或超过极限的情况下诱发地面塌陷。

11. 盐渍土

盐渍土对管道有腐蚀性，对混凝土钢结构具有中等或强腐蚀性。盐渍土的主要

危害是其中的 Cl^- 腐蚀金属管道，缩短管道寿命。盐渍土的另一危害是地表土体中的大量无机盐在水的作用下可以发生积聚或结晶，体积变大造成地表发生膨胀变形，形成盐胀灾害；当大量易溶盐类在降水或地表流水作用下被溶解带走时，常会出现地基溶陷现象。

12. 雷电

管道架空部分和地面部分（如跨越管段、站场管道和工艺设施），相对于整个埋地管道而言都是优良的接闪器，在附近空中有云存在的情况下，可能形成一个感应电荷中心，从而遭受直击雷的威胁。管道不仅会感应正雷，还会感应负雷。正雷和负雷对管道，特别是对阴极保护设备的运行存在不同程度的影响。

当管道上空形成雷云时，其下面大面积形成一个静电场，埋地管道也同大地一样表面感应出相反的电荷，当电荷积聚到一定程度而又具备了放电条件时，会出现一次强烈的放电过程。但是，由于三层 PE 优良的绝缘性能，管道电荷的泄放速度很慢，一旦发生管道局部的放电，管道内形成一股强大的电流（涌浪）。对于绝缘性能很好的管道，这种涌浪在管道或接触不良的部位产生高压，引起第二次放电。

四、天然气管道的管材失效风险因素分析

天然气管道输送压力高、钢材等级高、管径大，如西气东输二线，其输送压力达 12MPa，管径达 1219mm，所采用的钢材等级为 X80。管道一般以埋地敷设方式。所以，引发天然气管道事故的主要危险、有害因素表现为管道应力腐蚀开裂、腐蚀穿孔、管材缺陷或焊口缺陷等。

（一）应力腐蚀开裂

较高的压力使管道面临应力开裂危险。应力开裂是金属管道在固定拉应力和特定介质的共同作用下引起的，对管道具有很大的破坏性。

环境因素、材料因素、拉应力，其单方面或三方面都能引发管道的物理应力裂开。

1. 环境因素

环境温度、湿度、土壤类型、地形、土壤电导率、CO_2 及水含量等对应力腐蚀将造成一定的影响。黏结性差的防腐层以及防腐层剥离区易产生应力腐蚀破裂。

2. 材料因素

应力腐蚀开裂与管材制造方法（如焊接方法）、管材种类及成分、管材杂质含量（大于 200 ~ 250 μm 的非金属杂质的存在会加速裂纹的形成）、钢材强度及钢材塑性变形特点有关。管道表面条件也对裂纹的产生起着重要作用。

3. 拉应力

主要包括制造应力、工作应力、操作应力、循环负荷、拉伸速率、次级负载等。

(二) CO_2 腐蚀失效

如果所输天然气组分中 CO_2 含量高，在管输压力下，CO_2 分压有可能接近发生 CO_2 电化学腐蚀的临界值，同时，CO_2 为弱酸气体，它溶于水后形成 H_2CO_3，对金属有一定的腐蚀性。CO_2 腐蚀与管输压力、温度、湿度等有关，随着系统压力的增加，而导致腐蚀的速度加快。

1. CO_2 腐蚀的危害形态

(1) 不均匀的全面腐蚀与点蚀。CO_2 引起的腐蚀常常是一种类似溃疡状的不均匀全面腐蚀，严重时可能呈蜂窝状，在金属表面形成许多大小、形状不同的蚀坑、沟槽等。几乎所有的合金在 CO_2 环境中都可以发生点蚀，其点蚀坑周边锐利、界面清晰，可在较短的时间内完全穿透管壁。

(2) 冲蚀。管道截面变化部位和收缩节流部位的介质流速增高，CO_2 腐蚀加剧，如果气流速度增加 3.7 倍时，则其腐蚀速度增加 5 倍。

(3) 应力腐蚀破裂。在碱性介质中，CO_2 及碳酸盐可造成碳钢的应力腐蚀破裂。氧的存在会加剧这种破裂发生的可能。

2. CO_2 腐蚀的影响因素

(1) 材料因素。合金元素对材料的耐 CO_2 腐蚀性能影响很大。有实验证明，Cr、Co 能提高材料的耐 CO_2 腐蚀性能; C、Cu 使材料的耐 CO_2 腐蚀性能下降; Mo 的影响不大; Ni 含量小于 5% 时有害，含量大于 5% 时，可显著提高材料的耐蚀性能。

(2) CO_2 的分压及水的组成。CO_2 的分压对腐蚀速度影响最大，分压越大，溶入介质中的 CO_2 越多，溶液的 pH 下降，金属的腐蚀速度越大。某些溶解物质对水具有缓冲作用，可阻止 pH 降低，进而减少 CO_2 的腐蚀。

(3) 温度的影响。温度是影响 CO_2 腐蚀的重要因素。温度小于 60℃时均匀腐蚀，其腐蚀速度受 CO_2 扩散并进而生成 H_2CO_3 速度的控制，当温度升高时，CO_2 的腐蚀速度急剧增加。

(4) 介质的 pH 与流速的影响。当介质的 pH 升高时，CO_2 的腐蚀性减弱；当介质的流速增高时，CO_2 的腐蚀速度加剧。

(三) 管道的腐蚀穿孔

管道的腐蚀穿孔分为内腐蚀穿孔和外腐蚀穿孔。内腐蚀主要是由于酸性气体 (如 H_2S、CO_2 等) 与天然气中的水结合，形成酸性物质，从而对管道内壁形成腐蚀。

外腐蚀主要是由于埋地钢质管道的防腐层，在实际工作中防腐质量不能完全保证、管道施工可能造成防腐层机械损伤以及地质灾害等因素可能造成防腐层破坏，导致管道腐蚀，引发事故。

(四) 管道建设施工隐患

材料缺陷或焊口缺陷这类事故多因焊缝或管道母材中的缺陷在带压输送中引起管道破裂。长输管道施工中如组对不够精细、焊接工艺欠佳，使得焊口质量难以达到预想的目标；如焊缝内部应力较大，材质不够密实、均匀等，因而使其性能潜力未得到充分发挥(甚至未达到设计的使用年限)。管道运行中，受到频繁的温度波动、振动等作用，其焊缝处稍有细微的缺陷，易于引发裂纹。

另外，管道的施工温度与输气温度之间存在一定的温度差，造成管道沿其轴向产生热应力，这一热应力因约束力变小从而产生热变形，弯头内弧向里凹，形成折皱，外弧曲率变大，管壁因拉伸变薄，也会形成破裂。

由于管道建设呈现施工区域广、地形复杂等特点，所经地区有平原、水网、沙漠、沼泽地及山地等。从施工角度来讲，地形越复杂，焊接施工的难度越大，因此也更容易出现各类焊缝缺陷。常见焊缝缺陷类型有未熔合、夹渣、未焊透、裂纹和气孔等。

1. 未熔合

未熔合是指焊道与母材之间或焊道与焊道之间，未能完全熔化结合的部分。分为根部未熔合、层间未熔合、坡口未熔合三种，其中根部未熔合出现概率较大。未熔合属于面状缺陷，易造成应力集中，危害性仅次于焊接裂纹。

未熔合产生的主要原因是焊接电流过小、焊速过快，热量不够或者焊条偏离坡口一侧，使母材或先焊的焊道未得到充分熔化金属覆盖而造成；此外，母材坡口或先焊焊道表面有锈，氧化铁、熔渣及污物等未清除干净，焊接时温度不够，未能将其熔化就盖上了熔化金属亦可造成；起焊温度低导致先焊焊道的开始端未熔化；焊条摆动幅度太窄等都可成为导致未熔合缺陷的一个原因。

2. 夹渣

夹渣是指焊接熔渣残留于焊缝金属中的现象，是较为常见的缺陷之一，产生位置具有不确定性。

夹渣的产生原因主要是操作技术不良，使熔池中熔渣在熔池冷却凝固前未能及时浮出而存在于焊缝中。层间清渣不彻底，焊接电流过小是产生夹渣的主要原因。

3. 未焊透

未焊透是指焊接时，接头根部未完全熔透的现象，通常长度较长。

未焊透产生的原因主要是组对时局部对口间隙过小，焊接电流又过小，造成输入热量不足，电弧未能完全穿透，易形成未焊透缺陷；此外，个别位置错边量较大，电弧只熔合了较高一侧的母材，较低一侧因电弧吹不到也易产生未焊透缺陷。

4. 裂纹

裂纹是指在焊接应力及其他致脆因素共同作用下，金属材料的原子结合遭到破坏，形成新界面而产生的缝隙。裂纹是焊接接头中最危险的缺陷，也是长输管道焊接中经常遇到的问题。

裂纹不仅返修困难，而且直接给管线正常运行带来严重隐患。对于 X65、X70 等一些强度级别较高的管线钢，焊接裂纹缺陷出现的概率大大增加。特别是在山地段施工以及连头等应力集中的焊接处，焊接裂纹时有发生。裂纹产生的主要原因有以下几种。

(1) 管线焊接或下沟过程中吊管机起吊过早或多次重复起吊，使焊缝底部频繁受到拉力作用，造成焊缝开裂。

(2) 底部间隙过大，造成根焊层底部局部过薄，在随后的打磨、起吊过程中造成焊缝开裂。

(3) 个别位置泥土松软，造成钢管支墩不稳固，在焊接过程中钢管逐渐下沉，使焊缝受外力作用开裂。

(4) 根焊层底部个别位置可能存在气孔或夹渣、凹坑等小缺陷，造成局部应力集中，沿缺陷部位发生开裂形成裂纹。

(5) 焊接作业坑不合适，焊工在底部操作时不方便，造成焊缝质量较差，留下隐患。

(6) 山地段施工以及连头等拘束应力较大的场合施工时，由于组对应力过大，焊接时在熔池冷却过程中焊缝由于拘束应力的作用发生开裂。

(7) 对口时偏差超过标准和焊接咬边也是裂纹产生的原因。

表 1-1 列出了管道焊接裂纹常见类型及其影响因素。

表 1–1　管道焊接裂纹常见类型及其影响因素

序号	裂纹类型	主要原因及其影响因素
1	焊接热裂纹	此裂纹系在焊缝金属凝固或高温时形成。裂纹大多在焊缝金属内沿树枝状结晶的交接处，且呈晶间断裂。由于焊接是不均匀加热和冷却过程，所以熔池在结晶中必然受到拉应力。先结晶的金属比较纯，后结晶的金属杂质较多，且这些杂质往往会形成一些熔点低的共晶物，在熔池金属结晶过程中，低熔点共晶物常被排挤在晶界形成一种“晶间薄膜”，结果在晶界形成一个性能极差的薄弱地带，在拉应力的作用下，便形成热裂纹。钢材及焊缝处的化学成分是影响热裂倾向的主要因素

2	焊接冷裂纹	此裂纹多发生在热影响区或熔合线处。多层焊时产生在焊缝上。通常在焊后冷却过程中，马氏体转变点附近或200～300℃以下的温度区发生。主要受钢的淬硬倾向，焊接接头中的扩散氢含量与拘束应力的影响。热影响区中氢的体积浓度足够高时，能使热影响区的马氏体进一步脆化，此时易形成焊道下冷裂纹，氢的体积浓度稍低时，仅在有应力集中的部位出现。宏观上看，冷裂纹有纵向的和横向（相对于焊缝）的。其微观走向有穿晶型、晶间型，也有穿晶和晶间混合型。若裂纹未在焊后立即出现，又称为延迟裂纹，其危害性更大
3	再热裂纹	再热裂纹总是在焊后重新受到一定的较高温度时产生，一般发生在焊接接头热影响区的熔合线附近的粗晶中。起始点是接头表面的焊趾部位等应力集中处，在粗晶区中发展至热影响区的细晶区停止。裂纹有明显的曲折与分叉。它的产生原因与高温应力松弛（高处变形超过金属变形能力时易产生）及合金碳化物所处状态（片状、条状碳化物析出晶界不利）有关。它主要受钢材与焊缝中的合金元素及焊接残余应力的影响
4	层状撕裂裂纹	此裂纹系低温开裂且均产生于热影响区。其原因主要是在轧制钢板（用于焊制管道）或拔制钢管中存在硫化物、氧化物和硅酸盐等非金属夹杂物，其中尤以硫化物的作用为主。这些夹杂物在轧制过程中被延展成片状，分布在与钢板或钢管表面平行的各层中，其变形能力极差，使金属在厚度方向上的力学性能，特别是断面收缩率严重下降。在垂直于厚度方向的焊接拉应力作用下，该夹杂处首先开裂并扩展。夹杂物会影响氢从钢中的析出，使层状撕裂倾向加剧

第二章　天然气管道系统

第一节　天然气的性质

一、天然气的性质

(一) 天然气的视分子量

因为天然气是多种物质的混合物，因此不像纯净物那样有相对分子质量。在0℃（273.15K），一个大气压（101.325kPa）下，1mol天然气的体积为22.4L，1mol天然气的质量即为天然气的摩尔质量。天然气的摩尔质量的数值视为天然气的相对分子质量，叫作天然气的视分子量。

(二) 密度和相对密度

密度是单位体积物质的质量。其公式为：

$$\rho=\frac{m}{V} \tag{2-1}$$

式中：ρ——天然气的密度，kg/m^3；

m——天然气的质量，kg；

V——天然气的体积，m^3。

由于在0℃（273.15K），一个大气压（101.325kPa）下，1mol天然气的体积为22.4L，而气体的摩尔质量在数值上等于其视分子量，因此

$$\rho=\frac{M_0}{22.4} \tag{2-2}$$

由于天然气的体积随压力、温度的变化而改变，故天然气的密度也随压力、温度的变化而改变。因此，引入相对密度的概念。

天然气的相对密度，是指在同温同压条件下，天然气密度与空气密度的比值。即

$$G=\frac{\rho}{\rho_a} \tag{2-3}$$

式中：G——天然气的相对密度；

ρ——天然气的密度，kg/m^3；

ρ_a——同温同压下空气的密度，kg/m^3。

通常所说的天然气的相对密度，是指压力为101.325kPa、温度为0℃（273.15K）条件下时，即标准状态下的相对密度。天然气比空气轻，其相对密度一般小于1，通常在0.5～0.7。

（三）临界状态

使天然气液化的最高温度称为天然气的临界温度；在临界温度下使气体液化的最低压力称为天然气的临界压力。临界温度、临界压力统称临界参数。这些参数对应的状态叫作临界状态。

（四）湿度和露点

天然气的绝对湿度，是指单位体积天然气中所含水蒸气的质量，单位是g/m^3。

在一定的温度和压力条件下，天然气的含水量达到某一最大值，就不能再增加水汽的含量，同时开始有水从天然气中凝析出来，此时的天然气含水量达到饱和，即天然气为水汽饱和。

天然气为水汽饱和时的绝对湿度，称为饱和绝对湿度，或简称饱和湿度。饱和湿度是一定压力和温度条件下天然气的最大含水汽量。天然气中的含水汽量超过此值后，就会有液态水析出。

在相同压力和温度下，气体的绝对湿度和饱和绝对湿度的比值称为相对湿度。

在一定压力下，饱和绝对湿度对应的温度称为水的露点，简称露点。

二、热力学性质

（一）天然气的热值

天然气的热值是单位质量的天然气完全燃烧后发出的热量。其国际单位为kJ/kg。天然气的热值分为高热值和低热值。

高热值（全热值）燃烧的反应热加上水蒸气冷凝的潜热称为天然气的高热值。

低热值（净热值）不包含水的冷凝在内的燃烧热，称为天然气的低热值。

（二）爆炸极限

天然气是一种可燃烧的气体，当它与空气混合达到一定的比例时，可以发生爆炸。可能发生爆炸的天然气最低浓度叫作爆炸下限，最高浓度叫作爆炸上限。上下限之间的范围称为天然气的爆炸极限。根据天然气各组分含量不同，天然气的爆炸极限为4%～15%。

（三）黏度

黏度是表示流体流动时分子间因相对运动而产生的阻力大小的物理量。黏度大的流体流动困难，黏度小的流体易于流动，实质上，黏度表征流体内部有相对运动时，相互间的摩擦力，即相互障碍运动的力，内摩擦力也叫作黏滞力。流体的黏滞力可用牛顿内摩擦定律计算。

动力黏度又称为绝对黏度，运动黏度又称为相对黏度。天然气的黏度，与其组分相对分子量、组成、温度及压力有关。在低压条件下，压力变化对气体黏度影响不明显，温度升高气体黏度增大。在高压条件下，压力增加气体黏度增大，在压力不变时随温度升高分子运动速度增大，使分子间接合条件恶化，气体黏度降低。天然气的最主要成分是甲烷，一般情况下，天然气中甲烷含量可达95%以上，故可以用甲烷的黏度代替天然气的黏度。

第二节　管道控制中心

管道控制中心应能有效地控制整条管道，包括压气站、分输计量站和压力控制系统等。同时，控制中心也是与供气方、营销商和用户之间沟通的中心。

大型输气管道一般采用SCADA（Supervisory Control And Data Acquisition, SCADA）系统，即数据采集与监视控制系统，对天然气管道进行监控。SCADA系统是以计算机为基础的生产过程控制与调度自动化系统。它可以对现场的运行设备进行监视和控制，以实现数据采集、设备控制、测量、参数调节以及各类信号报警等各项功能。它对提高天然气管网运行的可靠性、安全性与经济性，实现天然气管道调度自动化与现代化，提高调度的效率和水平等有着不可替代的作用。

一、输气管道SCADA系统

输气管道的SCADA系统担负着数据采集和处理、工艺流程的动态显示、报警显示、报警管理、事件的查询、打印、历史数据管理及趋势显示、生产统计报表的生成和打印、安全保护、输气过程优化、SCADA系统诊断等。主要包括：

（1）调控中心利用SCADA系统进行全线远程监控，各站利用站控系统对本站进行监控。

(2) 利用 SCADA 系统实时在线采集管道运行参数、设备运行状态，对实时数据和历史数据进行分析，了解管道运行趋势，实现输气管道的优化运行。

(3) 利用 SCADA 系统提供和显示管道运行状况报警，并启动管道运行的各类保护系统，如管道压降速率保护、高低压保护、ESD 紧急停站保护等，全面提高了管道运行的安全程度。

(4) 利用 SCADA 系统实行管道运行的信息管理，如运行报表的信息处理、报警系统的信息处理、运行事件的信息处理等。

二、输气管道的应用软件内容

每条输气管道应根据具体情况和自身的特点开发和使用应用软件，主要包括管道模拟仿真软件、仪表分析软件等。

(1) 管道模拟仿真软件通过对天然气管道建立数学模型，利用计算机对管道不同运行工况下的运行状态进行计算分析。广泛应用于管网的短期运行工况预测、中长期管网负荷预测、管网的优化运行分析、管网规划和辅助设计、运行人员培训等。

(2) 仪表分析软件用于确定仪表测量参数的重复性和仪表漂移范围，能自动转变参数以减少仪表偏离校正值对数据准确性的影响。

第三节　基本输送系统与工艺

一、天然气管输系统的基本组成

天然气管输系统是一个联系气田与用户间的由复杂而庞大的管道及设备组成的采、输、供系统。一般而言，天然气从气井中采出至输送到用户，其基本输送过程(输送流程)：气井 (或油井) →油气田矿场集输管网→天然气净化及增压→输气干线→城镇或工业区配气管网→用户。

天然气管输系统虽然复杂而庞大，但将其分类归纳，一般可分为气田内部集输系统、天然气长输管道系统和城市配气管道系统三部分。

气田内部集输系统是天然气集输配总系统的子系统，是整个系统的源头部分，它的主要功能是将各气井的天然气集输至集气站，然后在处理厂进行脱水、脱油、脱硫等预处理，最后计量调压后外输。集输管网的布局主要是确定气田中各气井、处理厂和集气站等单元设施间的连接形式。连接形式一般有三种：树枝状、放射状和环状。

天然气长输管道系统由输气站库、线路工程、通信工程和监控系统 4 个基本部分构成。输气站库包括储气库、压气站、清管站、分输计量站、阴极保护站等；线路工程包括管道、截断阀室、穿跨越工程和管道标志等；通信工程包括通信基站、通信线路和内交换系统；监控系统包括数据采集系统、数据传输系统、终端监控和调度。

（1）城市配气管道系统通常包括：① 城市门站或配气站，又是城市配气系统的首站，它主要用于城市燃气配送、计量、调压、添加臭味添加剂等；② 各种类型的储气和调峰设施；③ 配气管网及用户支线；④ 气体调压所，它的任务是调节各级管网和用户的用气压力，满足用户需求。城市配气管网按形状分为树枝状和环状管网，按压力分为低压管网、中压管网、次高压管网和高压管网。

天然气管输系统各部分相互连接，组成一个密闭的天然气输送系统，从而实现天然气的安全、平稳、连续输送。

（2）天然气长输管道是连接上游气田和下游用户的纽带，在整个天然气管输系统中有着举足轻重的作用，一旦天然气管道出现问题，上至影响油气田生产，下至影响下游用户的安全平稳用气。因此，作为天然气管道的运行管理单位，应认真履行职责，加强对管道、设备的维护保养，严格管理，按规程规范操作，保障天然气管道安全平稳输供气。因此，在天然气管道运行管理中应遵守以下原则。

① 掌握气（油）田生产规律，保证气（油）田的平稳生产。

② 掌握下游用气规律，合理配气。利用长距离输气管线容积大的有利条件，在用气低峰时储气，高峰时补充。

③ 掌握用户用气季节性高低峰规律，在低峰季节，动员常年性平稳用气的用户（如化肥厂、电厂等）适当多用气，在高峰时限量供应。

④ 掌握管道及输气设备的运行状况，保证管道安全生产，提高管道输送能力。

⑤ 做好突发事故情况下的气量调节工作。

⑥ 输气管线整改最好安排在净化厂或用户停气检修时进行。

⑦ 坚持24h调度值班生产，及时收集掌握天然气压力、气量、温度的变化及有关单位的工作情况，以调配平衡气量。

二、天然气管道一般站场工艺

所谓工艺流程，是为达到某种生产目标，将各种设备、仪器以及相应管线等按不同方案进行布置，这种布置方案就是工艺流程。输气站的工艺流程，就是输气站的设备、管线、仪表等的布置方案。在输气生产现场，往往将完成某一种单一任务的过程称为工艺流程，如清管工艺流程、正常输气工艺流程、输气站站内设备检修工艺流程等。表示输气站工艺流程的平面图形，称为工艺流程图。

对于一条输气干线，一般有首站、增压站、分输站、清管站、阀室和末站等不同类型的工艺站场。各个场站由于所承担的功能不同，其工艺流程也不尽相同。有些输气站同时具备了以上站场的所有功能，其工艺流程也相对复杂。下面分别介绍各种场站的工艺流程。

(一) 首站工艺流程

首站的主要任务是接收油气田来气，对天然气中所含的杂质和水进行分离，对天然气进行计量，发送清管器及在事故状态下对输气干线中的天然气进行放空等。另外，如需要增压，一般首站还需要增加增压设备。

首站的工艺流程主要有正常流程、越站流程，工艺区主要有分离区、计量区、增压区、发球区等。

正常流程：油田来气、分离器分离、计量、出站。

越站流程油田来气直接经越站阀后出站。

(二) 末站工艺流程

在长输管道中，末站的任务是进行天然气分离除尘，接收清管装置，按压力、流量要求给用户供气。因此，末站的工艺主要有气质分离、调压、计量和收球等工艺。

(三) 分输站工艺流程

分输站的任务是进行天然气的分离、调压、计量，收发清管球，在事故状态下对输气干线进行放空，以及给各用户进行供气。

其流程主要有：

正常流程：进站阀进站、经分离器分离、调压计量及向下游供气。

越站流程天然气在进站之前，通过越站阀直接向下游供气，此流程一般是在故障或检修状态下进行。

收发球流程：接上一站清管球，向下一站发送清管球。

(四) 清管站工艺流程

该站的功能是收发清管球。天然气管道的清管作业有投产前清管和正常运行时的定期清管。投产前清管的主要目的是清除管道内杂质，主要包括施工期间的泥土、焊渣、水等。正常运行期间的清管是指管道运行一段时间后，由于气体内含有一定的杂质和积液积存在管线内，使管输效率下降，对管线造成腐蚀等，因此需要分管段进行清管。

收发球流程详见相关作业指导书。

（五）阀室工艺流程

阀室是输气干线中工艺比较简单的设施，一般无人值守。根据设计要求，在输气干线 20 ~ 30km 范围内应设置阀室，在特殊情况下，如河流等穿越处两侧应分别设置阀室。阀室分别由快速截断阀和放空阀组成。

阀室的主要作用有两个：一是当管线上、下游发生事故时，管线内天然气压力会在短时间内发生很大变化，快速截断阀可以根据预先设定的允许压降速率自动关断阀门，切断上、下游天然气，防止事态进一步扩大；二是在维修管线时切断上、下游气源，放空上游或下游天然气，便于维修。

第四节　主要输送设备

一、压缩机

压缩机种类很多，按工作原理可分为容积型压缩机和速度型压缩机两大类。容积型压缩机中，气体压力的提高是由于体积被压缩，密度增大而引起的。速度型压缩机中，压力的提高是由气体的动能转化而来，就是先让气体获得一个很高的速度，然后又使速度降下来，让动能转化为压力能。

输气管道上主要是使用容积型的活塞式往复压缩机和速度型的离心式旋转压缩机。由于输气管道的管径和流量日益增大，以及离心式压缩机本身的优点，使得离心式压缩机在输气干线上占有绝对优势。

（一）压缩机的用途

在输气管道上压缩机的主要用途是对天然气进行增压，以达到管道输送要求的压力。

在其他领域和场合，压缩机还有如下用途：

(1) 压缩气体作为动力。

(2) 压缩气体用于制冷和气体分离。

(3) 压缩气体用于气体的合成和聚合。

(二) 压缩机的分类

压缩机可以按照不同的标准进行分类。

按作用原理分为容积式和速度式。容积式压缩机依靠在气缸内做往复运动的活塞或旋转运动的转子来改变工作容积，从而使气体体积缩小而提高气体的压力，即压力的提高是依靠直接将气体体积压缩来实现的。速度式压缩机靠高速旋转叶轮的作用，提高气体的压力和速度，然后在固定元件中使一部分气体的速度转变为气体的压力能，即借助高速旋转叶轮的作用，首先使气体分子得到一个很高的速度，然后在扩压器中使速度降下来，把动能转化为压力能。

按结构形式分为容积式和速度式。容积式分为往复式和回转式，速度式分为轴流式、离心式、混流式、轴流 + 离心复合式以及喷射式。

(三) 离心式压缩机

1. 概述

(1) 离心式压缩机的工作原理。压缩机的主轴带动工作叶轮旋转时，气体自径向进入，并以很高的速度被离心力甩出叶轮，进入具有扩压作用的固定导叶中，在这里其速度降低而压力提高，接着又被第二级吸入，通过第二级进一步提高压力，依次类推，直至达到额定压力。

(2) 离心式压缩机的分类

① 按轴的形式分为单轴多级式、双轴四级式等。

② 按气缸形式分为水平剖分式和垂直剖分式。

③ 按压力等级分为低压压缩机出口压力 0.245 ~ 0.98MPa（表压）；中压压缩机出口压力 0.98 ~ 9.8MPa（表压）；高压压缩机出口压力＞ 9.8MPa（表压）。

④ 按压缩机用途分为制冷压缩机和远程输送压缩机。

输气管道所用的压缩机大多是远程输送压缩机，主要用来提高天然气的压力。

(3) 离心式压缩机的驱动大。对驱动机有如下要求：

① 驱动功率足。离心式压缩机广泛用于大中流量、中低压力比的环境中，其耗功比较多、轴功率比较大。因此，需要有足够功率的驱动机。

② 转速高。离心式压缩机是一种高速旋转的工作机械，工作转速常在 3000r/min 以上，经常要求与高速旋转的驱动机直接连接，避免使用高转速、大功率、高精度的齿轮增速装置。

③ 结构系统简单，启动迅速方便，容易开停车。

④ 运转平稳，振动小，防爆安全可靠，能长周期运转。

⑤ 调节性能良好，能适应离心式压缩机的变转速调节，调节迅速、稳定。

驱动机的种类有电动机、燃气轮机和汽轮机。目前，天然气管道上常用的是电动机和燃气轮机。电动机驱动（电驱）结构简单，启动迅速简便，工作安全可靠，维护简单，质量轻，价格相对低廉，但它对电网的依赖性较大，天然气管道大多远离大中城市，供电很难得到可靠保障。燃气轮机驱动（燃驱）使用性能良好，可带低负荷启动，对于天然气管道而言，燃料价格相对比较低廉且有充分保障，受外界因素制约较少，能够实现长周期运转，但结构相对比较复杂，维护量相对较大等。

(4) 离心式压缩机的特点

离心式压缩机是一种速度式压缩机。

① 结构简单，易损件少，维修量少，运转周期长。

② 转速高，气流速度大，机器尺寸小，质量轻，占地少，投资省，运行安全可靠。

③ 运行平稳，排气量大，气流平稳，排气均匀，无脉冲，振动小，基础受力均匀。

④ 机内无须润滑，气体不易被润滑油污染，密封效果好，泄漏现象少。

⑤ 易于实现自动化控制和大型化控制。

⑥ 能长周期连续运行。

⑦ 便于变转速调节。

⑧ 操作适应性差，气体性质对操作性能影响很大（需要特定的厂房，不宜露天运行）。

⑨ 气流速度大，零部件表面磨损大，效率较低。

⑩ 有喘振现象，对机组危害极大，必须采取防喘振措施。

⑪ 两机并行操作运行较为困难。

适用范围：适用于大中流量、中低压力。

2. 离心式压缩机的构造

离心式压缩机的输送介质、压力和输气量不同，规格、型式不同，但它的基本结构和基本元件是相同的，主要由转子、定子和辅助设备等组成。

转子是离心式压缩机的关键部件，它高速旋转，对气体做功。转子由主轴、叶轮、平衡盘、推力盘等部件所组成，在轴的一端或两端通过联轴器分别与驱动机或压缩机其他汽缸转子相连。

定子由吸气室、气缸、隔板（包括扩压器、弯道和回流器）、支持轴承、推力轴承、轴端密封和排气蜗壳等组成。

3. 离心式压缩机安装基础

离心式压缩机必须有良好的基础，特别是高速大型机组，对基础的要求更是严格，要求是永久性的不翘曲结构，具有足够的重量、刚性和强度。离心式压缩机的基础同时承受机器的静载荷和运转时的动载荷，其动力性能要防止出现过大的振动，保证机器的平稳运转，同时对操作人员的生理健康不应造成不良影响。振动噪声一般不超过56分贝。

4. 离心式压缩机的主要参数

离心式压缩机性能的主要参数有流量、排气压力或压比、转速、功率和效率等。

(1) 流量指单位时间内通过压缩机的气体量。单位为标准立方米 / 小时（Nm^3/h）。其中，标准立方米指在一个大气压（101.325kPa），273K（0℃）时的单位立方体积。

(2) 排气压力（压比或排气压强）压比＝排气绝对压力 / 进气绝对压力。

(3) 转速指压缩机转子的旋转速度，单位用 r/min 来表示。

(4) 功率指驱动压缩机所需的轴功率和驱动机的功率等，单位常用 kW 来表示。

5. 离心式压缩机的流量调节

压缩机在运行时，进气流量、压力是不断变化的，要求压缩机的排气量、排气压力也随之变化，也就是要不断地改变压缩机的运行工况，这就是压缩机的调节。压缩机的调节方式主要有以下 5 种。

(1) 压缩机出口节流调节。在压缩机的排气管上安装有节流阀，改变阀门开度就可以改变管网的阻力特性，也就改变了压缩机的联合运行工况。这种调节方式比较简单易行，但带来附加的节流损失、调节量越大，这种附加的节流损失就越大。所以，这种方法不经济，使用比较少。

(2) 压缩机进口节流调节。在压缩机进气管上安装节流阀，改变阀门开度就改变了压缩机的进气状态，压缩机特性也随之改变。此方法简便易行，比出口节流调节的经济性能好，并且使压缩机性能曲线朝小流量方向移动，喘振曲线也朝小流量方向移动，从而扩大了稳定工作范围。

(3) 变转速调节。转速调节是压缩机最经济的调节方法，与前两种调节相比较无节流损失，但要求驱动机转速也要改变，目前应用较多。

(4) 进口导流叶片调节。在压缩机叶轮前装设可转动的导流叶片，借助传动机构可以改变导流叶片的安装角，以改变气流进入叶轮的流动方向，从而改变压缩机的性能曲线，以适应调节的要求。此方法结构复杂。

(5) 可转动扩压器叶片调节。装设可转动的扩压器叶片，在流量变化时相应地改变叶片扩压器进口处叶片的几何角度，就可以调整气流冲角，改变压缩机的性能曲线，可改变喘振点，扩大压缩机的稳定工作范围。此方法结构复杂，一般和其他方法联合使用，很少单独使用。

目前，定转速电动机驱动的压缩机多采用进口节流调节，变转速气轮机驱动的压缩机多采用变转速调节。其他调节方法应用较少。

6. 离心式压缩机辅助系统

(1) 气体中间冷却器。离心式压缩机的压力比一般在 3 ~ 3.5，甚至高达 30 或更高，对高压力比压缩机，如果不进行冷却，压缩后的气体温度会很高。这不但使压缩机多消耗功，而且对压缩机的运转也是十分不利的，特别对易燃易爆气体，每段压缩终了温度必须严加控制，以防引起爆炸等事故，因此必须设置中间冷却器。

(2) 齿轮增速器。作用是可实现离心式压缩机的高速运转。

(3) 油系统设备。油系统设备由储油箱、油泵、油冷却器、油过滤器、安全阀、止回阀、调压阀、控制阀以及高位油箱、油压力脱气槽、蓄压器、油位计和油管路等组成。

(4) 冷却水系统包括水泵、高位油箱、油位计、水管路等。

7. 离心式压缩机组的防喘振

(1) 喘振。喘振是压缩机在某转速下运转，当压缩机的流量减少到一定程度时，压缩机组会出现不稳定状况，压缩机气流参数 (压力和流量等) 周期性的低频率大幅波动，并伴有很大的气流脉动噪声，机组及管道上出现大振幅、低频率的强烈振动。它是离心式压缩机运行中的一种特殊现象。

防止喘振是压缩机运行中极其重要的问题，许多事实证明，压缩机的大量事故都与喘振有关。

(2) 喘振发生的条件

① 在流量减小时，流量下降到该转速下的喘振流量时发生。压缩机特性决定了在转速一定的条件下，一定的流量对应于一定的出口压力或升压比，并且在一定的转速下存在一个极限流量——喘振流量。当压缩机运行中的实际流量低于喘振流量时，便不能稳定运行而发生喘振。

② 管网系统内气体的压力大于一定转速下对应的最高压力时发生喘振。

③ 机械部件损坏脱落时可能发生喘振。

④ 操作中升速升压过快，降速之前未能首先降压可能导致喘振。

⑤ 工况改变，运行点落入喘振区。

⑥ 正常运行时，防喘系统未投自动。

⑦ 介质状态的变化。气体的状态影响流量，如进气温度、进气压力、气体组分 (相对分子质量) 对喘振都有影响。

(3) 在运行中造成喘振的原因

① 系统压力超高。原因有紧急停机、气体未放空、出口管线上单向阀动作不灵或关闭不严、防喘系统未投用等。

② 吸入流量不足。原因有入口过滤器堵塞、滤芯过脏、结冰等。

(4) 喘振的危害

① 使压缩机性能恶化，破坏了工艺系统的稳定性。喘振之所以造成极大的危害，是因为喘振时气流产生强烈的往复脉冲，来回冲击压缩机转子及其他部件；气流强烈的无规律的振荡引起机组强烈振动，从而造成严重后果。

② 使机组各部件承受过高的动应力。如转子轴弯曲，密封损害造成漏气、漏油；轴向推力增大烧坏止推轴承；破坏对中与安装质量使振动加剧；强烈的振动造成仪表失灵；严重持久的振动可使转子与静子部分相撞、主轴和隔板断裂等，因此必须防止喘振。

③ 破坏机器的原安装质量，使各部分的正常间隙遭到破坏。

(5) 防止与消除喘振的根本措施是设法增加压缩机的入口气体流量。具体方法如下：

① 放空或采取回流循环。

② 防喘系统在正常运行时应投入自动状态。

③ 根据压缩机的性能曲线，控制防喘裕度。防喘安全裕度就是在一定工作转速下，正常工作流量与该转速下的喘振流量之比值。流量裕度一般为 1.05 ~ 1.3 倍。裕度太大，虽然不易发生喘振，但压力下降太多，浪费大，经济性下降。

④ 在升压和变速时，要强调“升压必先升速、降速必先降压”的原则，升速、升压不宜过快过猛，降速、降压也应缓慢、均匀。

⑤ 防喘阀 (回流控制阀) 开启和关闭必须缓慢、交替，操作不宜太猛。

⑥ 可采用“等压比”升压法和“安全压比”升压法防止喘振。

8. 离心式压缩机的安全保护系统

为确保压缩机的安全平稳运行，必须设置一套完整的安全保护系统。

(1) 温度保护系统观察控制压缩机各缸、各段间的进气温度、冷却系统的水温、润滑油系统的油温及轴承温度，达到一定值时报警或停机。

(2) 压力保护系统观察控制压缩机各缸、各段间的进出口压力，油系统的油压和冷却系统的水压，达到一定值时报警或停机。

(3) 机械保护系统机械振动监视器超过一定值时报警或停机。

(四) 往复式压缩机

1. 概述

(1) 往复式压缩机工作原理。往复式压缩机属于容积式压缩机。它由驱动设施带动曲轴转动，曲轴带动连杆运动，连杆带动活塞做上下运动。活塞运动使气缸内的容积发生变化，当活塞向下运动的时候，汽缸容积增大，进气阀打开，排气阀关闭，气体被吸进来，完成进气过程；当活塞向上运动的时候，气缸容积减小，出气阀打开，进气阀关闭，气体被排出，完成压缩过程。它使一定容积的气体有顺序地吸入和排出封闭空间以提高气体的静压力。

(2) 往复式压缩机的分类

① 按排气压力分类

低压压缩机：$0.2<p<0.98$MPa；

中压压缩机：0.98 ~ 9.8MPa；

高压压缩机：9.8 ~ 98.0MPa；

超高压压缩机：>98.0MPa。

② 按消耗功率和排气量分类

微型压缩机：<10kW 和 1m^3/min；

小型压缩机：10 ~ 100kW 和 1 ~ 10m^3/min；

中型压缩机：100 ~ 500kW 和 10 ~ 60m^3/min；

大型压缩机：>500kW 和 60m^3/min。

③ 按气缸中心线的相对位置分类

立式：气缸中心线与地面垂直；

卧式：气缸中心线与地面平行；

角度式：气缸中心线彼此成一定角度，其中包括 L 形、V 形、W 形、扇形和星形等。

④ 按压缩机级数分类

单级压缩机：气体经一级压缩达到终压；

两级压缩机：气体经两级压缩达到终压；

多级压缩机：气体经三级及以上压缩达到终压。

⑤ 按压缩机列数分类

单列压缩机气缸配置在机身一侧的一条中心线上；

双列压缩机气缸配置在机身一侧或两侧的两条中心线上；

多列压缩机气缸配置在机身一侧或两侧的两条以上中心线上。

⑥ 按冷却方式分类可分为气 (风) 冷式和水冷式。

(3) 往复式压缩机的驱动。对驱动机的要求：

① 驱动机功率充足并留有一定的富裕量。

② 尽量与压缩机直连。

③ 结构系统简单，启动迅速方便，容易启停机。

④ 运转平稳，振动小，防爆，安全可靠，能长周期运转。

驱动机的种类：往复式压缩机与离心式压缩机的驱动和种类基本相同。但往复式压缩机的驱动更适合将压缩机与内燃机组合在一起，即所谓的摩托压缩机。

(4) 往复式压缩机的特点：往复式压缩机是一种容积式压缩机，与其他类型压缩机相比较具有以下特点：

① 排气压力范围广；无论流量大小，都能得到所需压力；

② 在一般压力范围内，对材料的要求低，多采用普通的钢铁材料；

③ 热效率高，中型机组绝热效率可达 0.7 ~ 0.85；

④ 气量调节时排气量几乎不受排气压力变动的影响 (但性能曲线很陡峭)；

⑤ 气体的重量和特性对压缩机的工作性能影响不大，同一台压缩机可以用于不同的气体；

⑥ 驱动机简单，大多采用电动机，一般不调速；

⑦ 结构复杂笨重，易损件多，占地面积大，维修量大，使用周期短，备件多；

⑧ 转速不高，单机排气量较小；

⑨ 运转中振动大，排气连续不均匀，气流有脉冲，容易引起管道振动；

⑩ 流量调节采用补助容积或近路阀，虽然简单方便可靠，但功率损失大，在部分载荷操作时效率较低；

⑪ 气体易被润滑油污染；

⑫ 动力平衡性差，故障率高，自控系统简单。

适用范围：根据以上分析，可以看出它的适用范围主要是高压力、中小流量。

2. 往复式压缩机的结构

往复式压缩机主要由主机部件和辅助系统组成。

(1) 主机部件。主机部件主要包括运动部件和机体部件。

① 运动部件主要包括曲轴、连杆、十字头、活塞、活塞环、盘车机构。

曲轴是活塞式压缩机中重要运动部件之一，它在工作中接收驱动机输入的动力，并把它转变为活塞的往复作用力，压缩气体而做功。它周期性地承受着气体的压力和惯性力，因而产生交变的弯曲应力和扭转应力。它不仅具有足够的疲劳强度，还具有足够的刚性和耐磨性。

连杆的一端与曲轴相连的部分称为大头，做旋转运动；另一端与十字头销 (或活塞销）相连的部分称为小头，做往复运动；中间部分称为杆身，做摆动。连杆螺杆在工作中受交变载荷作用，是曲柄连杆机构中受力最恶劣的零件，是压缩机的薄弱环节之一，它的破坏常导致压缩机的重大事故。实践表明。连杆螺杆的断裂大多是疲劳造成的。因此，在压缩机的使用和维修时应十分关注。

十字头是连接连杆和活塞杆的零件，它把连杆的平面运动转化为活塞杆的往复运动，在工作中承受着活塞力、连杆力和侧向力等力的作用。十字头与连杆的连接是由十字头销来完成的。十字头滑板用来承受侧向力，滑板可以与十字头做成一体，称为整体十字头；也可以做成分开的，称为分式十字头。

活塞可分为两大类，一类活塞经活塞销直接与连杆相连接，活塞要承受侧向力的作用；另一类活塞经活塞杆与十字头相连，侧向力由十字头承受，活塞不承受侧向力。活塞的最基本形式是筒形活塞，分为顶部、环部和裙部。活塞上都安装有活塞环。根据不同的用途，活塞上还可以装设刮油环和支撑环等。

活塞与气缸之间存在相对滑动，必须留有一定的间隙，为了防止压缩机在工作中被压缩的气体从这些间隙中大量泄漏，必须采用活塞环密封装置。活塞环是用来密封活塞与气缸间隙的元件，它嵌于活塞的环槽内，工作时外缘紧贴气缸镜面，背向高压气体一侧的端面紧压在环槽上，从而阻塞间隙密封气体。活塞环的密封是阻塞密封和节流密封的组合。

盘车机构压缩机具有运动部件的盘车机构，在压缩机的安装和检修时必须盘车，以检查装配的正确性或压缩机的运动部件在要求位置上定位的正确性。此外，在长期停机后压缩机重新开机前必须盘车，使所有需要润滑的表面配油。为了减轻安全检修工作，配备可逆转的盘车机构比较合理。中小型压缩机采用手动盘车机构，大型压缩机采用电动盘车机构。

② 机体部件主要包括机身、气缸、气阀、填料函。

机身是压缩机的基础部件，供放置曲轴、连杆、十字头等零件及其他辅助设备，除承受位于其上的各部件重量外，主要承受气体力和惯性力的作用。

气缸是活塞式压缩机主要零部件中最复杂的一个，气缸与活塞配合完成气体的逐级压缩，它要承受气体的压力，活塞在其中做往复运动。选用气缸时应注意以下几点：铸铁气缸各壁面厚度应力求均匀，不同壁面之间应采用合适的过渡；采用水冷却的气缸，其水套部分应尽量使冷却水达到气缸各处；注油润滑的气缸，应设置润滑接管；气缸工作表面应有较高加工精度，以增加气缸的耐磨性和密封性；气阀在气缸上的配置，可以在气缸盖上，也可以在气缸体上；高速机器或级次较高的以及压缩机较脏或腐蚀性强气体的气缸，其磨损都较为剧烈，故应在气缸体内设置气缸套。

气阀是活塞式压缩机最重要的部件，并且是易损坏的部件之一。气阀的好坏直接影响压缩机的排气量、功率消耗以及运转的可靠性。气阀要求：阻力损失小；寿命长，8000h以上；良好的密封性；气阀形成的余隙容积小；噪声小。

填料函是密封气缸和活塞杆间隙的元件。现在的填料都是自紧式填料。

(2) 辅助系统。辅助系统包括润滑部件、冷却器、滤清器、缓冲器、液气分离器、安全阀、消声装置、监护装置等。

润滑部件在润滑部件中又分为气缸润滑部件和运动机构润滑部件，润滑在往复式压缩机中是十分重要的组成部分，其作用是降低运动部件间摩擦阻力，降低功率消耗；减少运动部件磨损；减少机组振动。另外，还有降温减噪的功效。

压缩机气缸一般需要进行冷却，多级压缩机还需要进行级间冷却。此外，在一些压缩机装置中最后排出的气体也需要进行后冷却。

防止气体中的灰尘等固体杂质进入气缸，增加相对滑动件的磨损而设置的过滤装置，它根据固体杂质颗粒的大小及重量与气体分子不同，利用过滤、惯性及吸附等方法将杂质去除。

往复式压缩机的气流脉动给压缩机装置带来很大的危害，因此要把压力脉动控制在一定范围内。最有效的方法是安装缓冲器。缓冲器的结构形式低压时为圆筒形，高压时经常制作成球形。

压缩机气缸中排出的气体常含有润滑油或水蒸气，经过中间冷却后就形成冷凝液滴。油滴和水滴进入下一级气缸，它们会黏附在气阀上，使气阀工作失常，寿命缩短；水滴附着在下一级气缸壁上，使壁面润滑恶化。所以，必须设置液气分离器对油水进行分离。

压缩机每级的排气管路上如无其他压力保护设备时，都需装有安全阀。当压力超过规定值时，安全阀能自动开启，放空气体；待气体压力下降到一定值时，安全阀能自动关闭。所以，安全阀是一个起自动保护作用的器件。

从生产实际出发，对安全阀提出以下要求：

① 达到起跳压力时应及时无阻力的开启。

② 阀在全开位置应稳定，无振荡现象。

③ 阀在全开状态时，放出的气体量应等于压缩机的排气量。

④ 压力降低到工作压力时，安全阀应及时关闭。

⑤ 阀在关闭状态下应保证密封效果。安全阀按排出介质的方式分为开式和闭式两种；按压力控制元件的不同分为弹簧式和重载式两种；按封闭器件开启高度的大小又可分为全启式和微启式两种。

消声装置噪声是众所周知的公害之一，它损害人的听觉，影响健康和工作，严重时还会造成恶性事故。噪声的控制首先在机器的设计阶段；其次是采取消声措施，如装设消声器和隔音罩。监护装置如压力表、温度计、压力传感器等。当参数偏离正常值时，应及时报警或保护停机。

3. 往复式压缩机的工作过程

气体进入往复式压缩机后，主要经历以下几个过程。

(1) 进气过程。压缩机进气阀打开，等压吸入气体。要实现进气，气缸内外要形成压力差，这要由曲柄连杆机构和配气机构来完成。曲柄旋转时带动活塞做直线运动。活塞运动到某一点时，进气阀正好被配气机构打开，气缸内压力小于大气压力，气体通过进气阀进入气缸，这一过程称为进气过程。

(2) 压缩过程。目的是提高气缸内气体的压力、温度。曲柄带动活塞运动到某一点时进、排气阀均被关闭，气缸内的气体被压缩，气体的压力和温度提高。其升高的程度取决于被压缩的程度。这一过程称为压缩冲程或压缩过程。

(3) 排气过程。被压缩后的气体等压排出气缸的过程。气缸内高温高压气体开始膨胀，推动活塞运动，打开排气阀将高温高压气体排出。这一过程称为排气过程。

4. 往复式压缩机的主要参数

表征往复式压缩机性能的主要参数有以下几种。

(1) 排气量通常指单位时间内压缩机最后一级排出的气体，换算到第一级进口状态的压力和温度时的气体容积值，常用单位为 m^3/min 或 m^3/h。

(2) 排气压力指最终排出压缩机的气体压力，常用单位为 Pa。

(3) 转速指活塞式压缩机曲轴的转速，常用 r/min 来表示，是表征往复式压缩机的主要结构参数。

(4) 活塞力为曲轴处于任意转角时，气体力和往复惯性力的合力，它作用于活塞杆或活塞销上。

(5) 活塞行程。活塞式压缩机在运转中，活塞从一端止点到另一端止点所走过的距离，称为一个行程，常用单位为 m。

(6) 功率。往复式压缩机的轴功率为指示功率和摩擦功率之和，常用单位为 W 或 kW。直接用于压缩气体所做的功，称为指示功；用于克服机械摩擦所做的功，称为摩擦功。

5. 往复式压缩机的调节

往复式压缩机的排气量和压力（包括中间压力）在机器运转过程中不是固定不变的。外界的气体耗用量不可能随时都等于压缩机排气量，进出压缩机的气体压力也不会随时等于压缩机的预定设计压力。当外界耗气量小于压缩机排气量时，就需要对压缩机进行排气量的调节。

压缩机的排气量调节一般采用自动调节，在耗气量相对稳定，偶尔需要调节的情况下才采用手动调节。调节方法主要有以下几种。

(1) 转速调节。活塞式压缩机的排气量与转速成正比，所以改变转速可以调节排气量。一般分为连续的转速调节和间断的停转调节。

(2) 管路调节。在管路方面增加适当的机构，利用适当程度的阻塞或旁通来进行排气量的调节，而压缩机本身结构并无改变，因此管路调节可以用于任一原来不具有排气量调节的压缩机上。

节流进气调节在压缩机进气管路上安装节流阀，通过节流阀的关闭使进气节流，进气量减少，达到排气量减少的目的。这种调节方式结构简单，但经济性差。

停止进气调节通过隔断进气管路，使压缩机进入空运转而排气量等于零，属间断调节。

进排气管连通调节，是将进气管和排气管用普通管路和旁通阀加以连通，来达到调节排气量的目的。调节时只要打开旁通阀，排出的气体又回入进气管路中。调节方式分为节流连通和自由连通。

(3) 气阀调节。作用于气阀的调节，使进气阀或排气阀在工作中完全或局部地丧失其正常作用，从而改变压缩机的排气量。鉴于气阀的工作情况和压缩机的功率消耗，目前只在进气阀上装设调节措施，一般分为全行程压开进气阀调节和部分行程压开进气阀调节。

(4) 连通补助容积。在压缩机气缸上除固有的余隙容积外，另外还设有一定的空腔，调节时接入气缸工作腔，使余隙容积增大，从而使排气量降低。这些空腔称为补助容积。一般分为连续接通补助容积和分级接入补助容积。

二、阀门

(一) 阀门基础知识

阀门安装在各种管路系统中，用于控制管路中介质的压力、流量及流向等。

由于介质的压力、温度、流量等物理性质及化学性质的不同，以及系统的控制要求和使用要求的不同，所以阀门分为不同种类和不同规格型号。

一个阀门的损坏或误操作，往往直接影响天然气管道的安全生产，甚至造成重大事故。因此，了解各种阀门的结构、特点及适用范围，掌握其操作和维护方法，是保证安全生产平稳输气的重要环节。

阀门可定义为截断、接通流体通道或改变流向、流量及压力值的装置。

阀门的主要功能：接通或截断流体通路；调节流量；防止倒流；调节压力；释放过剩的压力。

（二）阀门分类

常用的分类方法有以下几种。

1. 按结构特征分

（1）截止阀。关闭件沿阀座中心线移动。

（2）闸板阀。关闭件沿垂直于阀座中心线移动。

（3）球阀（旋塞阀）。关闭件是球或锥塞，围绕本身的中心线旋转。

（4）旋启型。关闭件围绕阀座外的轴旋转。

（5）蝶型。关闭件是圆盘，它围绕阀座内的轴旋转。

2. 按用途分

（1）开断用。用来切断或接通管路介质，如截止阀、闸板阀、球阀、旋塞阀等。

（2）调节用。用来调节介质的压力和流量，如减压阀、调节阀等。

（3）分配用。用来改变介质的流向，起分配介质的作用，如三通旋塞、三通截止阀等。

（4）止回用。用来防止介质倒流，如止回阀也称单向阀。

（5）安全用。在介质压力超过规定数值时，用来排放多余介质，以保证管路系统及设备的安全，如安全阀、事故阀等。

（6）其他特殊用途，如疏水阀、放空阀、排污阀等。

3. 按驱动方式分

（1）手动。借助手轮、手柄、杠杆、链轮、齿轮、蜗轮等，由人力来驱动。

（2）电动。助电机、电磁力来驱动。

（3）气动。借助压缩气体来驱动。

（4）液动。借助水、油等液体传递外力来驱动。

4. 按压力分

真空阀。绝对压力 $PN<98.07$kPa 的阀门。

低压阀。公称压力 $PN \leqslant 1569.06$kPa 的阀门。

中压阀。公称压力 PN2451.66 ~ 6276.26kPa 的阀门。

三、分离器

气体中的杂质存在，会加速管道和设备的腐蚀，降低管道的生产效率。如果气体中固体杂质含量达 5 ~ 7mg/m^3，一条新管道投产两个月后，管道的输送效率将降低 3% ~ 5%；如果达 30mg/m^3，管道内杂质将会在几个小时内使压缩机组叶轮严重冲蚀而丧失其正常工作能力。因此，对于管输天然气中的杂质必须去除。各国对杂质含量有严格的规定。

在输气管道的首站、中间站、调压计量站、配气站等场所安装分离除尘器，保证输出的气体含尘不超过规定的要求。

分离除尘器的种类很多，常用的有离心式分离器、重力式分离器等。重力式分离器又分为立式重力分离器和卧式重力分离器两种。

四、管道清管设备装置

清管设备主要包括清管器收发装置、清管器、管道探测器以及清管器通过指示器。

（一）清管器收发装置

清管器收发装置包括收发筒及其快速开关盲板、工艺管线、阀门和清管器通过指示器等设备。

发球筒的长度应能满足发送最长清管器的需要，一般不应小于筒径的3～4倍。收球筒应当更长一些，因为还需要容纳不许进入排污管的大块清出物和先后连续发入管道的两个清管器，其长度一般不小于筒径的4～6倍。排污管应接在收球筒底部。放空管应安装在收球筒的顶部，两管的接口都应焊装挡条阻止大块物进入，以免堵塞。

收发球筒的开口端是一个牙嵌式或挡圈式快速开关盲板，快速开关盲板上应有防自松安全装置。另一端经过偏心大小头和一段直管与一个全通径阀连接，这段直管的长度对于收球筒应不小于一个清管器的长度，否则，一个后部密封破坏了的清管器就可能部分停留在阀内，全通径阀必须有准确的阀位指示。

使用清管球的收发球筒可朝球的滚动方向倾斜8°~10°，多类型清管器的收发球筒应当水平安装，收发球筒离地面不应过高，以方便操作。大口径发球筒前应有清管器的吊装工具。收球筒前应有清洗排污池，排出的污水应储存在污水池内，不允许随意向自然环境中排放。

发送装置的主管三通之后和收球筒大小头前的直管上，应设通过指示器，以确定清管器是否已经进入管道和进入收球筒。收球筒上必须安装压力表，面向盲板开关操作者的位置。有可能一次接收几个清管器的收球筒，可多开一个排污口，这样，在第一个排污口被清管器堵塞后，管道仍可以继续排污。

（二）清管器

清管器的种类有清管球、皮碗清管器和清管刷等。

1. 清管球

清管球由橡胶制成，中空，壁厚为 30 ~ 50mm，球上有一个密封的注水排气孔。为了保证清管球的牢固可靠，用整体形成的方法制造。注水口的金属部分与橡胶的结合必须紧密，确保不致在橡胶受力变形时脱离。注水孔有加压用的单向阀，用以控制打入球内的水量，调节清管球直径对管道内径的过盈量，清管球的制造过盈量为 2% ~ 5%。

清管球的变形能力很好，可在管道内做任意方向的转动，很容易通过块状障碍物及管道变形部位，清管球和管道的密封接触面窄，在越过直径大于密封接触带宽度的物体或支管三通时，容易失密停止。清管球的密封条件主要是球体的过盈量，这要求为清管球注水时一定要把其中的空气排净，保证注水口的严密性。否则，清管球进入压力管道后的过盈量是不能保持的。

清管球在管道内运行时，当周围阻力均衡时为滑动前进，不均衡时为滚动前进，因此表面磨损均匀，可以重复使用。保证注水口的制造质量是延长清管球寿命的重要因素。清管球的壁厚偏差应控制在 10% 以内。

清管球主要是清除管道积液或用于分隔介质，对块状物体清除效果较差。

2. 皮碗清管器

皮碗清管器是由一个刚性骨架和前后两节或多节皮碗组成。它在管内运行时，保持着固定的方向，所以能够携带各种检测仪器和装置，清管器的皮碗形状是决定清管器性能的一个重要因素，皮碗形状必须与各类清管器的用途相适应。清管器在皮碗不超过允许变形的状况下，应能够通过管道上曲率最小的弯头和最大的管道变形，为保证清管器能通过大口径支管三通，前后两节皮碗的间隔应有一个最短的限度。

清管器皮碗，按形状可分为平面、锥面和球面三种。平面皮碗的端部为平面，清除固体杂物的能力最强，但适应管道变形的能力较小，磨损较快。锥面皮碗和球面皮碗适应管道变形的能力强，并能保持良好的密封，球面皮碗还能通过变径管，但它们在越过小的物体或被大的物体垫起时会丧失密封性；这两种皮碗寿命较长，不易损坏管道。

皮碗断面可分为主体和唇部，主体部分起支撑清管器体重和体形的作用，唇部起密封作用；主体部分的直径可稍小于管道内径，唇部对管道内径的过盈量为 2% ~ 5%。皮碗的唇部有自动密封作用，即在清管器前后压差的作用下，向四周张紧，这种作用即使在唇部磨损，过盈量变小之后仍可保持。因此，与清管球相比较，皮碗在运行中的密封性更为可靠。

3. 清管器探测仪器

为了掌握清管器在管道中的运行情况，以及遇阻或损坏时能迅速找到它的位置，清管器应配备一套探测定位仪器。这套仪器包括从管内向外面发送信号的清管器信号发射机，通过指示仪和沿线寻找清管器的清管器信号接收机，现在应用较广的是一种电子探测仪器。

清管探测仪器一般在管道工程检查、首次清管和某些生产性试验等对管道情况不明确或试验装置性能不够可靠的情况下使用。

由于计算机技术在管道上的广泛应用，目前国内外的清管器作用不仅是清管，还可以利用智能清管器来检测管道防腐层、壁厚腐蚀、埋深位置等。

第三章　设备安装

第一节　静设备安装

静设备是以静置的作用部件为主的机械设备，在石油、石化、化工各类装置及原料和产品储存运输的生产过程中完成和实现反应、分离、混合、换热、储存等工艺。油气田地面工程中的静设备主要包括塔器、立式储罐、球形储罐、滤罐、油气分离器、游离水脱除器、油水缓冲罐、电脱水器、注汽锅炉、水套加热炉等，是油气生产过程中的重要设备，主要用于油、气、水等介质的储存、分离及加热等。

一、静设备的种类

油气田地面工程所用的静设备种类繁多，其分类方法也多种多样，可按形状分为圆筒形设备、球形设备、矩形设备；按材料分为钢制设备、非铁金属设备、非金属设备；按设备在生产工艺过程中的作用分为储存设备、换热设备、分离设备；按设备承压分为压力容器、常压容器；按储存介质分为储气设备、储液设备等；按安装形式分为卧式设备、立式设备；按结构形式分为容器类设备、塔类设备、炉类设备、储罐设备。在油气田地面工程中多按形状、安装形式和结构形式等进行分类。

二、静设备的安装特点

(一) 压力容器安装要求高

静设备中的容器大部分是压力容器，属于《特种设备安全监察条例》的管辖范围，其安装必须遵守国家相关法规规定。依据《特种设备生产和充装单位许可规则》（TSG 07—2019），进行安装的施工单位需要取得省级以上质量技术监督部门颁发的许可资格，并在许可的范围内从事压力容器的安装。施工单位还应具备压力容器安装要求的能力，人员、安装条件、检测手段等资源。压力容器安装前，必须向当地主管部门履行告知手续，并在安装过程中，接受安全技术监督部门的监督。

（二）安装方法多样

在油气田工程施工中广泛应用整体安装方法，但当设计有特殊要求、容器特别庞大、吊装能力不足等情况时，需要采用分段安装、分片安装方法。

大部分静设备是采用在制造厂整体制作，然后直接拉运到基础旁边，吊装就位后进行找正固定的整体安装方法，如电脱水器、油气分离器、游离水脱除器、过滤器、加热炉等。此方法比较简单，能够保证容器制造质量、减少现场和高空作业量、提高施工预制化及机械化程度、施工工期短、经济效益好。

部分大型塔设备、容器等在制造厂内分段制造，运至现场后进行组焊和安装。设备吊装可采用整体吊装法或分段吊装法。整体吊装法需要现场具备足够的组装场地并具有大型吊装设备，在设备基础旁边的地面上搭设组装平台，将设备分段组对焊接后，安装设备上附带的管道、防腐保温、设备内件等，最后整体吊装就位。分段吊装法用于立式设备时，首先安装最下面的一段，然后由下至上逐段进行安装。当用于卧式设备时，需要首先安装固定端设备段或重要的设备段，然后安装与此段相连的设备段，接着继续进行下一段安装，直至全部连接完成。

大型立式储罐、球罐等设备通常在制造厂制作加工成单片（件）的部件，运至现场后现场进行组焊。施工可采用内挂件（内脚手架）正装法、水浮正装法、外挂件（外脚手架）正装法、充气顶升倒装法、机械（倒链、液压）提升倒装法、中心柱提升倒装法等多种方法。具有使用设备及机具较多、施工工序复杂、高空作业、交叉作业等特点。

（三）施工工艺复杂，难度大

静设备自身具有结构复杂、体积庞大、吨位大的特点，在安装方面涉及吊装技术、焊接技术、热处理技术、组装技术、无损检测技术、衬里技术等多种技术，工序复杂，交叉作业多。特别是当压力容器需要进行现场组焊时，相对于制造厂，施工现场缺少自动焊机、转胎等专用设备，没有厂房防护，受温度、风速、湿度、阳光照射等自然条件影响大，施工质量难以保证。而且，对坡口尺寸、组对间隙、焊接参数等的控制指标要求很高，现场焊接的焊口一般要进行100%射线检验。施工单位必须制定详细具体的施工方案，选择持有压力容器焊接资格证书的焊工，强化组对、焊接、热处理、无损检测、压力试验等关键工序的质量控制，加强过程检查，确保设备安装质量。

三、静设备安装基本方法

(一) 静设备安装方法的选择

静设备的安装就位，应以设备到货状态、设备外形尺寸、安装空间、吊装设备站位等因素综合考虑确定。

1. 容器安装方法

(1) 分部安装法：将设备分为若干元件，分别吊装后、在安装位置上进行组合。它又分为正装法和倒装法两种。

(2) 整体安装法：垂直吊装法、前牵后溜法、递夺法、扳转法等。

2. 起重机吊装方法

采用吊车吊装设备的吊装方法有抬吊法、单吊车提升滑移法，双吊车提升滑移法和双吊车抬带滑移法等。这些方法具有工艺原理透彻清晰，力学计算简单准确，工艺设计简捷方便，吊装过程操作简便，吊装平面布置机动灵活，对吊装现场适应性好等特点。起重机的选择应考虑以下因素。

(1) 起吊设备与构件的外形尺寸、重量和安装标高。

(2) 建筑物的外形尺寸：厂房内的跨度、屋架上下弦的标高、基础标高等。

(3) 安装工程量、工作操作面等。

(4) 安装现场的情况：行走空间、周围的建筑物。

(5) 现场现有的机械与技术力量的配备情况。

(6) 起重机的技术性能：起重量、作业半径和起吊高端等。

(二) 静设备安装的定位放线

1. 设备基础的定位

(1) 中小型设备基础定位。一般中小型设备基础定位的测设方法与厂房基础定位相同。不过，在基础平面图上，如设备基础的位置是以基础中心线与柱子中心线的关系来表示时，这时测设数据，需将设备基础中心线与柱子中心线的关系换算成为矩形控制网距离指标桩上的关系尺寸。然后，在矩形控制网的纵横对应边上测定基础中线的端点。对于采用封闭式施工的基础工程 (先进行厂房围墙施工，后进行设备基础施工)，则根据内部控制网进行基础定位测量。

(2) 大型设备基础定位。因为大型设备基础中心线较多 (有各部件的中心线、各组螺栓的中心线等)，所以为了便于施测，防止弄错，在定位以前，往往需要根据设计图纸编绘中心线测设图。将设备部件的中心线及地脚螺栓组中心线统一编号，并将其与柱子中心线和厂房控制网上距离指标桩的尺寸关系注明。定位放线时，按照中心线测设图，在内部控制网或厂房控制网对应边上测出中心线的端点，然后在距离基础开挖边线 1 ~ 1.5m 处定出中心桩，将基础定位以便开挖。

2. 安装中心线确认

(1) 确认基准中心点。安装基准线一般都是直线，按两点决定一条直线的原理，只要确定两个基准中心点就可以确认该安装基准线。

安装基准点通过建筑物来确定。多台互相关联的设备一般通过现场的永久中心线和坐标原点来确认，根据就近的建筑物的主轴线和建筑物柱的中心线通过经纬仪和采用几何作图法来确认设备安装的基准中心点，如一排同规格的设备安装应首先确认整体的基准点，以绘制基准中心线。独立安装的设备可以设备基础的基准线来确认安装基准点。

(2) 基准线的确认。确定了基准点后，就可以根据基准中心点进行放线。放线的形式一般包括以下几种。

① 划墨线。划墨线就是通常土建常采用的方法，但误差较大，一般的误差值在 2mm 以上，而且距离长时画线不清，也容易消失。主要用于要求不高的地方。

② 以点代线。安装时不需要整条线的，可以画几个点来代替。画点时先拉出一条线或用经纬仪投点，在线上需要的地方画出几点。精度要求不高时可用墨直接画，要求较高时用中心板画。画点时要画成“▽”，以它的下尖端为准。

③ 拉线 (拉钢丝线)。拉线用的线一般采用强度较大的钢丝，钢丝直径一般根据拉线距离确定，通常直径在 0.3 ~ 0.8mm。钢丝不应打结。拉线的距离不宜过长，一般不超过 40 米。所拉线上对准基准中心点处各挂一个线锤，用以调整中心位置，调整后线锤不宜取下，便于检查中心线是否变动。拉线不应碰触其他物体，以免产生偏差。纵横交叉时，长线应在下方，短线在上方。拉的钢线在空中不易使人看清，为防止被人碰到或碰断，可在线上挂上醒目的标志 (如彩带、纸等)。

3. 安装标高线确认

(1) 设备基础标高线

在基础上用水准仪通过厂区的永久坐标原点绘制相应的标高基准线。也同上文提到的中心基准线一样有划墨线、以点代线等，用红铅油写在该点的基础上，高于厂区永久基准点的用“+”表示，低于厂区永久基准点的用“−”表示。

(2) 设备安装标高

设备安装标高有绝对标高和相对标高两种。在设备安装中，为了计算方便，一般采用相对标高。安装平面图中静设备安装时的标高往往为设备底座的标高 (设备底座面减去基准标高所得的数值)。

而在安装时静设备标高的确认往往要考虑设备安装调整，要注意以下几方面：容器安装中标高要以工艺管线中的标高为找正依据，以管径大的标高为准；多台同规格的设备成排安装时，以成排同一标高的工艺为准，以保证美观；两台或两台以上设备安装之间有水平关联时，要以该连接处的标高为准。

(三) 垫铁安装

(1) 垫铁要放在地脚螺栓的两侧。

(2) 地脚螺栓较近时可均匀分布放置成“十”字形。

(3) 负荷集中的地方，台板四角和加强筋部位。

(4) 每组垫铁总数一般不得超过 3 块，在垫铁组中，厚垫铁放在下面，薄垫铁放在上面，最薄的放在中间。

(5) 在设备找正后，钢制垫铁要电焊牢固。

(6) 垫铁应露出设备外沿 20 ~ 30mm，伸入长度要超过地脚螺栓。

(四) 地脚螺栓的安装

在机械设备安装工程中，地脚螺栓是不可或缺的附件之一，它的作用是将设备与基础牢固地连接起来，以免设备在工作时发生位移和倾覆。地脚螺栓主要包括死地脚螺栓、活地脚螺栓、锚固式地脚螺栓 3 类。死地脚螺栓通常用于固定在工作时无冲击和振动或振动很小的中小型设备；活地脚螺栓一般用于固定工作时有强烈振动和冲击的重型设备；锚固式地脚螺栓又称膨胀螺栓，主要用于无振动的轻小型设备。

1. 地脚螺栓的安装

(1) 地脚螺栓垂直度。地脚螺栓安装时应垂直，无倾斜，其垂直度控制在 1/100 内。如果安装不垂直，必定会使螺栓的安装坐标产生误差，给安装造成一定的困难，如果螺栓孔的底座很厚时，甚至无法进行安装。由于螺栓不垂直，使其承受外力的能力下降。

(2) 地脚螺栓的敷设。在施工过程中，经常碰到的是对死地脚螺栓的二次灌浆，即是在浇灌基础时，预先在基础上留出地脚螺栓的预留孔洞，安装设备时穿上地脚螺栓，然后用混凝土或水泥砂浆把地脚螺栓浇灌固定。

地脚螺栓在敷设前，应将地脚螺栓上的锈垢、油脂等清除干净，但螺纹部分要涂上油脂，然后检查与螺母的配合是否良好，敷设地脚螺栓的过程中，应防止杂物掉入螺栓孔内，以保证灌浆的质量。在准备对弯钩式地脚螺栓进行二次浇灌时，应注意其下端弯钩不得碰到底部，至少要留出 100mm 的间隙，螺栓到孔壁各个侧面的距离不能少于15mm。如间隙太小，灌浆时不易填满，混凝土内就会出现孔洞。如设备安装在地下室或基础上的混凝土楼板上时，则地脚螺栓弯钩端应钩在钢筋上；如无钢筋，则应用一圆钢横穿在弯钩上。

（3）拧紧。在预留孔内混凝土达到其设计强度的75%以上时，方可拧紧地脚螺栓，各螺栓的拧紧力应均匀；拧紧后，螺栓应露出螺母，其露出的长度宜为螺栓直径的1/3～2/3。

（4）做好相应的施工记录。安装过程中应详细做好相应的施工记录，真实反映地脚螺栓的型号、规格等内容，为今后的维修、更换提供有效的技术资料。

2. 地脚螺栓常见问题的处理

地脚螺栓埋设的好坏，直接影响设备安装的质量。有些设备对标高、位置的准确性要求很严，特别是自动化程度高的联动设备，要求更严。因此，在地脚螺栓埋设之后和设备安装之前，必须对其进行检查和矫正。当发生偏差时，应根据设备的实际情况进行处理，采用不同的处理方法，一般常见的处理方法有如下几种。

（1）地脚螺栓中心偏差的处理。地脚螺栓直径在30mm以下，中心线偏移30mm以内时，可先用氧乙炔将螺栓烤红，再用大锤将螺栓敲弯（或用千斤顶顶弯），矫正后要用钢板焊牢加固，防止拧紧螺栓时复原。如果螺栓间距不对，则可用氧乙炔烤红之后用大锤敲弯，在中间焊上钢板加固，在以后的灌浆过程中把它灌死。

对于大螺栓（直径在30mm以上）发生较大偏移时，应先将螺栓切断，用一块钢板焊在螺栓中间，如螺栓强度不够，可在螺栓两侧焊上两块加固钢板，其长度不得小于螺栓直径的3～4倍。

（2）地脚螺栓标高偏差的处理

① 螺栓过高时，须将高出部分割去再套螺纹。在套螺纹时，要防止油类物质滴到混凝土基础上腐蚀和影响基础的质量。

② 螺栓偏低且偏差数值不大时（在15mm以内），可用氧乙炔把螺栓烤红，然后把它拉长。拉长的方法是用两叠垫板作支座，再在其上边架一块中间有孔的钢板套在地脚螺栓上，上面用螺母拧紧，借助拧紧螺母的力量而将螺栓烤红处拉长。螺栓直径拉细处必须加焊2～3块钢板加固。如设备已放在基础上搬动不便，在机座凸缘强度足够的情况下，就可以直接在底座上拧紧螺母，把螺栓拉长。当拧到适当长度后，必须将螺母松开，以免螺栓冷却后拉力过大，甚至压裂底座凸缘。如螺栓过低（低于其要求高度15mm），不能用加热法拉长时，可在螺栓周边挖一深坑，在距坑底约100mm处将螺栓切断，另焊一新制作的螺栓，标高要符合要求，然后再用圆钢加固。加固圆钢长度一般是螺栓直径的4～5倍。

③ 地脚螺栓在基础内松动的处理。在拧紧地脚螺栓时，可能将螺栓拔活，此时

应先将螺栓调整至原位置，并将螺栓周围的基础铲出足够的位置，然后在螺栓上焊纵横两个U形钢筋，最后用水将坑内清洗干净并灌浆，待混凝土凝固到设计强度后再拧紧螺母。

④ 活地脚螺栓偏差的处理。活地脚螺栓偏差的处理方法，大致与死地脚螺栓的方法相同，只是可以将地脚螺栓拔出来处理。如螺栓过长，可在机床上切去一段再套螺纹；如螺栓过短，可用热锻法伸长；如位置不符，用弯曲法矫正。

（五）基础灌浆

1. 灌浆法

塔类、较高容器、振动较大的设备采用直埋地脚螺栓，其优点是便于地脚螺栓定位尺寸的调整而不需要定义模板，缺点是不够稳定。其他静设备采用预留孔二次灌浆埋入法，其优点是地脚螺栓便于调整和便于设备安装，缺点是现浇的混凝土与原基础的结合不如直埋地脚螺栓法牢固。

（1）一次灌浆。对于初次找平、找正的设备的预留孔进行一次灌浆，灌浆料用规定标号的细石混凝土，当预留孔内的混凝土强度达到设计强度的75%后，进行设备的找正、找平工作，并且用垫铁进行调整，严禁用松紧地脚螺栓的方法进行找正，满足规范要求后，均匀拧紧地脚螺栓，点焊垫铁组，填写隐蔽工程记录，然后进行二次灌浆。

（2）二次灌浆。二次灌浆工作在隐蔽工程检查合格，设备最终找正、找平后24h后进行，而且在灌浆之前，应对设备找平数据进行复测，二次灌浆工作必须连续进行，不得分次灌浆，灌浆用料一般用细石混凝土为宜，其标号应比基础混凝土的标号高一级。

2. 座浆法

座浆前先将基础安放垫铁位置处的表面混凝土铲除，并用水冲洗干净，再用压缩空气吹去积水；座浆时将木盒放在安装垫铁的位置上，然后将里面捣实，达到表面平整，并略有出水现象为止；用水平仪测定垫铁标高和水平度，如有高低不平时，调整垫铁下面的砂浆厚度即可；达到标准强度，36h后即可安装设备。

3. 压浆法

先在地脚螺栓上点焊一根小圆钢，作为支承垫铁的托架，点焊的强度以保证压浆时能被胀脱为度；将焊有小圆钢的地脚螺栓穿入设备底座的螺栓孔；设备用临时垫铁组初步找正；将调整垫铁的升降块调至最低位置，并将垫铁放到小圆钢上，将地脚螺栓的螺母稍稍拧紧，使垫铁与设备底座紧密接触，暂时固定在正确位置上；灌浆时，先灌满地脚螺栓孔，待混凝土达到规定强度的75%后，再灌垫铁下面的压浆层，压浆层的厚度一般为 30 ~ 50mm；压浆层达到初凝后期（手指按压，还能略有凹印）时，调整升降块，胀脱小圆钢，将压浆层压紧；压浆层达到规定强度的 75% 后，拆除临时垫铁组，进行设备最后的找正；当不能利用地脚螺栓支承调整垫铁时，可采用螺钉调整垫铁或斜垫支承调整垫铁，待压浆层达到初凝后期时，松开调整螺钉或拆除斜垫铁，调整升降块，将压浆层压紧。

第二节　动设备安装

一、动设备的种类

在油气田地面工程的动设备种类比较多，常见的动设备主要有抽油机、风机、压缩机、往复泵、离心泵等。

抽油机是有杆抽油系统中最主要的举升设备，俗称“磕头机”，通过加压的办法使石油出井。根据抽油机结构特点，可分为游梁式抽油机和无游梁式抽油机。游梁式抽油机又可分为常规型、适应型、节能型和自动型；无游梁式抽油机又可分为低矮型、滚筒型、塔架型、增程型和缸体型。根据油井深度对冲程的要求，可分为常规冲程抽油机和长冲程抽油机。在长冲程抽油机中，有增大冲程游梁式抽油机和卧式长冲程无游梁式抽油机。根据驱动方式，抽油机分为普通异步电机驱动型、变压异步电机驱动型、大转差率电机驱动型、超过转差率电机驱动型、天然气发动机驱动型及柴油机驱动型等。

（1）游梁式抽油机。游梁式抽油机包括常规型游梁式抽油机、异相型游梁式抽油机、前置型游梁式抽油机、异型游梁式抽油机、弯游梁式抽油机、斜直井游梁式抽油机、两级平衡游梁式抽油机。

（2）无游梁式抽油机。无游梁式抽油机包括链条抽油机、皮带抽油机、直线电动抽油机。

二、抽油机的安装

（一）安装工艺要点

1. 基础施工

（1）基础种类。基础是抽油机正常运行的基本保证，若基础失稳，轻则使抽油机抖动，重则使抽油机倾斜倒地。

抽油机的基础通常采用增设混凝土构件基础的方法。根据不同的地质条件以及施工条件，可选择固定基础或活动基础。

固定式基础是整体现场一次浇筑成型，一般不再移动。活动式基础是分成 1 ~ 3 块提前预制，使用时运至井场使用，活动式基础运输方便，可再利用，目前多采用这种基础，常规游梁式抽油机基础采用 2 块箱式基础。

在基础上固定抽油机底座常用地脚螺栓，地脚螺栓的连接方式有多种，常见的有预留孔式、预埋式、焊接式、开口挂钩式等。

(2) 基础安装准备。预制抽油机基础安装前需进行验收，包括质量保证资料的验收和外观质量的检查，然后对通井路进行铺垫，保证运送和吊装抽油机基础的车辆能够顺利进入井场。

现场浇筑的基础提前准备好原材料的保证资料，并把原材料运至施工现场妥善存放，把施工用的各种计量工具、搅拌工具及振动棒运至施工现场。

① 定位放线。对抽油机的基础基槽进行放线，放线过程时要考虑本地区主导风向，应避免井中漏气、漏液被风吹到抽油机和原动机，同时还应考虑井场条件，保证抽油机安装后有足够的空间，便于修井作业。放线尺寸一般比基础尺寸每侧大 200 ~ 300mm 作为操作面，同时放线必须以井口为参考标准进行放线。

② 基槽开挖。放线完毕之后就需要对基础基槽进行开挖，开挖可以采用人工或机械，采用机械时需人工配合修整，基槽开挖到距离设计标高差 100 ~ 200mm 时，停止开挖，待铺设砂垫层时再进行开挖，防止基槽超挖。如果地势低洼，在开挖过程中需要采用排水及降水措施。

③ 铺设砂垫层。一般预制基础的基槽下侧都需要铺设一定厚度的砂卵石垫层并进行夯实，夯实系数符合设计要求，但一般不小于 0.94，厚度为 300 ~ 500mm；现浇基础下铺设一定厚度的垫层，厚度一般为 100 ~ 200mm。如果是低洼地或沼泽地，则需要进行毛石基础加深处理，处理完之后再在加深基础上面铺设 20 ~ 40mm 厚度的砂垫层 (现浇基础为垫层)。砂垫层及砂卵石垫层的平整度用水准仪进行测量。

(3) 基础的安装工艺

① 固定基础的安装。固定式基础的安装在垫层铺设完之后，根据基础的形状尺寸进行钢筋的绑扎、模板安装和混凝土的浇筑，基础养护后拆模并进行基础四周的土方回填夯实。需要说明的是，模板安装完之后所有的预留孔和预埋件位置必须进行再次核实确认无误，基础浇筑所需的混凝土必须严格按配合比报告单进行。

② 活动基础的安装。活动式基础的安装一般分成 1 ~ 3 块，在井场进行现场吊装。吊装时可采用汽车吊车或履带吊车，吊装前所用索具和吊绳必须经检查没有安全隐患。

整体基础进行整体吊装就位；分块基础按照各分块与井口的距离，由近到远逐块进行吊装就位，吊车的吨位根据最重的分块基础进行选择。

整体基础吊装就位后或分块基础每块吊装就位后，用水准仪在基础的4个角测量基础的水平度，如水平度达不到要求，则用吊车吊起基础，用砂垫层找平。整体基础的纵向中心必须与基槽中心重合，同时最接近井口的地脚螺栓预留孔或预埋件与井口的距离符合要求；分块基础每块基础都必须与基槽中心重合，同时每块基础之间纵向中心线要重合，同时靠近井口的基础的最前面的地脚螺栓的预留孔或预埋件与井口的距离符合要求。

分块基础就位后，采用钢板把每块给焊接起来，形成一个整体。对基础埋地部分进行防腐处理之后，在基础四周及基础内部用土进行分层回填夯实。

2. 机体的安装

(1) 机体安装前的准备。机体安装前必须对机体进行验收，包括保证资料的验收和外观质量的验收，对照装箱单对抽油机机体所有部件进行外观质量验收，并对所带的配件和专用工具的数量和质量进行验收。然后对安装抽油机的井场进行勘察，根据井场的实际情况确定拉抽油机的卡车和卸装抽油机的吊车进入井场的先后顺序和停放位置。一般井场是卸装抽油机的吊车先进入井场就位后，然后拉抽油机的卡车倒入井场，吊车将抽油机从卡车上卸下后，卡车离开井场，为吊装抽油机让出操作空间。

(2) 机体安装。抽油机的种类较多，但使用最普遍的是游梁式抽油机，其他形式的抽油机数量较少，因此在这里主要介绍游梁式抽油机的安装。

① 底座的安装。底座安装前对基础地脚螺栓孔（螺栓槽、预留孔、预埋件）及基础表面进行清理，清除孔内及表面的杂物。然后将地脚螺栓放入螺栓孔内（螺栓槽内、预留孔内）或根据安装底座实际位置将螺栓焊在预埋件上，在基础顶面四角及中间的6条地脚螺栓一侧各放置一组垫铁，用水准仪对垫铁进行找平，如垫铁厚度不合适应进行调整。

吊车吊装底座，使其底座纵向中心线与基础纵向中心线重合，沿基础中心线移动底座，使其前地脚螺栓孔中心到井口的距离符合基础图尺寸要求，将螺栓上部的垫片（压板）及螺母戴上，并拧紧上部螺母，应对称均匀地拧，拧紧螺母后，应露出螺纹2～3扣，上部涂油脂防腐。在每条地脚螺栓的两侧各垫一组垫铁。垫铁的放置应符合标准的要求，采用水平尺或水准仪进行找平，找平后将垫铁互相用定位焊固定。找平后，垫铁露出底座面外边缘，平垫铁应露出10～30mm，斜垫铁应露出10～50mm，垫铁组伸入底座的长度应超过基础地脚螺栓的中心。

② 支架安装。用吊车将支架吊装在底座上，在支架上部中心用线坠进行检测，使其在底座的投影与底座控制中心重合，调整支架的水平度符合规范要求，然后紧

固底座与支架之间连接的螺栓。

③ 减速器安装。安装减速器前应清理其底面泥土及夹杂，使其保持清洁，吊装减速器，应使其底中心线与底盘纵向中心线重合，并保证减速器被动轴处于水平状态，然后紧固底座与支架之间连接的螺栓。

④ 刹车装置安装。刹车装置安装应牢固，操作灵活，张合均匀，保证曲柄在任何位置均能制动平稳可靠。调整刹车拉杆长度，保证刹车后刹车架后余 4 个齿。

⑤ 平衡块安装。将曲柄调整到水平位置，利用刹车装置将曲柄固定，锁上保险锁，将刹车安全装置的锁块放入刹车毂外缘的凹槽内，确保安全。安装前清除平衡块、曲柄的装配面及曲柄燕尾槽内的泥土杂物，吊装上部一侧的平衡块。将平衡块调整到曲柄上部装配面合适的位置，紧固两侧及中间保险锁块的螺栓。另一侧平衡块同样安装。然后拉紧刹车装置，将刹车安全装置的锁块从刹车毂外缘的凹槽内拿出，控制刹车装置，利用平衡重的惯性将曲柄旋转 180°，使得未装平衡块的曲柄装配面水平向上，利用刹车装置将曲柄固定，锁上保险锁，将刹车安全装置的锁块放入刹车毂外缘的凹槽内，吊装安装另外 2 块平衡块，方法同上。4 块平衡块安装完毕后，松开刹车装置，使曲柄平衡块处于竖直自重状态。

⑥ 游梁连杆机构安装。在地面上将游梁、横梁、连杆、驴头及吊绳组合成一体，并进行紧固，吊装并安装于支架上，紧固游梁与支架的连接螺栓，并将连杆的下侧大圈套在曲柄销装置的壳体锥面上，用 4 个螺栓紧固。测量两连杆内侧到曲柄加工面对应点的距离符合规范要求，若超差，可松开在支架上固定中央轴承座的螺栓，左右移动游梁，直至其间距达到要求为止。纵向调整游梁，使悬绳器中心与井口中心对中，用静态重锤法检查。同时，应根据装配图要求位置进行梯子、平台及附件安装，并将螺栓紧固齐全。

⑦ 电机安装。吊装电机安装于底座上，电动机的横向位置（相对抽油机）以电动机皮带轮端面与减速器皮带轮端面应在同一平面内，且保证两轴互相平行，采用拉线检查两轴平行度。通过调整电机底座前后的调整螺栓来调整皮带的松紧，然后用螺栓把电机底座紧固在抽油机底座上，并按照规定位置安装电控箱，认真核对电机旋转方向。

3. 抽油机试运转

(1) 试运前的准备工作

① 电气准备。试运转前抽油机接地按照设计要求施工完，同时接地电阻的测试合格。变压器到抽油机的电缆按设计敷设完且电缆的绝缘电阻符合要求。电机旋转方向应正确，电机无载荷运转 24h，不应有异常情况。

② 工艺准备。井口组合阀安装完毕，且井口与计量之间的工艺管线热水循环正

常。对各润滑点加注符合要求的润滑油脂，减速器内齿轮油加至油位指示器的两刻线或两孔之间。对各活动部位进行检查，清除杂物，对各键、销部位及各紧固件进行检验牢固可靠。

(2) 试运转

① 无载荷试运转。利用平衡块的惯性无载荷断续启动抽油机，使曲柄转动1～2圈，仔细观察驴头、游梁、连杆、曲柄、减速器等动作和升降是否灵活自如，有无摩擦碰撞现象。同时，检验刹车装置的可靠性，曲柄在任何位置时，刹车装置制动应可靠。

② 有载荷试运转。将悬绳器与抽油杆连接紧固，利用平衡块的惯性断续启动抽油机，检查有无卡杆、偏磨井口盘根盒，整机有无明显振动。

(3) 试生产。关闭井口掺水和集油管线的连通阀，打开井口的掺水阀门、出油阀门及采油树的生产阀门，然后松开抽油机的刹车，让曲柄平衡块调整到自重下垂状态，启动抽油机的配电箱的开关启动抽油机。开始正式运转，在运转过程中要检查电机的温度，听抽油机有无异常声响。同时到计量间检查集油管线的温度变化情况，正常情况为由热变凉，然后又由凉变热，证明整个工艺系统正常。

(二) 抽油机的安装安全注意事项

(1) 现场拉运车辆及吊装车辆状况应保持良好。

(2) 根据现场情况将吊车停靠在地基牢固且利于吊装的地方，并且将吊车支腿的地方放置铁板等大面积垫支物。

(3) 现场各种机械设备专人操作，其他人员不准随意乱动。

(4) 现场吊装车辆设专人指挥，吊车司机技术娴熟。

(5) 施工人员上岗时必须穿着工作服，佩戴安全帽，高空作业系安全带。

(6) 所用吊装钢丝绳选用合理，严禁超负荷使用。

(7) 吊装过程中，起重臂下严禁站人也不许有通过或逗留，且移动速度应缓慢，起吊中因故中断，必须采取措施，不得使被吊物长时间悬空放置。

(8) 吊装抽油机基础采用两根钢管，防止重心偏离基础旋转。

(9) 履带吊吊装时，禁止吊装抽油机基础进行行走。

(10) 抽油机基础就位时，施工人员禁止进入基础两侧的基槽内，防止造成挤压伤害。

(11) 操作者站在抽油机操作台作业时，下方严禁站人，防止工具和配件从高空坠落造成人员遭受物体打击伤害。

(12) 严禁在抽油机运转或尚未停稳时靠近运动件进行润滑、检查、加油、调整传动皮带。

（13）使用刹车时，应先停电，待曲柄将要停转时，再缓慢将刹车刹住或刹在所需位置，不得急刹。

（14）调整平衡块位置时，应置曲柄于水平位置后，再进行调节，调节后必须上紧各个螺栓，并装上保险锁块。

三、风机的安装

（一）风机的安装要点

1. 离心式风机安装

（1）施工准备

① 开箱检验。风机的开箱检验应在建设单位、监理单位、施工单位、设备厂家的有关人员共同参与下进行。设备开箱的方法：先拆去箱盖，待查明情况后再拆开四周的箱板，箱底一般暂不拆除。拆箱时要选择适当的工具，不应蛮干、用力过猛和碰撞设备，保证开箱的安全。需要仔细检查时，应清除设备上的防锈油脂，注意不用硬度高于设备的刮具刮油脂（通常用薄铜片、铅片或竹片做刮具）。对设备上特别精密的轴颈等机件，要用煤油或汽油洗去防锈油，并用干净细布仔细擦干。应当注意，对已装配好的设备一般是不进行拆检的，仅做外观和底座安装尺寸的检查，另外，对有铅封的部件，更不能随意拆开，要由专业人员负责拆检和验收。主要检查以下内容：

A. 检查设备出厂合格证、质量证明书、结构图、安装图、工艺流程图、安装使用说明书、设备装箱清单及零配件明细表等技术文件。

B. 按照装箱清单，核对设备名称、型号、规格、包装箱数，并检查包装状况。对设备和零部件的外观进行检查，应不缺件、无损坏和锈蚀等，并核对数量。检查专用工具是否齐全。

C. 核对风机的主要安装尺寸并应与设计图纸相符。

D. 检查验收过程中，对转动或滑动部位未经清洗加油严禁转动或相对滑动。

E. 开箱检查认可后，应认真做好检查记录，办理验收手续，参加验收的各方代表均应签署验收记录。

F. 风机开箱检查还要注意以下事项：

a. 应核对叶轮、机壳和其他部位的主要安装尺寸，并应符合设计要求。

b. 风机进口和出口的方向（或角度）应与设计相符，叶轮旋转方向和定子导流叶片的导流方向应符合设备技术文件的规定。

c. 风机外露部分加工面应无锈蚀，转子的叶轮和轴颈、齿轮的齿面和齿轮的轴颈等主要零件、部件的重要部位应无碰伤和明显的变形。

d. 进、排气口应有盖板严密遮盖，防止尘土和杂物进入。

G. 开箱验收后，对箱内所有部件、零件、配备工具以及技术文件等都要妥善保管，以免丢失、损坏。

在开箱检查过程中，如发现有缺少资料或主要零部件存在严重质量问题时，应由供应部门与制造厂家取得联系进行处理。

② 基础验收。基础施工完毕、养生期满后，对基础进行交接验收，检查要符合以下要求：

A. 基础表面是否无不允许有的裂纹、蜂窝、空洞、露筋等缺陷。

B. 检验基础强度已达到设计强度的75%；用50N重的手锤敲击基础，检查密实度无空洞声音。

C. 基础的位置、标高、预留地脚螺栓孔尺寸是否与图纸相符。

D. 检查基础各部尺寸，检查验收允许偏差，满足《混凝土结构工程施工质量验收规范》(GB 50204—2015) 的要求。

E. 根据主机地脚螺栓孔的相对尺寸以及基础纵横中心线等，在基础上放出安装基准线。

F. 基础表面成麻面，放置垫铁处铲平，基础表面无杂物、油污，地脚螺栓孔内无杂物和积水。

G. 检查验收完毕后，办理基础检查验收记录。基础验收发现几何尺寸、预留孔洞、标高等超出允许误差时，与有关部门协商处理，并办理相关手续。

③ 拆卸、清洗和装配。当技术文件、规范或业主有清洗要求时，在安装前对风机部件进行拆卸清洗。

(2) 底座安装。底座安装前应在基础上先画好纵向、横向中心线，把底座吊放在基础上，穿上地脚螺栓，螺纹露出高度为3 ~ 5个丝扣。调整底座在基础平面上的位置，使底座与基础上的纵、横向中心线达到上、下一致；用临时垫块对底座进行初步找平。以上工作完成后进行二次灌浆，灌浆必须保证地脚螺栓在机器底座螺栓孔中心，同时在预留孔上口处应灌平整，不能有凹凸现象。等灰浆完全硬化后，拆去临时垫块，在每根地脚螺栓的两边各插入一组垫铁 (一个块平垫铁和两块斜垫铁的组合)。均匀拧紧地脚螺栓，同时用水平仪检查纵、横向水平，使其满足技术文件要求。如水平度超出误差范围，可通过两块斜垫铁的插入深度给予调整，直到所有地脚螺栓逐渐拧紧，而且纵、横水平值达到误差范围为止。

(3) 机壳安装。对于转子和轴承座组合一起就位的，必须先将风机外壳下半部初步就位，然后再就位转子和轴承座。对转子和轴承座不一起就位的，应先将轴承座找正和固定，再将外壳下部初步就位，并按基础中心线初步找正，使外壳本身保持垂直，初步拧紧地脚螺栓。

（4）叶轮安装。将装配好的叶轮吊放到轴承座上，检查叶轮的水平度、标高和中心位置，使其符合技术文件的要求。轴颈与轴瓦的间隙也应符合技术文件的要求。机壳中心线与转子中心线的偏差不应大于 2mm。

（5）机壳找正。风机叶轮找正后，就可根据叶轮的位置调整风机外壳，即调整叶轮和外壳的配合间隙。机壳找正时，先将上半部外壳装在已初步找正的下半部外壳上，并用螺栓连接固定。然后测量调整以下间隙，使它们符合设备技术文件的要求。

① 叶轮后盘与外壳的轴向间隙。

② 风机外壳的舌与叶轮之间的间隙。舌与叶轮的间隙一般为叶轮外径的 5% ~ 10%；根据以上要求，将外壳调整好后，再拧紧地脚螺栓，将外壳最后固定。

（6）挡板安装。调节挡板应顺气流方向安装，不能搞错。挡板的开度与角度指示要装得一致，开关灵活，各片挡板之间有 2 ~ 3mm 的间隙。风机出入口的方形调节挡板在轴头上刻有与挡板位置相符的标志。

（7）联轴器对中。联轴器安装前先将电动机初步就位，并调整其位置，标高及水平度基本符合要求。联轴器的对中找正主要是对两个半联轴器的径向位移、端面间隙、轴线倾斜进行调整，使之符合技术文件或规范的要求。联轴器间的端面间隙可直接用塞尺或钢板尺测量，联轴器径向位移、轴线倾斜度的对中常用双表找正法。它是目前使用较多的一种方法。

将百分表表架固定在从动轴半联轴器上，安装两只百分表，表指在驱动轴半联轴器上，分别测量径向和轴向偏差。同时，将联轴器旋转一周，分别记录两只表在上、下、左、右 4 个位置的指示值。对超过标准的则予以调整直至符合标准为止。

2. 轴流式风机安装（空冷器风机）

（1）施工准备。与离心式分机类似。

（2）机体安装。水平剖分机组应将主体风筒下部、轴承座和底座在基础上组装后用成对斜垫铁找平。

垂直剖分机组应将进气室安放在基础上，用成对斜垫铁找平，再安装轴承座，且轴承座与底平面应均匀接触，以进气室密封圈为基体、将主轴装入轴承中，然后依次装上叶轮、机壳、静叶和扩压器。

（3）机体找平。水平剖分机组和垂直剖分机组的纵向和横向安装水平偏差均不应大于 0.1/1000，分别在主轴和轴承座中分面上进行测量。

立式机组的安装水平偏差不应大于0.10/1000，且应在轮毂上进行测量；具有减速器的立式机组安装水平偏差不应大于0.10/1000，且应在减速器加工面上进行测量。

(4) 叶片校正。叶片校正时，应按设备技术文件的规定校正各叶片的角度，并锁紧固定叶片的螺母，如需将叶片自轮毂上卸下时，必须按打好的字头对号入座，防止位置错乱破坏转子平衡。如叶片损坏需更换时，在叶片更换后，必须锁紧螺母并符合设备技术文件规定的要求。叶轮与主体风筒间的间隙应均匀分布并符合设备技术文件的规定。

(5) 联轴器对中。一般以空冷器轴流风机为基准，调整电机进行对中；使联轴器的径向位移、轴线倾斜度符合技术文件的要求。

(二) 风机的试运

1. 试运转前准备

(1) 检查电机的转向，要与风机的转向相符。

(2) 盘动转子，不能有碰刮现象。

(3) 检查轴承的油位和供油，并使之正常。

(4) 轴流风机检查叶片数量、叶片安装角度、叶顶间隙、叶片调节装置功能、调节范围均是否符合设备技术文件的规定。

(5) 检查紧固各连接部位。

2. 试运转

(1) 点动电动机，各部位无异常现象和摩擦声响后，进行连续运转。

(2) 启动后调节时，其电流不得大于电动机的额定电流值。

(3) 风机启动达到正常转速后，首先在调节门开度为0～5º小负荷运转，待达到轴承温升稳定后连续运转不少于20min。

(4) 小负荷运转正常后，逐渐开大调节门，但电动机电流不得超过额定值，直至规定的负荷为止，连续运转不少于2h。

(5) 试运转中，检测轴承温度、轴承部位的振动速度有效值（均方根速度值）应符合技术文件的要求。

四、压缩机的安装

(一) 压缩机安装要点

1. 离心式压缩机安装

(1) 施工准备。压缩机安装前要做好开箱验收和基础验收的施工准备工作，技术文件、规范或业主有清洗要求时，还应对压缩机部件进行拆检清洗。

（2）主机安装。主机安装前对底座底面和基础表面进行清洁，除去锈蚀、油污和杂物，并在底座上标记纵横中心线。按吊装方案将主机吊运至基础上方，再缓慢放置在基础上。

（3）找正、找平。用千斤顶和其他工具调整设备的位置，使设备底座上的纵横中心线标记与基础中心线重合，偏差不大于5mm。通过底座上的调整螺钉调整设备水平度和标高，用框式水平仪等检测仪器进行测量直至符合技术文件及规范的要求。

（4）二次灌浆。将基础表面的灰尘、积水吹扫干净后进行二次灌浆，先灌地脚螺栓孔，再灌设备底座与基础之间的空隙。灌浆使用微膨胀混凝土。水泥使用525号硅酸盐水泥，沙子最大粒径为2.5mm，含泥量小于0.5%，碎石最大粒径为15mm。灌浆必须在安装人员配合下进行，不间断地边浇灌边捣固。灌浆完成后进行喷水养护。灌浆层凝固后强度达到设计的75%时，松开底座的全部顶丝。使设备均匀地压在基础上，灌浆层凝固后强度达到设计的100%时，拧紧地脚螺栓。

（5）联轴器对中。压缩机机组一般有两个联轴器，即齿轮箱与电机及齿轮箱与压缩机之间各一个，压缩机组的对中找正就是通过三个部分联轴器之间的径向和轴向偏差调整螺钉进行调节。因三个部分的结构、速度及介质温度等因素，其转轴的受热位移有一定的差异，因而出厂时均有一冷态找正偏差值，以对正常运转时各部分转轴位移调整。

找正时注意环境温度以15～20℃为宜，具体按压缩机说明书要求进行。对中找正以齿轮箱为基准向两头找正。作为基准的增速机安装必须严格执行规范及设计要求，这样才能保证机组的安装位置，联轴器对中找正方法同前节所述。

（6）附属油管路安装。压缩机的油系统管道现一般都采用不锈钢管，这样可以有效地保证油系统内部的清洁。安装时需注意以下问题。

① 焊接应采用氩弧焊打底，并应充氩保护，确保管道焊口内部无焊渣等杂物，同时保证了焊缝的质量。

② 管道布置应整齐美观，水平安装回油管，倾向油箱的坡度不应小于5‰。

③ 油管线经试压合格后，设计有要求时应进行酸洗钝化处理，以减少油循环时间，酸洗钝化后还应用清水冲洗干净，并将管内的积水放干再进行吹干。

④ 油站及油系统的油冲洗

A. 冲洗用油必须与正式运转用油相近，可按说明书要求。

B. 灌油前油箱必须清理干净（用布及面粉团清理）。

C. 油循环时，各轴承的出入口应用临时管线串接起来，形成回路，根据冲洗流程，确定阀门的启闭状态。

d. 油循环可用油系统中的自身油泵冲洗，冲洗时油温在加40～75℃，并按规定的温度和时间交替进行。

e. 油冲洗合格标准如下：在各润滑点入口处设180～200目过滤网，经4h通油后，每平方米软质颗粒不超过两点，不得有任何硬质颗粒，并允许有少量纤维体。

2. 活塞式压缩机安装

（1）施工准备。压缩机安装前要做好开箱验收、基础验收和必要的拆检、清洗等施工准备工作。

（2）主机找平。将主机整体吊上基础就位，用水平仪通过主轴孔找机身纵向水平，通过中体滑道找机身横向水平，偏差值不大于技术文件及规范的要求。调整完毕后进行二次灌浆，灌浆应连续进行，对水平度重新进行复查校正。

（3）气缸安装。安装气缸应以中体滑道轴心线为基准，找各列气缸的中心线，同轴度允许偏差符合间隙表规定，气缸的倾斜方向应与中体滑道倾斜方向一致。气缸各连接螺栓应对称、均匀地紧固。气缸的支承应接触良好、受力均匀。

（4）曲轴与连杆安装。主轴承在装配时，首先必须测量轴承壁厚，偏差不大于0.02mm。其次必须与轴承孔壁全面积贴合，不得有任何间隙，保证其贴合度达70%以上，而且在两轴承瓦的分界面也不得有任何间隙。连杆大头瓦的安装也应如此。

连杆是连接曲轴与十字头的部件，它将曲轴的旋转运动转换为活塞的往复运动，所以在安装时必须抓好连杆螺栓与十字头销的安装。对于十字头销的安装，一方面必须保证十字头销孔与十字头销的配合锥面用涂色法检查应有80%的均匀接触面，同时十字头销与十字头体的装配还应注意油孔位置对准。此外，连杆的安装可以用来检查十字头滑道轴线对曲轴轴线的垂直度。曲轴与连杆安装完后，反复盘车，观察主轴承与曲柄、连杆大头瓦与曲柄的轴向间隙是否均匀，以避免产生摩擦。

（5）主轴承、轴瓦间隙调整。主轴承、连杆瓦间隙的调整按照设备技术文件的要求数值严格执行，否则将会引起故障，甚至造成事故。由于主轴承瓦和连杆大头瓦是内壁有环向油槽的薄壁瓦，因此安装时不得以刮研的方法调整间隙，只能一次性更换。

（6）十字头与活塞杆对中。由于大、中型活塞式压缩机十字头与活塞杆的连接为法兰连接，只能用法兰上的4条螺栓的紧固程度来调整活塞杆与十字头的对中。检查方法：在紧固法兰螺栓的同时，用塞尺分别测量十字头的前、中、后3个部位与滑道的径向间隙，看其是否相等，否则就要重新紧固4条螺栓，直至偏差在0.01mm以下。

（7）活塞内、外止点间隙的调整及活塞环安装。当活塞装上后，用软铅条从气阀孔伸入气缸内，盘车测量活塞在气缸中的内、外止点间隙，如不符合技术文件的要求，可以通过在活塞杆与十字头接合处增减垫片加以调整，直至到符合要求为止。

此外，也可以利用测量活塞内、外止点间隙判断长时间运行机组的活塞螺帽是否松动。活塞环的作用是密封气缸与活塞之间的间隙，防止气体从压缩容积一侧漏向另一侧。所以，活塞环的安装首先必须保证活塞环与环槽间隙满足技术文件的要求。间隙过小，热胀后影响活塞环的预紧力，间隙过大，造成活塞环容易磨偏，气缸镜面与活塞环间不易形成油膜。其次，同一组活塞环切口应相互错开，并且所有切口位置必须与阀孔错开，否则易产生泄漏。

（二）压缩机试运转

1. 试运转准备

（1）检查并紧固气缸盖、气缸、机身、十字头、连杆、轴承盖等的紧固件。

（2）检查调整仪表和电气设备，电动机的转向符合压缩机的要求。

（3）确认润滑油脂的规格数量，符合设备技术文件的规定，供油情况正常。

（4）清洁进气管路。

（5）保持冷却水系统进水和排水管路畅通。

（6）盘动压缩机数转，保证灵活无阻滞现象。

（7）检查各级安全阀是否灵敏。

2. 无负荷试运转

（1）将各级吸、排气阀拆下。

（2）启动压缩机随即停止运转，检查各部位，无异常现象后，再依次运转 5min、30min 和 4 ~ 8h。每次运转前，均检查压缩机的润滑情况是否正常。

（3）运转中油压、油温和各种摩擦部位的温升均应符合设备技术文件的规定。

（4）运转中各运动部件应无异常响声，各紧固件应无松动。

3. 空气负荷试运转

（1）空气负荷试运转前，先装上空气滤清器，并逐级装上吸、排气阀，启动压缩机进行吹洗。从一级开始，逐级连通吹洗，直至排出的空气清洁为止，每级吹洗时间不应少于 30min；各级吹洗压力按设备技术文件的规定进行。

（2）吹洗后，拆下各级吸、排气阀清洗干净，并检查有无损坏。

（3）逐渐升压运转，在排气压力为额定压力的 1/4 下运转 1h，为额定压力的 1/2 下运转 2h，为额定压力的 3/4 下运转 2h；在额定压力下的运转时间按设备技术文件的规定进行；无规定时，不少于 24h。

（4）压缩介质不是空气的压缩机，采用空气进行负荷试运转时，最高排气压力应符合设备技术文件的规定。

（5）压缩机在升压运转中，无异常现象后，方可将压力逐渐升高，直至稳定在要求的压力下运转。

(6) 压缩机运转中油压不得低于 0.1MPa，曲轴箱或机身内润滑油的温度，有十字头的压缩机不高于 60℃，无十字头的压缩机不高于 70℃。

(7) 压缩机各级排水温度，不高于 40℃。

(8) 压缩机的振动和声音应正常。

(9) 压缩机试运转合格后，更换润滑油。

五、离心泵的安装

(一) 离心泵安装要点

1. 施工准备

泵安装前要做好开箱验收、基础验收等施工准备工作。新出厂的泵通常不要求进行解体清洗，利旧的泵应根据需要进行解体检查，主要查看内部零部件磨损及装配情况，清除表面锈蚀和杂物。

2. 吊装就位

就位时需根据泵体的大小和重量采用不同的方法。小型泵可采用人工抬、搬；中型泵可利用拖排、滚杠等进行撬、滚；大型泵可立桅杆，利用滑轮组吊运，也可使用起重设备将泵体吊放到基础上。

3. 找正、找平

以基础或墙柱中心线为基准，采用拉钢丝线方法进行测量，以找正泵体。泵体上的纵向中心线是以泵轴的中心线为准，横向中心线是以出口管的中心线为准。

找平时通常在泵进出口法兰或底座找平块上用水平仪进行测量，对于大型多级离心泵以两轴颈为测点，把水平仪放在轴颈上，测读读数，通过调整泵的底脚与台板间的垫片厚度，使泵处于水平状态。

4. 联轴器对中

泵整体找正、找平后用双表找正法对联轴器进行找正对中，使得联轴器端面间隙、平行度、轴向倾斜和径向倾斜误差符合技术文件或规范的要求。

(二) 泵试运转

1. 试运转前的准备

(1) 设备精平找正完，并经复核，安装记录齐全，签字手续完善。

(2) 各润滑部位应加入符合规定的润滑剂。

(3) 泵入口必须加过滤网，过滤网有效面积应不小于泵入口截面积的 2 倍。

(4) 检查冷却、保温、冲洗、过滤、润滑、密封等系统及工艺管道，应连接正确，无渗漏现象，管道应冲洗干净，保证畅通。

(5) 试运转所需动力、仪表、冷却水、循环水等确有保证。

(6) 测试仪表、工具、记录表格齐备。

(7) 与试运转有关的电气和仪表调校合格。

2. 离心泵单机试运转

(1) 电机试运转。施工准备泵体就位找正，联轴器找平对中。

① 脱开联轴节，手动盘车应灵活，无卡涩及异常声音等，然后点动电机，确认电机的转向是否与要求的一致。

② 电机点动无异常后，起动电机，连续运转 2h，检查电机运转工况，运转过程中每隔 30min 检查电机振动、温度、电流等是否异常，并做记录。

③ 电机启动电流不宜过高，运转电流应低于额定电流。

④ 电机温升不得超过铭牌的规定，一般滚动轴承的温升不得超过 80℃。

(2) 单机试运转

① 按设计旋向转动联轴节，盘车应灵活，无卡涩和杂音等异常现象，关闭泵的进、出口阀门。

② 打开泵的进、出口阀门同时打开泵或管路的放空阀，缓慢盘车，排出管道内的气体，以免运转时产生气蚀，压力表处也应排出气体，最后关闭出口阀门、放空阀。

③ 机械密封冷却水管路也应打开阀门进行放空，以排出管道内的气体，并接通冷却水。

④ 启动电机，当达到额定工况，立即缓缓打开出口阀门。

⑤ 对于离心泵一般不应用入口阀门来调节流量，以免产生气蚀，泵一般不宜在低于 30% 额定流量下连续运转。用出口阀门来调节流量，使电机运行不超过额定电流。

⑥ 泵试运转时间为 4h，在泵运转过程中做以下检查，并每隔 30min 记录一次：

A. 电机电流不应超过额定电流。

B. 用测温仪检查泵及电机轴承温度。

C. 检查振动，振幅不大于 0.02mm。

D. 检查机械密封，机械密封允许泄漏量为 5mL/h。

⑦停车时应按以下步骤：

A. 逐渐关闭出口阀门，切断电流。

B. 关闭入口阀门，排净水，待泵体各部冷却后关闭冷却水及相应的辅助管路。

第四章　油气长输管道建设施工

第一节　管道线路选择及施工图准备

一、管道线路选择

如何选择最佳线路，即在满足介质输送量及其他要求的前提下，使管道建设的成本最低、效益最高、对环境影响最小、使用及控制更方便，这是管道设计者首先要考虑的问题。在考虑管道长度、经过的地形地貌等自然条件的同时，还要考虑长期多变其他因素的战略要点，在考虑安全可靠性、保护、维护和运行等问题时，同时也不能忽略土地利用、地质条件、水文系统、环境及气候条件、历史人文、生态发展及社会经济等多种问题。从总的原则上考虑，主要做到以下几个方面。

(1) 管道应力求顺直，以缩短长度；尽量减少管路与天然和人工障碍物的交叉，并应同穿（跨）越大、中型河流位置相一致。

(2) 选线时应考虑管道沿线动力、运输、水源等条件，尽量避开多年生经济作物区域和重要的农田基本设施。

(3) 管道应避开城镇及其规划区、工矿企业及其规划区、飞机场、铁路车站、海（河）港码头、国家级自然保护区等区域，必须避开重要的军事设施、易燃易爆仓库、国家重点文物保护区、城市水源区等区域。

(4) 地震烈度七度以上地震断裂带，以及电站、变电站和电气化铁路等产生杂散电流的影响区内不宜敷设管道，避开滑坡、塌方、泥石流等不良工程地质地段。

(5) 对在山区地段敷设的管线，应在山体稳定的地段通过；管道线路位置应尽量走山的顺坡，尽可能少走山的横坡，这样有利于减少工程土方量，有利于管线的长期稳定性。

(6) 管线在山前区与铁路、公路并行时，管线的“过水路面”和防护措施应与铁路和公路等同或稍大。

二、施工图准备

(一) 施工图会审

施工前，施工承包商应先组织施工方内部的各专业人员对施工图预先进行理解、检查、核对，即施工图的会审过程。由于施工技术的可能性和施工承包商的建设经验，可能要对设计提出一些修改意见，施工图会审内容主要包括以下几个方面。

(1) 施工图纸是否齐全、清晰，技术说明是否正确，相互之间是否一致；

(2) 各专业图纸对管道安装尺寸、标高、方位、方向的要求是否一致，走向及接口位置是否明确、详细；

(3) 管道安装的主要尺寸、位置、标高等有无差错和漏项，说明是否清楚；

(4) 预埋件或预留洞位置、尺寸、标高是否一致，有无漏项，说明是否清楚；

(5) 管件实际安装尺寸与设计安装尺寸是否一致；

(6) 特殊地质、地貌、特殊工程的地质勘察资料是否规范、标准；

(7) 设计方提出的工程材料及消耗材料的用量是否满足工程需要；

(8) 设计方推荐的有关施工方法对安全施工有无影响，现有施工工艺能否达到设计要求的质量标准；

(9) 提出可行的建议和意见。

(二) 施工图设计交底

施工图会审后，由业主组织设计、监理、施工承包商共同参加设计交底，这对提高工程质量和效率十分重要。技术交底应有专人负责记录，主要有施工的工期、质量、成本目标及内容；采用的设备及施工工艺的特点和本工程要求达到的主要经济技术指标以及实现这些指标及采取的技术措施；施工方案顺序、工序衔接及劳动组织和各项工程的负责人等。主要包括以下几项内容：

(1) 设计图纸交底：主要内容为设计意图、工程规模、工程内容、现场实际情况、工艺和结构特点、设计要求以及由各方参加的设计图纸会审决议等；对一些工程规模不大、技术要求不复杂的工程，往往把设计图纸交底和图纸会审放在一起进行。

(2) 施工组织设计和施工技术措施交底：在施工组织设计或施工技术措施经过审批之后，要向参加施工的有关人员进行设计交底，可以包括施工队长、工长、技术人员、质量检查人员、施工人员、安全人员等，并由他们再向下一组进行详细的专业交底。

（3）施工中的HSE交底：施工中的HSE要求和保证HSE目标实现的各项技术措施，具体责任人。

（4）施工质量交底：主要包括施工中各项质量要求及保证质量的各种措施交底，质保体系的具体责任人。

（5）新设备、新工艺、新材料、新结构和新技术交底：在施工中所采用以往没有使用或使用不多的新设备、新工艺、新材料、新技术等。

第二节　长输管道基本施工方法

长输管道的建设是一项困难的、快速的和庞大的建设工作。该项工作通常是在气候恶劣、生活流动的条件下进行。每个施工队是由从事各种施工工序的人员和所配备的各种专用设备组成。

管道的施工区一般都处在交通不便的、相对偏僻的地区，所以要进行一系列的施工过程就必须首先解决交通问题，这关系到管道施工所需的各种物资及人员能否如期到达指定地点的关键。管道建设的特点取决于施工时施工现场的条件，下面将讲解施工各阶段主要内容及应注意的各种问题。

一、施工通道的修筑

长输管道的建设过程，首先要将管道及各种所需物资及设备包括人员运送到施工现场，这个过程可以通过已存在的各种交通道路进行运送，如铁路、水路及公路的运输。但对于那些远离已存在的交通道路的地区，如边远山区、戈壁、荒漠、沼泽地段，交通运输就成为管道建设首先要解决的问题。为此，就要专门为管道的建设修筑一些专用的临时性或永久性道路。下面就讨论一下施工通道修筑的原则及方法。

（一）通道的确定

（1）向地方有关部门汇报或征求意见，尽量双方合建或得到地方政府准许。

（2）在荒漠、戈壁地段，管道伴行路与施工作业带的距离应尽可能地减小。带内的通道和连接施工作业带与现有运输道路之间的通道应平坦，并具有足够的承压强度，应能保证施工机具和设备的行驶安全。

（3）当管线沿公路敷设时，需修筑连接施工作业带与公路之间的施工通道。通向作业带的道路原则上尽可能利用原有的和作业带相交的乡村道路，以减少修筑工作量。施工作业带与现有运输道路应平缓连接。

(4) 管线敷设地点距离公路较远时，为满足施工运输需要，与公路相连的施工通道可每间隔 5 ~ 10km 修筑一条。若施工作业带内的通道平行于管沟，那么保证施工机具和运输车辆通过的道路，应修在靠近现有运输道路一侧。

(5) 原有道路不能满足行车要求时，要对其进行拓宽、填平、碾压。低洼处的填垫要使用碎砖石等骨料，对承载能力不足的桥涵要进行加固，转弯半径要满足要求，在雨季要能保证通车。对于地质条件坚实地段，施工通道可利用推土机平整修理完成。

(6) 施工通道经过埋设较浅的地下障碍物时，应与使用管理方及时联系，商定保护措施。临时施工道路的宽度一般为 6m，弯道的转弯半径应大于 15m，长度与结构形式等视现场具体情况确定。

(7) 特殊地段（如季节性沼泽地、盐碱沼泽地、水田或地下高水位地段、有横向坡度的山坡、沙丘、山区等）施工通道的修筑，由承包商提出修筑方案，报业主或监理批准后方可实施。在河床、河谷、山洪冲刷和受泥石流影响的区域，修筑施工通道应与后续工序紧密相接，且不得在洪水期施工。

（二）一般地带通道施工方法

(1) 村镇道路拓宽加固必须征得地方政府有关部门的同意，尽量作为永久道路加宽使用。在原有道路两侧（根据地形，可以是一侧）疏干地表水，在地基含水量接近最佳含水量时，清除表层不良土层，经碾压密实后在上面填筑路基材料（视其承载力而定）。一般情况下，可用 200 ~ 400mm 厚砂砾。现场道路两侧设小排水沟。原有道路承载力不足时，在路面上再铺一层加厚层。不能用作永久性加宽处理的路段，应在原有公路的一侧加固。路基下面铺垫一层土工布，上面垫土，再垫砂石，以便施工完成后拆除。

(2) 在与公路衔接处修筑施工通道时，在公路旁边开挖并埋下涵管，再用袋装土填实、碾压，不得影响公路排水。

二、施工场地的清理及坡度的平整

管道的施工现场一般要沿管道中心线开拓出一条一边宽为 10 ~ 20m 的临时管道建设用地，有时在一些地段根据实际情况和施工要求开出更宽范围的用地。在这个范围内，要清除阻碍管道施工的树木、树根，平整坡度和应搬迁建筑物等障碍物，并使施工占道以及施工便道的区域达到最低的坡度要求。

用带特殊功能的推土机砍除或拆除所有的残留物，然后在指定点堆放焚烧。在人畜频出地区要设置隔离带并安装进出大门。地下设施或结构物应利用人工开挖方式，用护坡或其他保护方式加以保护，以防止设备及车辆对其造成损坏。清理及建立必要的围栏。施工队应配备各种施工工具，如推土机、伐木机、压路机、履带式装载机、摊铺设备、液压挖掘机、自行式平地机、轮式挖掘机、履带式挖掘机、轮式装载机、铲运机、集材机、集运机、非公路载重机以及各种运输车。实际的设备和人力需求取决于进度计划和地形地貌的情况。场地清理后要达到保证车辆将人员、燃料、施工设备运送到指定的施工现场。应标明永久管道占地区域和临时施工占道的边界，清理工作就在范围内进行。要对已存在的地下设施应用人工方式进行处理，标明具体位置并加以正确的保护。要确保排水系统的畅通，将清理出的灌木和树木碎片及泥土不能堆入河道中，如果任意置于河道内，可能会造成河水流动的不畅及鱼类活动的障碍，也会造成管道施工人员的行动及施工物资运输的不便。如果任意焚烧砍伐树木及杂草，还可能为周围环境带来影响甚至还会引起火灾。杂草及树枝的焚烧应在指定地点进行，并采取足够的保护措施使着火区控制在小的范围内。注意杂草及树枝不能与平整坡度时土石混合。表层土和表层有机材料应清除并存放于远离管沟区及深土层存放区，且不能与其材料混合，以利于最后的施工占道恢复之用。阀门和计量站施工现场的平整按照施工图纸上所确定的标高，在需要进行开挖和填充的场地，必须在场地的边界明显地标注和建立标志桩以确保最终符合勘测人员所确定的标高。总之，必须平整出满足管道施工的足够的施工占道区域。

三、管道的储存、装卸与布管

(一) 管道的储存与运输

各种管道一般应集中在距施工占道一定距离的场地。储存管道时，必须在管道的下面加上支承来保证其不会陷入土中，同时要考虑重力的分布以防止管道压扁或变形。另外，要注意管道坡口内、外表面的防腐。预留所需的一定的间隙以利于人员、牲畜和野生动物的通过。安排这些管道就位时，还要考虑在外送时的较为容易的按次序调出。管道在管道制造厂内制造好后，要通过各种方式运达施工场地，在运输过程中要特别注意对管道的保护，因为一般管道已在管道制造厂进行了防腐处理，所以这一阶段稍不注意就可能造成管道的防腐层被破坏，特别是与吊缆相接触及接头等处容易划伤，应采取特殊的预防措施防止损坏钢管及其防腐涂层。一般采用装有侧起重臂或其他起重设备的吊管机、卡车来装卸管道。在装卸管道时必须小心地选择合适的吊钩，把吊钩钩在系于管端的缆绳上起吊。吊钩的设计及尺寸必须能够很好地分散起吊压力。装卸特重管道时，应在缆绳间装上撑杆以减少起吊的水平分力。另外，还要注意在运送已涂有防腐层的管道时，卡车上的横梁要足够宽以正确支承管道，同时还应在装车用的紧固链和防腐管之间加个垫。在管道的全部装卸过程中都必须注意防止压凹、压扁管道或造成其他损伤。这些措施包括在钢管和吊链之间加橡胶或合适的材料垫，使用铺垫片和防水油布覆盖钢管等。注意在管沟石岩爆破完成之前不能进行布管。在极不平的地段或山区管道的运送和卸放也并非一件容易的事，必须采用其他方法才能将管道运送到位，如用架设专用的高架吊缆或用直升机进行管道的运送和布管。

（二）布管

按照管道在该段的设计用量对管道进行依次的分配即为管道的布管作业，一般管道的摆放方向应与管沟或施工线路有一定的斜度，这样既能在一定的范围内布放规定的管段数量，减小占地面积，又能给施工作业人员与设备留出一定的作业地带，还能给周围公众留有方便快捷的交通便道。在自然环境保护区及野生动物生活或活动区，也要留有足够的穿越通道，便于动物的活动或迁徙。有时管道可用运输卡车沿施工带运送至现场后即可直接进行布管。在陡坡及泥泞地区时就要用专用布管道机。布管的操作顺序没有固定的规律，由当地的条件和建设者的选择来定。有时在挖沟前布管，有时在挖沟后布管。挖完的沟应尽可能缩短敞开的时间，因为敞开的管沟会受到塌方、雨水及外来物落入其中，重型布管车沿沟边通过时还易造成管沟的塌陷。为减少这种情况的发生，布管一般是在挖沟前进行。若需爆破成沟，布管工序必须拖后，以免对管道造成损害。

布管作业队应配备包括起重机、布管用吊管机、钢管运输车、牵引车、客货两用车和施工人员的运输车和各种装备。运输卡车的数量取决于所布管距离和当日作业的要求。在泥泞区域的运输应采用特殊的运输车。在布管过程中应尽量避免损坏钢管及其防腐涂层，若发生损坏时，应清晰地标明损坏位置。使用适当的管端吊钩来装卸以防止对坡口的损坏。按设计要求注意不同壁厚和等级的钢管准确布放位置，布管时不允许在地面上拖拉钢管。

四、挖沟作业

管沟的挖掘可采用机械方法或人工方法。目前，只有在特殊的情况下需采用人工挖沟，一般情况下都是采用机械方法，如采用挖掘机进行挖沟，这种沟机的作业过程是连续性的，所以挖沟效率很高。当对管沟宽度及深度进行调整时，如需要进行侧弯和特别加深挖掘的区域，或者是短距离挖沟时可利用液压反铲机或液压挖掘机进行挖掘。对于湿地、浅河和岩石区域的开挖都可采用反铲机或类似设备。在挖沟的同时，还应对管沟采取额外的措施，包括使用沟底架等，以保证开沟符合管道的尺寸。在多石地区可能需要将石头爆破成为易处理的碎石块，也可以用正铲单斗挖土机、手工工具、爆破、松土机、液压挖泥机及其他设备，或者用上述机械联合作业进行挖沟。

虽然大多数的挖沟作业已经实现了机械化，但有时还需要工人在沟内操作，如抛出沟内的松土、石块及其他物件，为了填满凹陷，保持一定的纵向坡度，还需要工人整平并将土回铺沟内。在公路、铁路、河流及其他大型水域的穿、跨越工程中均有不同的要求。在需要对管道特别处理的地段，如管道的接头处，应开挖出足够的宽度及焊接坑以利于在管沟内进行焊接作业。

城市街道下埋设管道，路面破除是项艰难的作业，可采用人工或机械两种破路方法。人工破路时，对于混凝土路面可采用振钻，对于沥青或碎石路面可采用十字镐。然后沿沟层以下的垫层或土层掏空，用大锤或十字镐等将路面逐块击碎。机械破路时，可按路面材质选择破路机械。小面积混凝土路面可使用内燃凿岩机，这是一种自带汽油发动机的手提冲击镐，镐自重较大，灵活机动，无须空压机等配备设备。也可用风镐作业，操作较轻便，但需移动式空压机配套使用，大面积破除路面时，可采用汽车牵引的锤击机对路面进行锤击，沥青路面的破除一般用松土机或无齿锯把路面拉碎。挖掘设备主要有轮式挖掘机、液压反铲机、松土机及客货两用车。在轮式挖掘机无法工作的区域，应配备额外的反铲机。挖沟机不宜开挖坚硬的土和含水量较大的土，宜开挖亚黏土、亚砂土和黄土等。

正铲挖土机适于开挖机械停留面以上的土方，机械效率较反向铲大，而且易于控制挖掘边坡及基坑尺寸。反铲适于开挖机械停留面以下的土方，而机身和装土均在地面上操作，适用于沟槽和深度不大的基坑开挖，最大挖土深度 4～6m，可挖掘一类至四类土。开挖燃气管道沟槽主要采用反铲挖土机。反铲挖土机挖土作业经常采用沟端开挖法和沟侧开挖法。

拉铲挖土机功能与反铲基本相同，但挖掘半径和挖掘深度比反铲大，适用于在松软的土层开挖较深的大面积基坑、沟槽和水下开挖等。抓铲适用于开挖面积较小，深度较大的基坑或沟槽，由于提土时土斗闭合，可开挖含水量较大的土层，如将其放置在驳船上，可进行水下开挖。

多斗挖土机又称挖沟机，与单斗挖土机相比较，其优点在于挖土作业是连续的，在同样条件下主产率较高，开挖每单位土方消耗的能量最少，开挖沟槽的底和壁比较齐，在连续挖土的同时，能将土自动卸在沟槽一侧。挖沟机由工作装置、行走装置、动力装置、操作装置和传动装置等部分组成。挖沟机的类型按工作装置区分，有链斗式和轮斗式两种。挖沟机一般均装有皮带运输器。行走装置有履带式和轮胎式两种，动力装置一般为内燃机。

五、管道的净化

由于在制造及运输过程中的多种原因，不免给管道带来多种污染。清除掉管道内外的各种污物，这对管道的防腐处理、焊接加工及以后的运行是很重要的。如在管道焊接之前，应对管道进行除污除锈等处理。首先必须净化管道的坡口，以去除污垢、锈斑及油污等，这是因为坡口附近若存在这些杂质，在焊接过程中会使这些杂质与熔焊金属一起进入焊缝，影响焊接质量。用工具将管内脏物和杂物清除干净，管端 50mm 范围内应无污物；用棉纱、汽油、纱布清除管端内、外表面 10mm 内的油污、铁锈和污垢等；采用简易清管器（外包缚海绵）对单根管道进行内清理，保证把管内杂物和尘土清理干净。当管道坡口仅有少量锈斑时，可用钢丝刷进行刷磨即可。若锈蚀量较大及较深时，就需要用电动砂轮除锈或专用喷砂机。有时为了清除管内的异物，可以将管道直接倾倒一定的斜度，即可使管中的杂物滚出或滑出，或是对每根管道用装有钢带或其他材料做成的拖布通一下，也能保证管内无杂物遗留。另外，还可以利用管道对口器作为管道的清扫设备。

在施工临时停歇期间，采用无纺布或橡胶管帽对管口进行封堵，避免泥水、杂物等进入管内。对于管道断点或已下沟管段，由于需要长时间放置，必须采用活动盲板对管口进行封堵，避免泥水、杂物等进入管内。管口清理完毕后，由管工对管口坡口质量进行检查和验收，并办理工序交接手续，然后立即转入组装焊接工序，其间隔不宜超过 3h，以避免二次清管。注意管道坡口不得有机械加工形成的内卷边，若有内卷边则用锉刀或电动砂轮机清除，但应注意不得形成反钝边。为便于管线组焊时管道起吊平衡，在每根钢管长度方向上标出平分线位置。

需要用直尺或卡规检查管口的椭圆度，若管端的轻度变形在 3.5% 管径以内，而且有深度大于 1.5mm 的平滑凹陷，应采用胀管器、千斤顶等专用工具矫正。为方便矫正，允许对变形部位进行局部加热，但加热温度不得超过 600℃，以免碳化或起氧化皮。凹陷深度超过 3.5% 管外径的管口不能使用矫形的方法，而应将变形部位切除。若要在管端重新开坡口，可以用坡口机同时完成切割和开坡口工作。

对于管口表面深度小于 3mm 的点状缺损或划伤，可采取焊接方法进行修补，且焊前将修补部位预热到 100 ~ 120℃。若管口表面有深度大于或等于 3mm 的点状缺损或划伤，则管口必须切除。

六、弯管作业

大直径钢管的弯制通过液压弯管机和内置的轴芯进行。通常采用冷弯法，弯管机器上备有半圆形、与管外周相适应的刚性模具。弯管时，将需弯曲部分夹紧在两组模子之间进行弯管。主模是由能约束管道并保持圆形且能适应所需弯度的铰接组件组成。另半边模具的移动对管道的自由端施加压力，或者在主模加压时对管道加以约束。

弯管时会使弯曲处的管壁外侧产生拉应力，内侧产生压应力。若用足够的力拉伸使外侧钢板达到其屈服极限以上时会产生永久变形。若弯曲处的管壁内侧受压则会出现起皱或起褶，故意及无意造成的皱褶在油、气管道上都是不允许的。

管道也会沿弯边隆起，形成椭圆形断面，可用弯曲模具把管周全部包住，使变形限制在合格的程度之内。大口径薄壁管有时需要使用液压膨胀铰链芯轴加内压来保持圆形。单位长度上管道的弯曲量因管径及壁厚而异。大口径管的弯曲管壁会有较大的伸长，而薄壁弯管的伸长及减薄余量较小。冷加工会延伸加大管材的屈服强度，但减薄壁厚会降低管道的极限强度，这些效应相互抵消，对管道的承载能力无显著的影响。管道尺寸及形状的变化必须保持在合格的范围之内。凸出于管外壁的环向焊缝不能放在弯管机的模具内，纵向焊缝必须放在弯管中性线附近。由于防腐层很少能持久牢固地粘在弯管外侧伸长的金属上，所以一般需要修理防腐层，但不允许在现场加热弯管。但在某些情况下，可将管道及防腐层加温到40℃左右，以防止天冷防腐层变脆而损伤防腐层。弯管机是大型设备，一般装在履带式拖车上，也可用卡车搬运或用拖拉机沿施工带拖动。

七、管道的焊接工艺

管道的现场焊接是管道建设十分重要的一个环节，它关系到整个管道工程的质量及今后管道能否正常运行的关键。输油气管道焊接主要包括为穿跨工程准备的焊接、主干和支线的焊接、管线连接附件和钢管制造过程中的焊接。如果条件许可，可先将两根管道在焊接条件好的环境(如制造厂)中焊接成一根管段，以减少现场焊接的工作量。焊接好的管段除锈和涂扶防腐层后，运至建设现场进行组装。为了避免管道防腐层在运输过程中被损坏，也有在施工现场就地涂扶和包扎防腐层的。常用焊接工艺有气体埋弧焊焊接法、焊条电弧焊焊接法、气体保护金属极电弧焊法。自动焊接或手动焊接可应用于管道主干线的作业，手动焊接可用于其他作业。

管道管口焊接工艺主要有上向焊、下向焊、手工半自动下向焊、全自动焊、挤压电阻焊等。管道内对口器、吊管机等设备相配合下，使长输管道施工实现机械化流水作业。这些焊接工艺各有特点。当管径小于DN700或管线敷设在山区、农田、水网地段时，应采用下向焊和手工半自动焊焊接工艺，因为这两种焊接工艺所需设备量少而且设备体积小、故障率低、机动灵活、容易搬迁。全自动焊接工艺设备量大而复杂、设备昂贵、不易搬迁；若全自动焊机发生故障，整个一条焊接流水作业线就会停顿下来。因此，全自动焊接工艺适用于大口径、平原一般地段的管线施工。

第三节　管道的质量检验

一、焊缝的一般要求

常见的焊缝缺陷分为外观缺陷和内部缺陷。外观缺陷可用肉眼观察到，内部缺陷需要通过设备、仪器才能检查出来。焊缝缺陷影响焊缝有效截面面积，使焊缝金属的强度降低。裂纹缺陷还造成应力集中，有可能造成断裂。焊缝主要缺陷是咬边、未焊透与未熔合、夹渣、气孔和裂纹。其中，焊接裂纹是焊接中不允许出现的一种严重缺陷，应采取措施予以防止。输油气管线焊接中经常出现的裂纹是冷裂纹，防止的有效措施是选用低氢型焊条，严格按照使用说明烘干，避免在雨、雪、雾气候条件下焊接，采取焊前预热、焊后保温缓冷或焊后热处理等方法，都可以防止焊接裂纹的产生。

一套完善的管道质量检验体系，是管道今后能满足生产需要和安全运行的基础。质量缺陷是多样的，为了确定缺陷对管道的安全影响，减少和防止这些缺陷的产生，必须在整个管道建设过程中采取不同方法及时查明缺陷的大小、位置和性质，判断其严重程度，分析其形成的原因，并提出处理的意见和方案。

常用的检验方法有检查容器表面的宏观检查、检查原材料和焊缝表面和内部缺陷的无损探伤检验、检查原材料和焊缝化学成分和机械性能的破坏性试验，以及检查容器宏观强度及密封性的耐压试验和气密性试验。

无损检测新技术在不断地发展，如超声发射技术、热红外检测技术、漏磁 - 涡流联合检测、电磁 - 超声检测、激光 - 超声检测等。已进入工业领域开始实际运用的技术主要有高能射线探伤、X 射线照相技术、射线探伤层析技术、中子射线检测、超声自动检测系统。下面主要讲述管道的缺陷种类、射线探伤、X 射线照相技术、超声无损探伤及表面的无损检验。

每个焊缝都要有焊缝编号，这为将来（比如在管线检验中）对每条焊缝或管接头的探测做好准备，同时焊缝编号也记录在每张射线照片上。在施工图上标出所有细节和尺寸或者确认人员的修改情况。施工及竣工勘测工作应主要包括设置施工边界、标示管道中心线及整理所勘测的各种信息。

二、管道的无损探伤

无损探伤是利用声、光、热、电、磁和射线等与物质的相互作用，在不损伤管道使用性能的情况下，探测其各种宏观的内部或表面缺陷，并判断其位置、大小、形状和种类的方法。

无损探伤是一门综合多种学科的应用技术，在制造和使用石油化工设备过程中起着十分重要的作用。几乎在每一个工业国家，都有无损探伤人员的教育和资格认定体制。我国经劳动部、中国无损检测学会以及各工业部门进行无损探伤人员资格认定的常规无损检测方法有5种：射线探伤、超声波探伤、磁粉探伤、渗透探伤、涡流探伤。

按探伤所使用的射线种类不同，射线探伤可分为X射线探伤、γ射线探伤和高能射线探伤三种。由于其显示缺陷的方法不同，每种射线探伤又分有电离法、荧光屏观察法、照相法和工业电视法。射线探伤可以得到直观的检测结果，易做永久性保存，展现出检测材料缺陷性质，可以对多种材料检测，对工件中体积形缺陷（气孔、夹杂物等）具有较高的检出率。但不适合几何形状复杂的工件，与其他方法相比（如超声波探伤），对微小裂纹和夹层之类的缺陷不易检测出来，必须考虑对射线的防护措施，而且生产成本和检验周期高于其他方法。

第四节　管道的穿越

管道的穿越主要应用于对公路、铁路、小型河道和一些容易穿越的不重要的设施。穿越工程一般由专门的施工队伍完成，管道的穿越应早于管道接头焊接工作。进行公路、铁路和高速公路的穿越时，应尽量避免对正常交通的影响、中断及对管道设施的损坏。穿越地形条件是决定采用什么样的技术手段的主要因素。

管道穿越施工队应必须配备吊管机、钻孔机、反铲机、客货车车辆。施工过程与一般管道施工要求一样，如在施工的设备的运输、管沟开挖、焊接及回填等必须符合有关要求。要在穿越点及时放置标志和安全设施。

一、铁路及公路的穿越

（一）无套管穿越

确定是否采用无套管穿越必须仔细考虑无套管管道所承受的应力以及与防止带套管管道腐蚀有关的潜在困难，管道能否满足其在穿越铁路和公路所承受的应力和变形。穿越管应尽可能取直，在整个穿越段内应有均匀的土壤支承垫层。尽量使其与周围土壤之间的空隙最小。穿越位置应尽可能避免在潮湿或岩石地带及需要深挖处穿越。管线与其邻近构筑物或设施之间的垂直和水平净距，必须满足管线和构筑物或设施维护的要求。穿越的最小覆盖层厚度是指从管顶至路基的距离。

无套管穿越下的输送管将承受由输送压力而产生的内部荷载及由土层压力（静荷载）和火车或公路交通（活荷载）产生的外部荷载。由于季节变化引起的温度波动可能会导致出现其他荷载：由端部效应而产生的纵向张力；与管线操作状况有关的波动；与专用设备有关的异常表面荷载，以及由各种原因引起地层的变形，如土壤收缩和膨胀、冻胀、局部动摇、附近区域爆破及由邻近挖掘引起的管道基础损坏，还包括由于温度变化而产生的管道应力。

（二）有套管穿越

适用于做套管（包括纵向拼合套管）的材料包括新的或用过的管道，轧钢厂中不合格的管道或其他可用的钢质管材。套管可以是裸管或带涂层。套管的内径应足够大，以便安装输送管，为维持阴极保护提供适当的绝缘以及防止外部荷载从套管传递到输送管上。套管的公称直径至少应比输送管公称直径大2级。如果不能满足要求，应增加套管埋深、提高套管壁厚、稳定凹填或采用其他可行的方法。套管内应无堵塞物，尽可能取直，并在穿越的整个长度内应有相同的垫层。采用钻孔安装套管，其钻孔孔径过盈量应尽量小，以减少套管与周围土壤之间的空隙。钢质套管应完全连接，以确保穿越段输送管从头至尾得到连续的保护。在安装套管的地方，套管端部应超出坡脚或路基至少0.6m，或超出排水沟底部边缘至少0.9m。应尽可能避免在潮湿或岩石地带和需要深挖处穿越。管线与其周围构筑物或设施之间的垂直和水平净距必须满足管线和构筑物或设施维护的要求。

安装在套管中的输送管应设计适当的支承、绝缘体或其他方法使其与套管不接触，并使其安装后无外部荷载传递到输送管上。也可采用涂层和外部缠绕带累积成环的方法或采用混凝土央套的方法来完成。当使用预制绝缘体时，绝缘体应均匀布置，并牢固地固定在输送管上。在遇到施工场地限制，结构上有困难或特殊需要的场合，多根输送管可装入一根套管中。其安装应符合上述各项规定并应使输送管与输送管之间，以及输送管与套管之间相互绝缘。

套管的两端应进行端部密封，以减少水和周围土壤颗粒的侵入。应该认识到，在现场条件下不可能完全达到水密封，应当预见水的渗入。套管的两端应用柔性材料密封，以防通过套管形成水道。

套管上不要求安装通气管。如使用通气管，应安装1或2根通气管，其通气管管径应不小于51mm，通气管应焊接到套管上，并应在路界线或栅栏处伸出地面。在将套管通气管焊在套管上之前，必须先在套管上开孔，其孔径应不小于通气管直径的1/2。通气管伸出地面长度应不小于1.2m。通气管顶部应安装适当的防雨帽。为便于用“套管填充物”填充套管，可安装两根通气管，将套管低端的通气管安装在套管底部，将套管高端的通气管安装在套管顶部。

通过设置环形绝缘体，使套管与输送管不直接接触，达到电绝缘。绝缘体的设计应使其与输送管涂层之间支承压力最小。在穿越施工期间应有监督和检查。安装前应先对输送管的穿越段进行外观缺陷检查。所有环焊缝都应进行射线或其他无损方法检查。套管穿越安装之后，应进行试验以确认输送管与套管之间的电绝缘。

二、河流的穿越

所谓河流穿越，是指利用一系列特殊的穿越设备，使管道从障碍下方穿越。无论是大河流还是长距离的沼泽地，都必须采用特殊的程序和设备来进行。如对较大河流的穿越，一般采用固定的或用安装于绞车的牵引钢绳将钢管拉过河流。根据需求配备足够的吊管机把已经进行过混凝土覆盖保护的钢管运至河岸边，然后将这些管段预先焊接成一定长度的管道。如果河流不太宽，且有足够的焊接用地，这样的管道长度可比河流的宽度要长。也可在管道段进入河道以后，根据工作空间和设备的情况进行二次焊接。也可以使用大型的吊铲抓斗机、反铲机等来进行管沟的挖掘，这要根据河水深度、河水流速和河床地质状况决定采取何种挖沟及回填方式。

管道在长距离沼泽地的穿越是利用浮桶支承或类似浮力支承物把混凝层的钢管拉到指定地（在已挖好的管沟上方），然后将水注入管道内，管道沉入管沟内，再把这些浮力支承物体在管道取掉。管沟的回填采用反铲机、吊斗铲等装备进行。当挖掘深度较深时，可采用安装于驳船上的专用挖掘设备挖沟及之后的回填。

（一）穿越点的选择

穿越点的选择应考虑管线走向以及不同的穿越方法对施工场地的要求。穿越点宜选择在河道顺直，河岸基本对称，河床稳定，水流平缓，河底平坦，两岸具有宽阔漫滩，河床地质构成单一的地方。不宜选择含有大量有机物的淤泥地区和船舶抛锚区。穿越点距大中型桥梁（多孔跨径总长大于30m）大于100m，距小型桥梁大于50m。穿越河流的管线应垂直于主航道中心线，特殊情况需斜交时不宜小于60°。在选定穿越位置后，要根据水文地质和工程地质情况决定穿越方式、管身结构、稳管措施、管材选用、管道防腐措施、穿越施工方法等，提出两岸河堤保护措施并绘制穿越段平面图和穿越段纵断面图。

（二）开挖敷设施工方法及主要设备

开挖敷设适用于基岩河床和稳定的卵石河床。管道采用厚壁管、复壁管，或石笼等方法加重管线稳定，将管线敷设在河床上。采用水下挖沟设备和机具，在水下河床上挖出一条水下管沟，将管线埋设在管沟内称为沟埋敷设。开沟机有拉铲、挖泥船；当采用水力气举开沟时，还可采用水泥车和高压大排量泵。中小型河流或冬季水流量很小的水下穿越也可采用围堰法断流或导流施工。围堰法施工将水下工程变为陆上施工，可采用人工开沟或单斗挖沟机、推土机开沟。沟埋敷设应将管道埋设在河床稳定层中。沟槽开挖宽度和放坡系数视土质、水深、水流速度和回淤量确定。

河流中的管沟必须保持直线，沟底要平坦，管线下沟前必须进行水下管沟测量，确定管沟达到设计深度。管线下沟后可采用人工回填和自然回淤回填。前者是在当地就地取材，选用一定密度的物质，如卵石、块石等填入管沟；后一种方法是在河流有泥沙回淤并且管线在自然回淤过程中仍具有一定容重的情况下，采用河流自然回淤法来达到管沟回填的目的。

开挖敷设的缺点是管道直接受水力冲刷，常因河床冲刷变化后引起管线断裂，在浅滩处石笼稳管影响通航，常年水流的泥沙腐蚀也可能造成管线的断裂。所以，开挖敷设只适用于水流很低、河床稳定、不通航的中、小河流的小口径管线或临时管线。

可采用上下游围堰方法便于开挖管沟。要确定某地为主要施工作业带，采用导流管导流，排尽堰内存水后在作业带下管道中心线上平整出管道焊接位置（一般作业带高出管道组焊位置 2～2.5m），在管道中心线上布置好加重块下半部分，然后进行管道组焊，完成探伤、补口及水压试验后，进行加重块组装。用挖掘机开挖管沟，开挖时打排桩、柳条把护壁，开挖到深度为 3～4m 后，挖掘机无法到位继续进行管沟开挖，采用大排量泥浆泵进行水冲沉管，沉管过程中随时用水准仪、经纬仪进行测量，管道沉入设计标高后用高压水枪冲排，保持管沟成型，保证管沟标高达到设计要求，然后回填管沟、恢复河道、两岸连头。根据地形条件，将河两岸用挖掘机开槽，可作为下河施工便道，按下沟深度、行车坡度计算预开挖深度。施工作业带开拓后将加重块下半部分按放线要求摆放至管道组焊位置上，管道组对时将管道放在加重块上组对，加重块上衬垫胶皮，保证管道绝缘层不受损伤。导流管设在靠近侧河道内，导流管两侧与河道水流连接采用导流槽，整个河床段整体组焊，并将两侧底部弯头、各一根直管组焊后在河床内试压。采用大开挖沉管下沟方法进行管沟开挖、下沟，回填恢复后，将导流拆除、恢复地貌，组焊河两岸陡坡处管线及连头。

第五节　管道的跨越

在管道建设中常常遇到河流、沼泽、湖泊、山谷、冲沟等自然障碍物或人工构筑物，为了越过自然的和人为的各种障碍，可以采用管道跨越的工程方式。管道跨越的跨度由几十米至上千米不等，这些跨越结构中既有跨越小型河流的Π型式、梁式、管拱式、吊架式、托架式、桁架式，也有跨越大型河流的悬索式、悬缆式、斜拉索式等。不管采用什么方式跨越，但最终的目的都是以经济、安全、方便及保证产生为考虑的前提。如天然气输送管线跨越铁路时，管底至路轨顶的距离，电气化铁路不得小于11.1m，其他铁路不得小于6m。

一、跨越结构

油气管道跨越工程，按照其所跨越的不同地质、地貌、跨度可分为小型跨越、中型跨越和大型跨越，它们的分类方法如下：

小型跨越：总跨度不超过100m，主跨不超过50m；

中型跨越：总跨度一般在100～300m，主跨50～150m；

大型跨越：总跨度超过300m，主跨超过150m。

所采用的跨越结构也是多种多样的，常见的跨越结构可分为以下几种。

(一) Π型管道跨越

Π型管道跨越是一种适用于小型河流的跨越，型式简单，不需要支架，它充分利用了管道自身的支承能力，外形类似管道Π型温度补偿器，实属于折线拱结构，管道架设除了使用两个弯头，其余都由直线管组装，结构简单，施工方便，造价低，这种结构在小跨度沟堑或小河的跨越应用中十分广泛。

(二) 轻型托架式管道跨越

轻型托架式管道跨越，也称为下撑式组合管梁，它利用管道作为托架的上弦，下弦拉杆一般采用型钢或高强度钢索，其腹杆采用钢管制成三角撑，形状为正三角形或倒三角形，一般大多采用正三角形，在风速较大地区，采用倒三角形则有较好的刚度，使用高强度钢索并施加了预拉力以减小管道弯曲应力及挠度。

(三) 桁架式管桥

桁架式管桥是利用管道作为桁架结构的构件，用两片或两片以上的平面桁架组成三角形或矩形空腹梁结构，结构刚度大，有良好的稳定性。

(四) 梁式跨越

跨越中小型河流时，当其常年水位较浅，河床地质情况较好时，允许在河流中设置基础，可考虑采用单跨或多跨连续梁结构，跨度可根据河床地质情况及管道自身强度布置，必要时可采用托架或桁架结构等加强措施。

（五）管拱式跨越

管拱式跨越是利用将管道制成近似抛物线形状，使其与管道由于自重及介质重量引起的压力曲线相接近，必然使管拱的弯曲应力有可能降低，从而增加管道的跨度。在实际工程中，为施工方便，通常将管道制成圆弧折线拱或抛物线折线拱，尽量使它近似于不均匀荷载作用下的压力线。这样管道截面上弯矩较小，扩大了跨越能力。采用单管拱时，为增加跨度，可在支座处加侧向支承，以加强侧向稳定性。也可将多管组装成组合拱，形成桁架式管拱，其跨越能力可达 100m 以上。

（六）吊架式跨越

吊架式主要特点是使输气管道成一多跨连续梁管道，并且能利用吊索来调整各跨的受力状况，主要用于跨度较小、河床较浅、河床工程地质状况较好的河流。

（七）大跨度悬缆式管道跨越

悬缆式跨越主索与输气管道都成悬垂线形状，用等长的吊杆相连，跨越两端采用塔架支撑，类似于架空电缆。它的主要特点如下。

（1）它可以充分利用主索的拉力来提高管桥的自振频率，以便跳出低频风速范围，同时又借助于主索的高强度优势来扩大跨越能力。

（2）由于主索的拉里作用，增强了管桥的轴向刚度，改善了抗风稳定性，通过实验证明，可以全部取消复杂的抗风索，简化了结构，降低了造价，方便了施工。

（3）可以充分利用主索作为施工用缆索，并采用空中牵引施工法，不但减少了大量高空作业，而且不用封航措施，使用的施工机具设备也是最少。悬缆式跨越适用于中、小口径管道的大型跨越工程。

（八）大跨度斜拉索式管道跨越

斜拉索跨越采用多根密集的钢丝绳斜向张拉管道，两端用塔架作为其支座，管身结构可看作一个具有分布质量和无限自由度的结构体系，设置斜拉索使一根柔性管道梁的简单体系变成一个具有高次超静定的复杂体系。在不同周期的气流干扰力作用下，每根斜拉索各自以不同的局部频率振动，使管道的振动发生复杂的干扰，从而使管道的振动能量逸散和衰减。斜拉索适合于大管径管道跨越大、中型河流。它的主要技术特点如下。

(1) 改变管道受压为轴向受拉，分别斜向张拉着管道，使之轴向受拉，增加了管道刚度，改善了结构性能；有利于充分发挥管道的抗拉强度，在两岸塔架设补偿弯管形成自由伸缩端，在两岸边跨端部设固定墩，改变了管道两端边界约束条件，使管道受拉，可增强管道的轴向刚度，对抗风稳定性及挠度控制也有益处。

(2) 由于密集布置的斜拉索斜向张拉着管道，不但增强了结构刚度，避免了细长管件受压失稳的影响，而且在不均匀荷载的挠度变化得到了很大改善。

(3) 抗风稳定性较好，可以不用设置抗风索。

(4) 斜拉索跨越具有特殊的抗风振性能，在不同周期干扰作用下，每根斜拉索各自以不同的局部频率振动，使管道发生极其复杂的干扰，使管道振动得到衰减。

(5) 结构较为简单，充分利用钢丝绳的强度，钢丝绳用量较少，较为节约成本。

二、跨越技术发展展望

如今，随着设计技术不断改进和制造工艺的提高，我们在几种基本形式的基础上，不断地提出各种革新方案，如悬索结构增加下稳定索并进行预张拉以加强结构整体刚度、采用悬索结构和斜拉索结构混合体系以充分利用二者的优点等。当然，管道跨越还存在一些有待解决的问题，如管道在地震区的抗震性能评价、管道可靠度评价、清管时清管器对管道跨越引起的冲击力等问题还需要我们去深入研究。

第五章　天然气管道设计与施工质量管理

第一节　天然气长输管道工程技术发展概述

一、天然气长输管道的现状与发展

近年来，我国天然气长输管道建设已经显现出下列发展趋势。

（一）天然气长输管道本体发展动态

1. 向大口径、高压力的大型管道发展

当其他条件基本相同时，随管径增大，输气成本降低。在天然气资源丰富、气源有保证的前提下，建设大口径管道的效益会更加明显。而提高管道工作压力，可以增加输送能力、增大站间距、减少站数，使投资减少、成本降低。因此，采用大口径、高压输送是管道工程发展的趋势。目前，世界上长输天然气管道的最大直径为 1420mm，最大压力为 15MPa；我国西气东输一线，管径为 1016mm，压力为 10MPa；西气东输二线，管径为 1219mm，压力为 12MPa。

2. 管道壁厚朝厚壁方向发展

长输管道因其输送压力、输送介质、敷设方式等决定其管道壁厚朝厚壁方向发展。首先，长输管道输送压力越高，为保证管道投产运行之后的安全性，管道的壁厚随之增加。其次，管道主要输送气态或液态介质，对管材内壁具有腐蚀性，在设计上要相应增加管道壁厚的裕量。最后，长输管道一般都敷设于地下，其使用寿命为 30 ~ 50 年。长输管道长期埋于地下，管道腐蚀较严重，尽管我国已有比较成熟的内涂层和外防腐技术，厚的壁厚仍然是管道安全运行的重要保障。

3. 采用高强度

韧性及可焊性良好的管材，长输管道所用管材，是钢材中技术含量最高的。随着输气管道向大口径、高压力方向发展及管道向沙漠、深海、极地的永冻土带伸展，对管材的强度和韧性的要求也日益提高。世界上干线输气管道均采用高强度合金钢，以达到减少钢材耗量、降低工程造价的目的。加拿大的统计分析表明，每提高一个钢级可减少 7% 的建设成本。

4. 增大输送距离

采用超长管道输送天然气被认为是最经济的方法。

5. 内涂减阻技术的应用

输气管道采用内涂技术后一般能提高输气量6%～10%，同时还可以有效地减少设备磨损和清管次数，延长管道的使用寿命。

6. 管道运行高度自动化

从过去的完全手工化操作到现在的完全智能化操作，采用计算数据采集系统对全线进行统一的调度、协调和管理。数据采集系统是以计算机为基础的生产过程控制与调度自动化系统，用于地理区域大、无人值守的工业环境，可以实现现场实时数据采集。管理水平较高的长输管道已能够达到站场无人值守、全线集中控制。

(二) 天然气长输管道管线几种常见的钢管

根据制管技术的不同，目前在油气管道上，常用的管道有螺旋埋弧焊管、电阻焊管、直缝埋弧焊管，当直径较小时则选用无缝钢管。

1. 螺旋埋弧焊管

螺旋埋弧焊管曾是我国管道建设主要用的钢管，在我国的管道工业发展中曾得以大量使用。由于其产生缺陷的概率高、内应力大、尺寸精度差等缺点比较明显，从国际管道工业发展上看，螺旋埋弧焊管有被淘汰的趋势。当然，欧洲和加拿大也有将螺旋埋弧焊管的生产方法进行改造的成功案例。

2. 电阻焊管

电阻焊管发展虽然没有螺旋埋弧焊管的时间悠久，但也有数十年的历史。近年来，随着技术进步，制造工艺不断完善，使其具有内外表面光洁、尺寸精度好、价格相对较低的优点。所以，应用范围得到迅速扩展。在合适的直径范围内，ERW 钢管不仅可以用于陆上管道，也可用于海底管道，甚至在北极的管道工程中也被采用。

3. 直缝埋弧焊管

直缝埋弧焊管的主要成型方法为UOE成型法（U成型、O成型、E扩径）、JCOE成型法（J钢板压成J型，再依次压成C型和O型，后进行扩径），我国均有引进。UOE焊管投资较大，而JCOE焊管投资与产量较小，质量没有区别。在焊管市场上，直缝埋弧焊管仍然被认为是质量最好、可靠性最高的钢管。我国的长输管道在重要的地区，如河流穿越段、大落差地段、经过地震区和活动断层地带，难于抢修与维修的地段，越来越多地采用此种钢管。目前，许多发达国家也主要采用直缝埋弧焊管作为长输管线用管，特别是在海洋和输气管道上应用最多。

(三) 天然气长输管道干燥技术

天然气长输管道中的液态水和水蒸气的危害性极大，因此必须进行干燥处理，以保证其长期、安全、稳定地运行。

1. 干空气干燥法

干空气干燥法早在20世纪80年代初就被国外采用，世界各地的各种类型的天然气长输管道都有采用该法进行干燥的实例，并且一直沿用至今。

干空气干燥法之所以被人们广泛采用，是因为它有以下优点：空气来源广，不受地区的限制，废气可任意排放，无毒、无味、不燃、不爆，无安全隐患；干燥成本低；施工工期短；可实现连续的监控；受管径、管道长度的影响相对最小；易于与管道建设和水压试验相衔接；干燥效果均匀一致，露点可达 -25℃以下。

2. 真空干燥法

真空干燥法在20世纪80年代初就被人们掌握，而且现在依然被人们沿用。该方法适用于海底、江底、河底等区域管道的干燥，特别适合于小口径、短距离、明水少的管道干燥。

(1) 抽气降压。将输气系统的内部压力降低到1.8kPa。在此压力点之前，当压力降到10kPa关泵，隔离管道“浸透”12h，以检查系统的完整性。

(2) 蒸发。管道中的液态水开始蒸发，水蒸气逐步从管道中抽出。在蒸发结束时，管道再次被“浸透”12h，由于管道是否存在漏点在上次实验中已经确定。因此，如果在此期间压力上升表明管道中仍存在液态水或冰。

(3) 最后干燥。蒸发结束后，管道内压力降到0.2kPa，达到了预定的露点。此时可将天然气直接引入管道完成投产。

二、管道工程设计技术的发展

管道工程设计技术的发展，主要体现在两个方面：一是设计方法或总体思路理念的变化发展，二是设计技术本身的发展。

(一) 设计方法的发展

随着管道钢材料抵抗变形能力的逐步增强，传统基于应力的设计方法出现了一定的局限性，管道在某些特殊情况下，允许发生一定程度的大变形，如地震等地质灾害造成的管道横移，此时管道的应力状态虽然已经超过了应力极限，但并没有发生破坏。如果在这种情况下，仍然采用基于应力的设计，势必会提高管道钢级，增加技术和经济投入。为适应管道建设的发展，近年来，世界各国加快了对设计方法的研究，一些新的设计理念和方法被应用到管道建设中，如基于应变的设计方法，基于缺陷评估的设计方法和全寿命周期设计方法等。

1. 基于应变的设计方法

一般情况下，在考虑管道的运行载荷、自重时，管道的设计方法是以应力为基础的。然而，对于可能经受较大位移的管道，如位于地震及地质灾害多发区的管道，由于地震不经常发生，而且断层位移一般是根据100～500年可能发生的最强地震而做的保守估计，因此非弹性管道设计是可行的。即使发生最强烈地震，管道也是在塑性范围之内，而不会发生破坏和泄漏，而且，对于地面位移载荷（包括介质温度载荷），当管道变形发生之后，载荷逐渐被变形吸收，对于这类载荷，以管道应变为基础的非线性设计更为合理。

基于应变的设计方法的关键，是确定管道在地震和地质灾害中将要承受的应变（设计应变）及管道本身所能够承受的应变极限（许用应变）。目前，还没有专门完整的基于应变的设计规范，但有些规范已涉及这些内容，并分别对长输管道、管道钢提出了要求。

近年来，国外多家公司在管道设计中已经采用了基于应变的设计方法，我国在西气东输二线多个经过断裂带地区管道的工程设计中进行了实验应用，充分利用了X80抗大变形钢管的高韧性能，既节约了投资，又可以很好地保障管道安全，但仍然缺乏针对基于应变设计方法的理论研究。

2. 基于缺陷评估的设计方法

基于缺陷评估的设计方法多被应用于海底管道的设计中。该方法承认缺陷是必然存在的，其实质就是基于安全寿命的设计方法。设计时，在传统设计方法的基础上，通过缺陷评估对设计进行改进。

（1）基于缺陷评估的设计内容。裂纹和腐蚀是影响管道安全的两种主要缺陷，故在设计阶段进行的缺陷评估主要有裂纹缺陷评估和腐蚀缺陷评估。对腐蚀缺陷评估，需要确定管道腐蚀后的最小厚度，建立管道腐蚀模型，最后根据腐蚀模型和设计寿命确定防腐蚀措施和腐蚀裕量。

基于缺陷评估设计内容主要包括以下两个方面。

① 确定初始缺陷尺寸及临界缺陷尺寸，主要包括初始裂纹尺寸、临界裂纹尺寸及腐蚀缺陷处管道最小厚度等。

② 剩余强度及剩余寿命分析，建立相应的裂纹扩展及腐蚀模型，研究剩余强度随缺陷尺寸变化的规律，预测缺陷尺寸是否满足剩余强度要求。结合裂纹扩展和腐蚀规律，进一步得到剩余强度随时间变化的规律，并根据剩余强度要求计算剩余寿命。

(2) 基于缺陷评估的设计步骤

① 确定管道的载荷，进行强度分析和屈曲分析，应用传统设计方法确定管道的初始尺寸。

② 进行裂纹缺陷评估，确定管道的选材、裂纹接受尺寸、临界裂纹尺寸、设计寿命及检测周期，进行腐蚀缺陷评估，确定管道的防腐措施和腐蚀裕量。

③ 根据缺陷评估结果，对初始设计进行修正，得到最终设计方案。

3. 其他设计方法

除了以上介绍的几种设计方法，国内外已形成了数种成熟的工程结构设计新方法和新理论，如航空、机械、船舶等工业已广泛采用疲劳耐久性设计和损伤容限设计，以及在工业产品设计中采用的全寿命设计等。

(二) 设计技术的发展

在工程设计方面，建立了"标准化、模块化、信息化"管道综合设计平台，完成了从传统设计到数字化设计的转变，通过数字化设计管理平台的创新，实现了长输管道设计项目全过程信息化管理，实现了设计和管理方式的变革。

1. 线路勘察设计技术

管道选线的原则是将线路最短、投资最低的线路作为最佳线路。目前，国外选线一般都是利用卫星图片、航拍图纸及遥感测量所获得的资料作为研究线路的依据，并规定选定的线路长度不得超过航空距离的 12%。

2. CAD 制图技术

目前，CAD（Computer Aided Design，CAD）制图技术在输气管道设计中已得到普遍应用，所有设计计算均由计算机来完成，计算机出图率已达到或接近 100%，极大地加快了出图速度。CAD 制图技术硬件设备和软件系统得到了飞速的发展，设计质量和效率得到了不断的提高。

3. 计算机模拟技术

计算机模拟技术是现代输气管道设计的重要手段，设计人员通过 CAD 系统中配置的输气管道模拟软件，可以迅速而全面地模拟管道系统正常工况和事故工况下的运行情况，从而作出可行而合理的主设计方案。目前，国外开发出多种商业化输气管道模拟软件，如 Gregg、Stoner SIMONE 和 LIC 等。这些模拟软件用于输气管道的设计和运营管理中，既可以对现有管道系统进行模拟，又可以通过模拟找出现有系统的薄弱环节，从而为系统扩建或改造提供依据。

4. 优化设计技术

输气管道的优化设计主要包括管径、壁厚、管材、输气压力、压气站布置与压缩机组的配置、储气库位置、类别和容量以及各种情况下的调峰方案等内容。目前储运技术的优化设计软件有很多种，但尚未开发出输气管道优化设计专用软件，而主要依靠多方案对比和局部优化相结合的方法选取最优方案。

5. 模块化设计与模型技术

输气管道站场采用模块化设计，减少设计工作量，是模块化设计优势所在。20世纪90年代初，俄罗斯压气站模块化设计程度大多已达100%。与模块化设计相配套的一项技术称为模型技术，它通过制作比例精确的缩尺模型来确定总图布置、模块组装及管道安装的具体方案。我国直到最近十年才提出模块化设计与模型设计的概念，该概念一经提出，就引起了人们的关注。

三、管道施工装备及施工技术的发展

目前，我国长输管道施工主要装备已达到了国际先进水平，线路测量、管道组装与焊接、管沟开挖、管道下沟、盾构、顶管、定向钻穿越等均具备了专业化的施工机具，可以满足管道施工的全部需要。

(一) 天然气长输管道焊接技术

随着技术不断进步，长输管道焊接技术也在逐步提高。由于管道敷设完全依靠焊接工艺来完成，因此焊接质量在很大程度上决定了工程质量，焊接是管道施工的关键环节。而管材、焊材、焊接工艺及焊接设备等是影响焊接质量的关键因素。从第一条长输管道建设开始，长输管道焊接至今已有半个世纪，国内管道现场焊接施工大致经历了焊条电弧焊 (手工电弧焊上向焊、手工电弧焊下向焊)、半自动焊和全自动焊等发展过程。

目前长输管道已具有成熟的手工下向焊技术，正在普及半自动下向焊和全自动焊接技术。由于焊条电弧焊打底与半自动下向焊填充盖面相结合的焊接方法操作灵活，环境适应性强，一次性投资小，对于大直径、大壁厚钢管是一种好的焊接工艺。

(二) 非开挖穿越施工技术

在埋地管道的施工中，遇到穿越河流、公路、铁路与障碍物时，常规的开挖方法存在许多问题，“非开挖” 敷设地下管道是当今国际管道工程推行的一种先进施工方法，在国内得到了广泛使用。

我国近年来在长输管道的建设中大量采用盾构穿越技术，已有多条大型河流进行了盾构穿越。目前采用的盾构法穿越施工采用的主要设备是泥水加压平衡盾构机。

管道定向穿越施工技术是一项集多学科、多技术、不同设备集成运用于一体的系统工程，在施工过程中任何一个环节出问题，都可能导致整个工程的失败，造成巨大的损失。

由于定向穿越施工应用十分广泛，使得定向钻技术得到了长足的进步与发展。国际上已具有多种硬岩施工方法，如泥浆马达、顶部冲击、双管钻进，能进行软、硬岩层的施工。普遍采用 PLC 控制、电液比例控制技术、负荷传感系统，有专门的施工规划软件。

（三）特殊地段管道敷设施工技术

主要包括山区、黄土塬施工技术；高寒地区管道施工技术；水网地段施工技术等。综上所述，天然气长输管道施工是比较复杂的系统，涉及管道焊接、防腐、质量控制等诸多环节。随着天然气工业的不断发展和管线钢性能的不断提高，天然气长输管道工程建设越来越趋向于大口径、厚壁化方向发展。这就需要研发高质量的焊接材料和高效率的焊接方法与之匹配，保证环焊接头的强韧性；需要对天然气长输管道的防腐蚀、干燥等各个方面做好技术管理。未来的长输管道建设，为获得施工的高效率和高质量，数字化控制将是长输管道焊接的发展趋势。

四、管道防腐蚀技术的发展

（一）天然气管道防腐蚀控制的基本状况

不同环境引起的金属腐蚀其原因不尽相同，且影响因素也非常复杂。对于管道，其内、外环境是不同的，管道内的腐蚀主要由其储存和输送的介质各方面特性所决定，而外腐蚀由大气、土壤等外部环境引起的。腐蚀问题仔细深究起来错综复杂，腐蚀引起的后果也非常严重，国内外对防腐蚀技术都很重视。涂层、衬里、阴极保护、缓蚀剂等措施已经是当今国内外管道防腐界广泛采用的基本方法和成熟技术。随着天然气管道朝长距离、大口径、高压力、高度自动化遥控以及输送介质的多样化方向发展，向沙漠、沼泽、冻土、深水海洋的延伸，对管道的防腐技术提出了更高的要求。不仅要求防腐层性能和综合应用技术要满足更加苛刻的环境要求、工艺和施工条件要求，而且要求其具有更长的使用年限（40 ~ 50 年）。

1. 外腐蚀控制的主要思路和主要技术

目前，控制土壤对埋地钢质管道电化学腐蚀的通用办法是采用外防腐绝缘涂层和阴极保护联合防护措施，其中外防腐涂层是主要防腐手段。在与不同的外防腐涂层配套中，阴极保护区域仅在于保护半径、投资费用及运行成本上，技术上的变化不大，近期阴极保护的功能延展到对管道的腐蚀监控技术方面。外防腐层与阴极保护技术复配的有效性依次为环氧煤沥青、熔结环氧、煤焦油瓷漆、二层 PE、三层 PE。

2. 内腐蚀控制的主要思路和主要技术

管道内壁直接与输送介质接触，而很多天然气中混杂有 H_2S、CO_2、H_2O 等组分，导致发生电化学腐蚀或应力腐蚀开裂。为此，必须有效控制管道内腐蚀。

控制管道内腐蚀的主要思路有 3 种：界面防护、化学药剂防护（如缓蚀剂、杀菌剂、除氧剂等）、选用耐蚀材料。

3. 国内外防腐技术的应用比较

我国的防腐技术近年来取得了很大进步。主要表现在：新材料如 3PE 等的国产化和广泛应用；各类管道工厂化预制内外涂层生产线的大量建设；大口径弯管涂层的自动化涂敷；内减阻涂层的大规模应用；柔性阳极的国内生产和应用。

可以说，在整体防腐技术应用上，国内外已经没有多少差别。但是，在一些具体技术的应用环节和管理上，仍然存在差距。如管道强制阴极保护中的数据采集和传输、防腐材料的质量控制、施工过程的质量检查和成品保护等方面都有待于进一步提高。另外，在绿色环保方面也有一定的差距。

（二）管道内防腐技术

管道的内防腐技术的重要经济价值和可行性问题逐步被人们认识，管道内壁防腐蚀问题的解决手段也越来越丰富。下面简单介绍几种目前比较先进且成熟的做法。

1. 缓蚀剂防护

（1）缓蚀剂保护的特点与原理。缓蚀剂保护是指在腐蚀环境中，通过添加少量能阻止或减缓金属腐蚀速度的物质以保护金属的方法。采用缓蚀剂防腐蚀，由于使用方便、投资少、收效快，因而对于燃气管道的防腐有很广阔的前景。在缓蚀机理上，缓蚀剂是通过缓蚀剂分子上极性基团的物理吸附作用或化学吸附作用，使缓蚀剂吸附在金属表面。这样，一方面改变金属表面的电荷状态和界面性质，使金属表面的能量状态趋于稳定化，从而增加腐蚀反应的活化能，使腐蚀速度减慢；另一方面被吸附的缓蚀剂上的非极性基团尚能在金属表面形成一层疏水性保护膜，此膜阻碍着与腐蚀反应有关的电荷或物质的转移，故能使腐蚀速度减小。

（2）缓蚀剂保护的发展方向。绿色环保理念逐步改变着对缓蚀剂的研究开发和选择。在无机缓蚀剂领域，主要是消除许多对环境有毒化合物的应用。在有机缓蚀剂领域，应用最多的一类是有机胺。近年来，主要是引进新的低毒性的有机胺化合物来代替。

2. 管道内涂层应用技术

管道内涂层分为内防腐涂层和内减阻涂层两种。二者所要达到的目标略有不同，但在涂层选材、涂敷工艺及防护方法上完全相同。

(1) 涂层选材原则

① 一般要求。涂层材料性能必须满足设计所要求的减阻和防腐性能，符合绿色环保要求。

② 技术要求。涂层具有较高的剪切强度；具有良好的耐压和黏结强度；具有良好的湿态附着力；涂层表面光滑且致密；涂层具有良好的耐磨性；具有良好的化学稳定性；涂层能经受住 250℃、30min 高温的短时烘烤处理；涂料满足涂装工艺性要求。

③ 优先选择无溶剂型涂层材料。目前，国内外内减阻涂层一般采用高固体含量的溶剂型涂料。溶剂含量高，涂层在成膜和养护过程中会产生较多的气孔，影响涂层防腐耐久性和致密性。而无溶剂涂层材料（如无溶剂改性环氧液体双组分涂料）具有原料广泛、性能优良、使用寿命长、施工方便、不易污染环境、耐久性高等特点，能减少在施工过程中对环境和人体的影响，属于节能环保型产品，应优先选用。

(2) 管道内涂层的应用效果

① 使管道内壁光滑，粗糙度降低，节约动力，可提高输送能力 6% ~ 12%；

② 防腐蚀、防泄漏，延长钢管管材使用寿命一倍以上，并降低维修费用；

③ 减少管壁上沉积物，便于清管，减少清管次数，降低生产成本；

④ 有效防止管内锈蚀，保证输送天然气的纯洁度。

(3) 内涂层的经济效益及投资回报。内涂层对于天然气管道而言，管径越大，经济效益越高；气体管道获得的经济效益比液体管道高；投资回收期，与燃料成本成正比，一般为 3 ~ 5 年。

管道内涂层的投资占管道总投资的 12.5% ~ 13%。管径小、距离短时，投资比例会增高，相反则降低。与没有内涂层管道相比，总使用寿命可以延长一倍以上，减少了管道检修次数，增加了管道运行时间，减少了管道泄漏造成的环境污染，所以内涂层带来的经济效益和社会效益是可观的。

3. 工艺防腐蚀

主要是针对含 H_2S、CO_2 的天然气输送，在设计选型时，有意识地选择耐蚀性管材，在考虑输送工艺时增加对天然气的脱硫等净化措施，从而达到管道防腐蚀的目的。

五、管道工程建设管理模式的发展

管道工程建设项目管理模式随着管道工程建设项目的大型化、技术复杂化，管理模式出现了新的变化。在国际工程建设领域，工程项目的建设模式一般划分为传统建设模式（Design-Bid-Build，DBB）、管理型建设模式（Professional Construction Management，PCM）、工程总承包建设模式（Engineering Procurement Construction，EPC）、建造—营运—移交建设模式（BOT）4种基本类型。除BOT模式外，其他3种模式都经历了较长时期的摸索实践。

（一）传统建设模式（DBB）

业主与设计单位（可以通过招标或议标形式）签订专业服务合同，设计单位按合同要求为业主提供设计文件，协助业主进行重要设备、材料的采购与工程施工招标工作，如设备、材料的选型，选址的建议，招标文件的编制等。业主与设备、材料供货商及施工总承包商（分承包商）分别签订采购合同和施工合同。业主设立项目建设管理机构，专门从事项目建设的全过程管理。

DBB管理的常见形式主要有工程指挥部型、基建处室型、事业单位型、项目法人型、政府部门型等。

这种管理模式的优点是可以使三方的责、权、利明确，大多数人认为，该模式在目前情况下比较适合我国的国情。其弊端：一是按线形顺序进行设计、招标、采购、施工的管理，建设周期长，投资成本容易失控；二是由于业主管理机构受到专业知识和管理经验不足的限制，管理效率低下和管理成本相对较高；三是设计单位和承包商存在潜在的对立关系，协调比较困难。

（二）管理型建设模式

管理型建设模式也叫PMC（项目管理承包商）模式。

这种模式是项目业主聘请一家工程公司或咨询公司代表业主对整个项目进行全过程的管理，这家公司在项目中被称为项目管理承包商。选用这种模式进行项目管理时，业主与PMC签订项目管理合同，业主保留很少的管理力量，仅需对项目管理的关键问题进行决策，绝大部分项目管理工作都由PMC进行。也可以说，工程管理型建设模式是业主委托承包商对工程项目进行全过程、全方位的策划、管理和控制或委托代建，承包商不但要负责工程施工，还要负责项目的总体管理与组织实施。

与国内传统的基建指挥部建设管理模式相比，PMC主要具备以下优势：有利于提高建设期整个项目管理的水平，确保项目成功建成；有利于帮助业主节约项目投资；有利于精简业主建设期管理机构；有利于业主取得融资。

（三）工程总承包管理模式（EPC）

EPC是“设计、采购、施工”一体化的项目管理模式，一般情况下由承包商实施所有的设计、采购和建造工作，业主基本不参与工作，即项目完成时，提供一个配套完整、可以运行的设施。

EPC总承包商按照与业主签订的工程总承包合同，对承包工程的质量、安全、工期、造价进行全面负责。EPC总承包商向业主提供包括设计、采购、施工以及调试运营服务，业主可暂时不接收工程，而直接接收由本工程生产的产品或效益收入。

在我国，无论采用以上哪种EPC模式，业主都要对工程的主材、核心设备进行采购，而不是由EPC总承包商采购。另外，按照我国工程建设法规的要求，业主必须聘任监理，同时工程建设各方都要接受政府质量与HSE监督。

（四）建造—运营—移交（Build Operate Transfer，BOT）模式

BOT模式是20世纪80年代国外兴起的依靠私人资本进行基础设施建设的一种融资和建造的项目管理模式，或者说是国有基础设施项目民营化。

利用BOT投资方式发展基础设施的优点是：有利于引导外资向基础产业合理倾斜，使之真正获得一种规模经济效益；有利于在投资建设和运营管理中引进先进的技术和管理方法；有利于改善利用外资的结构；有利于提高基础设施项目的建设效率；有利于解决目前面临的基础设施不足与建设资金短缺的矛盾；有利于在不影响政府所有权的前提下，分散基础设施投资风险；有利于帮助基础设施使用者树立有偿使用的新观念，实现基础设施建设的良性循环。

第二节　天然气管道规划设计与技术管理

管道设计质量的高低是保证天然气管道工程实现安全、可靠、灵活、经济运行的基础。从天然气管道管理者的角度来讲，主要应该了解设计的基本知识、国家法律法规标准的规定、涉及天然气管道的各种技术等，以便于参与设计的审查，确认设计是否完整、规范、合规；选用的标准、技术、工艺、材料、设备等是否合适；在施工质量的监督管理中，便于掌握或判断施工单位的施工方法、措施、组织、质量、技术、防护等是否符合要求；在运行管理中更好地结合设计工艺流程和其他技术，组织好运行及管理，提高事故处置能力，及时准确分析判断事故状态等。

一、输气管道设计的基本要求

(一) 设计单位资格

勘察设计单位必须取得国务院建设行政主管部门和特种设备安全监察部门认可的相应资质等级，并在资格证书规定范围内从事石油天然气管道勘察设计工作，同时承担石油、天然气管道安全的勘察设计责任。严禁无证、越级勘察设计。

(二) 设计管理与设计文件审查

1. 设计过程管理

(1) 勘察设计单位在石油天然气管道工程的设计过程中，应当严格执行国家的有关法律、法规及技术规范。

(2) 勘察设计单位应当严格执行设计责任制，并对所提供的资料和设计文件负责，同时应有完善的质量保证体系，落实质量责任。

(3) 新建的石油、天然气管道在勘察选线过程中，应当做好工程地质勘察，尽量避开不良地质地段，充分考虑沿线地质，线路走向安全可靠、经济合理，以及施工、运行管理的可操作性和社会环境等情况对管道安全可靠性的影响。

(4) 工程项目应当按有关规定通过安全卫生预评价评审后，方可进行初步设计。

2. 设计文件审查

(1) 管道防腐技术。

(2) 管道跨越公路、铁路、航道时对有关设施安全可靠性分析进行审查。

(3) 工程项目的初步设计审查，应当同时审查职业安全卫生专篇、消防专篇和环境保护专篇。

(4) 采用计算机监控与数据采集 SCADA 系统，对各输气站工艺参数实时监控，设置连锁报警系统，实现科学化、自动化管理。

① 输油气生产的重要工艺参数及状态，应连续监测和记录；大型油气管道宜设置计算机监控与数据采集（SCADA）系统，对输油气工艺过程、输油气设备及确保安全生产的压力、温度、流量、液位等参数设置连锁保护和声光报警功能。

② 安全检测仪表和调节回路仪表信号应单独设置。

③SCADA 系统配置应采用双机热备用运行方式，网络采用冗余配置，且在一方出现故障时应能自动进行切换。

④ 重要场站的站控系统应采取安全可靠的冗余配置。

⑤ 用于调控中心与站控系统之间的数据传输通道、通信接口应采用两种通信介

质，双通道互为备用运行。输油气站场与调控中心应设立专用的调度电话。调度电话应与社会常用的服务、救援电话系统联网。

⑥SCADA 系统以及重要的仪表检测控制回路应采用不间断电源供电。在下列情况下应加装电涌防护器：室内重要电子设备总电源的输入侧；室内通信电缆、模拟量仪表信号传输线的输入侧；重要或贵重测量仪表信号线的输入侧。

(5) 采取合理有效的防静电和雷击措施，使自然灾害可能对管线造成的影响降到最低。

(三) 工程设计的基本技术要求

1. 工艺设计要合理

工艺设计要根据国家相关输气管道工程设计规范的要求，合理设计。如合理确定流程、输气站的工艺参数、输气站的数量和站间距、确定输气管道的直径、设计压力及压气站的站压比；管道输气应合理利用气源压力；压气站特性和管道特性应协调，在正常输气条件下，压缩机组应在高效区内工作；压缩机组的数量、选型、连接方式，应在经济运行范围内，满足工艺设计参数和运行工况变化的要求；具有配气功能分输站的分输气体管线上，宜设置气体的限量、限压设施；输气管道首站和气体接收站的进气管道上，应设置气质监测设施；输气管道的强度设计应满足运行工况变化的要求；输气站均应设置越站旁通。进、出站管线必须设置截断阀；应设置科学合理泄压放气设施，气体外排符合环保要求及安全要求等。

2. 场站布局要合理、规范

场站布局要紧凑、合理，同时这个设计要符合节能、环保、防火、防爆及工业卫生要求。

3. 执行相关标准、规范

(1) 现行标准规范繁多，应在设计中载明所采用的全部标准名称及标准号。

(2) 强制性标准或强制性标准条文逐渐减少，鼓励采用新技术。除部分涉及安全、节能、环保等方面外，目前，绝大部分标准规范不再要求强制性执行，标准采用以推荐性采用为趋势。设计应把新技术的采用放在重要的考虑因素之中。

4. 管线设计应包含的几个关键因素

(1) 选线。选择一条管道的路线一般要考虑 3 个方面：工程方面（技术方面和经济方面）、社会经济学方面和生物物理学方面。有效地选择一条路线，必须从项目一开始就同时考虑上述三方面的问题，直到在选线的过程中把它们圆满地整合在一起。为成功地选择一条路线和为管道项目所有股东创造一个双赢的局面，就必须仔细地分析研究政府方面的问题、公众和土地所有人的意见、社会的理解以及其他类似的控制因素，如安全、健康、环境和风险等，并把解决这些因素的措施融入选线过程。只有全面地考虑了这些问题，才能为选线提供一个技术上可以接受的、最节省的、经济上可行的、为沿线公众所能接受的解决方案。

(2) 管材选择。在管材的选择过程中，将首先考虑管件在其使用的生命周期中的安全及可靠性。当管件的尺寸在标准范围内，通常遵从行业标准。如果管件超出标准尺寸，材料性能标准也将随之发生很大改变。鉴于这种情况，通过明确规定下列条件来考虑管材的性能标准。

① 规定韧性级别以减少裂缝产生和蔓延的风险，从而获得更高程度的与设计条件相一致的机械完整性。

② 选择足够的强度以安全承受设计压力。一种材料的强度要求，是由系统设计和应用设计代码决定的。管材的选择支配着现有的强度界限。总体上说，应尽可能使用高强度等级的材料。采用高强度的管材，可以减少材料的使用数量，从而明显降低成本。

③ 对碳和化学成分明确规定以帮助保证良好的可焊接性。材料的化学成分将会影响其焊接性以及强度和韧性，为了保证管材的可焊接性，必须标明最高的碳当量。国际标准为管道材料确定了最高的碳当量。公司可根据实践经验制定更严格的限制。

④ 通过严格限制尺寸公差以降低现场安装问题产生的风险。对管材成分及尺寸公差的严格要求，能使焊接和施工的困难程度降到最低。管道规格偏差必须由质量体系小组的成员严密监控，以确保与设计标准相符合。

确定检验的程序以保证管件无缺陷并按照制造工艺和标准进行制造。检验要求主要作为一个质量控制的工具。在制造商工厂的检验可以保证产品的无缺陷并适合于以后的使用。任何检验要求的第二个功能是提供一些过程控制的方法。通过使用这些控制方法，制造方式可作调整以达到消除或者大大减少可能连续发生的问题。

(3) 规格型号与长度选择

① 管线的直径、管线的内径越大，所能通过的气流就越多，设计时要考虑输送流量的大小以及发展，合理确定管道内径尺寸。

② 管线长度是管线设计必须考虑的一个主要参数，每段管线越长，该段管线内的总体压降就越大，这是设计管线站间距必须考虑的问题。

(4) 其他与输送有关的参数选择

① 特定的重量和密度。气体的密度是其每个单位体积的函数。重量和密度既与气体的气质有关，也与压力、温度等参数有关。

② 压缩系数。在高压和高温条件下，天然气的压缩系数将会发生改变。设计中的计算必须考虑在一些常规条件下和高压或高温条件下的压缩系数的变化。

③ 温度。温度会直接和间接地影响管线的输送能力。在天然气管线中，运行的温度越低，其运行能力就越强，是有弹性的。

④ 黏度。黏度是流体影响流动的一种性质。它是计算管线规格型号和选择输送功率时的一个重要因素。

⑤ 摩擦系数。摩擦系数随管线内部的光洁度而变化。因此，有无内防腐层和其他减阻设计，在管道设计参数计算时将影响摩擦系数的取值区间。

（5）斜坡设计。如前所述，在管道路线选择过程中，很重要的一点是避免不稳定或有不稳定可能的斜坡。在自然条件下，引发的滑坡分布及特性多种多样，取决于土壤和地下水的条件及地形。在项目设计阶段，需要进行非常严密的现场检验，以侦测到能够威胁到管道完整性的坡体位移的迹象。近期未显示有任何不稳定迹象的斜坡，由于管道施工的影响也可能会变得不稳定。因此，需要采取斜坡稳定措施。

（6）排水设计。对管道用地范围内的地表及地表下排水的控制是管道设计的一个重要方面。在多数情况下，通过采用合适的排水及腐蚀控制措施，能够避免严重的管道用地腐蚀、管道暴露以及坡体不稳定性。

（7）安全设计

① 安全余度。多数管道系统允许管道壁厚存在安全余度，这些额外的壁厚为管道系统提供更多的保护，以防止腐蚀和外部危害。

② 设计安全系统。每个管道构件都有其特有的最大允许运行压力。一个安全系统或装置就是一个机械的、电子的、气动的或计算机控制的设备，它们用于防止管道过压现象发生。预防措施可采取关闭压力源或释放带压管道介质的方法。一般安全装置包括泄压阀、关闭设备等，它们是基于不同的感应条件工作。安全级被看作能够单方面或独立地采取过压保护行动的设备。当存在多级安全系统时，每一级要独立于其前面的各级和其动力源——这样冗余保护才能建立起来。当安全装置不管由于任何原因发生事故时，冗余装置便提供后备保护。对于重要的管道，需要进行二级、三级甚至四级安全保护。

（四）设计阶段划分及施工设计主要内容

1. 设计阶段划分

一般工程设计应先进行可行性研究，再进行初步设计和施工图设计文件编制。对于简单的单项工程，可只编制方案设计和施工图设计文件。其中，施工图设计文件是工程质量监督的主要依据之一。

2. 施工图设计文件编制的主要内容

（1）施工说明书，包括主要工程量、施工顺序、竣工验收标准以及其他特殊要求。

(2) 运行说明书，包括工艺流程、各点运行参数、单体及整体试运措施、参数测量、考核项目等。

(3) 施工图纸，包括工艺安装流程图、总平面以及竖向布置图、分单元的设备及管线布置安装图、场站管网图、管道线路平面图及纵断面图、穿跨越结构图、防腐保温结构图、供电及电气线路接线图、仪器仪表规格表、设备表、材料表。

(4) 单元工程预算，为了准确计量投资耗费和控制投资，需要将整个工程合理分解成若干简单、便于计算的部分或单元，并作出预算。

二、输气管道的工艺设计

(一) 输气管道地区等级划分

1. 一般划分原则

沿管道中心线两侧各200m范围内，任意划分成长度为2km并能包括最大居住户数的若干地段，按划定地段的户数划分为4个等级。在农村人口聚集的村庄、大院、住宅楼，应以每一独立户作为一个供人居住的建筑物计算。

一级地区：户数在15户以下的区段；

二级地区：户数在15户以上100户以下的区段；

三级地区：户数在100户以上的区段，包括市郊居住区、商业区、工业区、发展区以及不够四级地区条件的人口稠密区；

四级地区：系指四层及四层以上楼房（不计地下室层数）普遍集中、交通频繁、地下设施多的地段。

2. 特殊情况处理原则

(1) 当划分地区等级边界时，边界线距最近一幢建筑物外边缘应≥200m。

(2) 在一级、二级地区内的学校、医院以及其他公共场所等人群聚集的地方，应按三级地区选取设计系数。

(3) 当一个地区的发展规划足以改变该地区的现存等级时，应按发展规划划分地区等级。

(二) 输气管道系统的总体布局原则

(1) 输气站的设置应符合线路走向和输气工艺设计的要求；

(2) 输气站的位置应选在地势平坦、开阔，供电、给排水、生活及交通方便的地方；

(3) 输气站的总平面布置，应符合现行规定；

(4) 输气线路的选择应根据沿线的气象、水文、地形、地质、地震等自然条件和交通、电力、水利、工矿企业、城市建设等现状与发展规划，在施工便利和运行安全的前提下，通过综合分析和技术经济比较来确定。

(三) 输气站的工艺设计

1. 输气站的工艺流程要求

(1) 满足输送工艺和各生产环节的要求。为满足输送工艺和各生产环节的要求，输气站应具备以下操作功能：接收来气与分输；分离过滤与排污；调压与计量；收发清管器；增压与正常输送；安全泄放与排空；紧急截断。

根据输气站在管线中的位置与作用特点，输气站可以分为首站、中间站和末站3类。输气首站的工艺流程应具有分离过滤与排污、调压、计量、清管、安全泄放与排空等功能。

输气中间站按功能分为压气站、气体分输站、气体接收站等。压气站是管道沿线为用压缩机对管输增压而设置的站；接收站是沿线为接收支线来气而设的站，应该具有分离、调压、计量、清管、排放、截断等功能；分输站是沿线为分输气体至用户而设的站，分输站的工艺流程同样应具有分离、调压、计量、清管、排放、截断等功能。

输气末站是输气管道的终点站，应具有分离、调压、计量、清管等功能。

(2) 便于事故处理和维修。长输管道由于其线长、连续等特点，输气站突然停电、管道事故(如穿孔、破裂、爆炸等)、紧急放空、定期检修、上游截断来气、阀门更换等，都属于输气生产中必然会遇到的状况。因此，输气站的流程设计必须考虑这种情况下的操作处理。如事故处理时的紧急截断与放空操作，必须根据沿线人员密集情况和地域特点，在主要地段设置必要的自动紧急截断阀、放空阀。

(3) 尽可能地采用先进技术设备、提高输气水平。目前，我国天然气管网进入又一个大发展时期，每年的天然气管网建设规模巨大，以万公里计，若不首先考虑技术先进问题，将会给以后的安全运行、节能环保带来很大影响，甚至会导致在不久的将来又不得不进行大量的升级改造。因此，必须高度重视技术设备的先进性，加大一次性投入强度，换取今后长久运行维护的低投入；必须重视输气站的信息化自动化设计水平，为今后运行调度的便利化、可视化、自动化以及特殊事故诊断预警处理的及时性甚至无人值守方式的实现创造条件。

(4) 尽可能地简化流程。尽量少使用阀门、管件，管线尽量短、直，布置整齐，避免交叉排列，充分发挥设备性能；尽量实现模块化设计布局，方便维护更新。

2. 输气站设置的其他要求

(1) 站内总体布局与设计。输气站的设置应符合线路走向和输气工艺设计的要求，且各类输气站宜联合建设。

(2) 站址设置。位置选择除应满足输气管道系统的总体布局原则以外，还应该避开山洪、滑坡等不良工程地质地段以及其他不宜设置站点的地方，与附近企业以及公共设施的安全距离应符合相关设计要求。

(3) 交通要求。输气站应设有生产操作和设备检修的作业通道以及行车通道，行车通道应与外界公路相连。

3. 调压及计量工艺设计要求

(1) 设置工艺要求。调压及计量工艺设计符合线路走向和输气工艺设计的要求，且满足开、停工和检修要求。调压装置应设置在气源来气压力不稳定，且需要控制进站压力的管线上、分输气及配气管线上以及需要对气体流量进行控制和调节的计量装置之前的管段上。

(2) 气体计量装置。气体计量装置应该设置在输气干线的进气管线上、分输气及配气管线上以及场站自耗气管线上。

4. 清管工艺设计要求

清管设施应设置在输气站内。清管工艺应采用不停气密闭清管流程；清管器的通过指示器应安装在进出站的管段上，并应该将指示器信号传至站内；清管器收发筒上的快速开关盲板，不应正对间距小于 60m 的居住区或建 (构) 筑物区；清管作业清出的污物应进行收集处理，不得随意排放。

5. 输气站工艺设备的选择

(1) 压缩机。压缩机应根据压气站的总流量、总压比、出站压力、气质参数等，进行技术经济比较后确定压缩机的型号和台数。压缩机一般宜选用离心压缩机，在站压比较高、输量较小时，可以选用活塞式压缩机。同一压气站内宜采用同一型号的压缩机。离心压缩机宜采用燃气轮机做原动机，往复式压缩机宜采用燃气发动机做原动机。驱动设备所需功率应与压缩机相匹配。

(2) 分离除尘装置。分离除尘装置选型时，应该考虑天然气携带的杂质成分、输送压力和流量的稳定、波动幅度等因素。常用的有旋风除尘器、多管式分离器、循环分离器和分离过滤器等。

(3) 气体调压设备。气体调压设备主要根据主调节阀的流通能力和口径等决定。输气管道一般采用高中压调压阀。

(4) 输气管道的阀门。输气管道的阀门必须符合国家相关阀门标准规定。通过清管器的阀门应该选择直通型球阀或平板型闸阀。不通过清管器的阀门可以选择楔型闸阀、截止阀或缩径球阀等。阀门应密封可靠，启闭灵活，使用寿命长。在防火区关键部位使用的阀门，应具有耐火性能。当采用焊接阀门时，阀体材料的焊接性能应与连接钢管的焊接性能相适应。输气管道不得采用铸铁阀门。

6. 排污、安全泄放与放空

(1) 排污。输气站内的污物主要来自清管作业清理出的管道内杂物以及过滤器、汇管等设备的污物。这些污物的排放必须在设计中通过专门的工艺来解决。

(2) 安全泄放与放空。在站内设备维修、检修或当站内出现紧急事故时，必须通过一定的工艺设计保证站内管段中天然气放空。一般工艺装置区各管段都应该设计有手动放空，同时还设计有防空总管将需要放空的天然气引导至放空立管集中放空。该放空立管同时作为干线管道维修的一个泄放口。若放空量较大，超过安全排放标准，就要采用点火泄放。为了保护站内管线和干线安全，在压缩机出口处安装有两个安全阀，当压力超过设定值时自动泄放。

(四) 输气线路的选择

(1) 宜避开多年生经济作物区域和重要的农田水利基本建设设施。

(2) 大中型河流穿跨越区域位置可做适当调整。

(3) 必须避开重要军事设施、易燃易爆仓库、国家重点文物保护区；线路还应避开飞机场、火车站、海河港码头、国家自然保护区。

(4) 线路不应通过铁路、公路的隧道和桥梁。

(5) 当受条件限制，必须在以上特殊地段通过时，必须采取安全保护措施。

(6) 输气管道宜避开不良工程地质地段。当避开确有困难时，对下述地段应选择合适的位置和方式通过。

① 对规模不大的滑坡，经过处理后能保证滑坡体稳定的地段，可选择适当部位以跨越方式或浅埋方式通过。管道通过岩堆时，应对其稳定性作出判断，并采取相应措施。

② 对于沼泽或软土地段，应根据其范围、土层厚度、地形、地下水位、取土等条件确定通过地段。

③ 泥石流地段，应架空通过。

④ 窄深的冲沟，应跨越通过；宽浅的冲沟，应埋设通过。

⑤ 海滩、沙漠地段，应采取稳管措施。

⑥ 地震烈度大于或等于七度地区，宜从断层移位较小、较窄地段通过，并采取工程措施。

⑦ 管道不宜敷设于发生地震可能引起滑坡、山崩、地陷、地裂、泥石流以及沙

土液化等地段。

(五) 截断阀的设置

(1) 输气管道应设置线路截断阀。截断阀应选在交通便利、地形开阔、地势较高的地方。

(2) 截断阀最大间距应符合下列规定：在以一级地区为主的管段不大于32km；在以二级地区为主的管段不大于24km；在以三级地区为主的管段不大于16km；在以四级地区为主的管段不大于8km。

(3) 截断阀可以采用手动或自动阀门，并应能通过清管器。

(六) 管道标志的设置

(1) 输气管道沿线应设置里程桩、转角桩、交叉和警示牌等永久性标志。

(2) 里程桩应沿气流前进方向左侧从管道起点至终点，每公里连续设置。阴极保护测试桩可同里程桩结合设置。

(3) 埋地管道与公路、铁路、河流和地下构筑物的交叉处两侧应设置标志桩(牌)。

(4) 对易于遭到车辆碰撞和人畜破坏的管段，应设置警示牌，并应采取保护措施。输气管道沿线应设置里程桩、转角桩、交叉和警示牌等永久性标志，同时要每公里设置一处阴极保护测试桩。

第三节　天然气管道的施工与质量控制

长输管线无论输送何种介质，都是由钢管焊接而成，管外包覆有绝缘防腐层，通常埋于地下，不同类型的管道，在不同的地形、地貌、地质及气候条件下，敷设难度差别很大，但施工过程基本相同，工序内容和质量要求基本相同。

一、线路工程施工的基本工序

管道工程施工是一道工序接着一道工序的连续作业过程。其整体质量可靠性如何，取决于施工过程中每一道工序质量控制得是否到位。天然气管道工程的工序名称、各工序主要目标任务、质量控制内容要点可以概括如下。

(一) 设计交底与施工图会审

严格来说，设计交底与施工图会审不是施工工序质量控制的内容，但施工图会审是施工质量控制的前提和保证。因此，我们不妨也将这个环节当作施工质量的一个控制工序来对待。

(1) 主要目标任务：让业主、施工、监理各方了解整体设计意图，并通过对图纸的会审确定施工图设计是否达到最初项目规划的要求等目标。

(2) 主要质量控制内容：理解设计意图、解决图纸中存在的问题、落实设计文件是否齐全。

(二) 施工组织设计方案审查

(1) 主要目标任务：了解施工单位的施工方法、组织措施等。

(2) 主要质量控制内容：主要审查进度、质量、安全等保证措施；施工工艺、工序；人员、机具的安排是否合理，是否能够达到设计以及施工组织设计方案提出的目标。

(三) 设计交桩与测量放线

(1) 主要目标任务：由设计单位向施工单位交代线路中心桩；确定沿线管道实地安装的中心线位置，并画出施工带界线。

(2) 主要质量控制内容：管线具体定位；线路轴线、转角、变坡点等特征点位置的确定并设桩。

(四) 材料与设备进场

(1) 主要目标任务：确保材料设备合格、堆放规范。

(2) 主要质量控制内容：对产品标志标牌、合格证、检验报告进行检查；对产品外观检查，并根据要求进行复试；对材料堆放规划检查并监督堆放作业过程，同时要检查设备材料管理制度、保护保管措施。

(五) 施工作业带清理

(1) 主要目标任务：为施工现场作业与管道运输创造条件。

(2) 主要质量控制内容：清除杂物杂草及一切有碍管道运输、堆放、施工的垃圾等，满足施工对场地的基本要求。

(六) 特殊工种的进场考核

(1) 主要目标任务：为施工现场作业与管道运输创造条件。

(2) 主要质量控制内容：焊接工艺评定审批，焊工考试；检查各有关施工人员以及管理人员的持证上岗、操作技能、熟练水平。

(七) 土石方开挖

(1) 主要目标任务：完成埋地管道的土石方开挖作业(根据现场环境与实际情况，也可先焊接后开挖)。

(2) 主要质量控制内容：按照设计要求施工，并重点测量控制好标高、深度、沟底宽度，检查是否与图纸设计相符；石方、地下水位较高点、特殊段的开挖、需要特殊工艺的开挖段是否采取了相应的措施。

(八) 管材运输

(1) 主要目标任务：把管材自车站或厂家直接运输到作业现场。

(2) 主要质量控制内容：监督施工单位是否稳妥可靠，对防腐层的保护是否到位、安全防盗措施是否到位。

(九) 弯管预制

(1) 主要目标任务：根据设计及现场条件，把管材按角度与曲率半径加工成弯管。

(2) 主要质量控制内容：抽查测量。

(十) 现场布管

(1) 主要目标任务：把管材一根接一根地摆布在管道焊接作业线上。

(2) 主要质量控制内容：是否按设计布管，不同壁厚、规格、材质、防腐等级的管道是否落实。

(十一) 坡口加工和管口组对

(1) 主要目标任务：为管道组装做准备。

(2) 主要质量控制内容：坡口形式、清理程度、组对质量是否满足焊接需要。

（十二）管道焊接

（1）主要目标任务：把单根的管材焊接成管段。

（2）主要质量控制内容：包括现场环境、焊材使用情况、持证上岗情况、焊接表面质量、焊接记录。

（十三）焊缝无损检测

（1）主要目标任务：各种检测手段检查现场管道焊缝的外部与内部质量。

（2）主要质量控制内容：检测位置、比例、数量的确定；检测结果的真实性、准确性。

（十四）焊缝返修

（1）主要目标任务：使不合格焊缝修复合格。

（2）主要质量控制内容：缺陷部位的落实与处理、二次返修情况（重点）。

二、施工过程的基本技术要求

管道工程施工工序虽然繁多，但从质量控制的角度来看，以下四个工序是质量控制的重点环节，其基本技术要求是整个管线质量安全的保证，是保证质量的最基本的要求，必须进行重点监管。

（一）测量放线

（1）根据施工设计图，结合现场具体情况，选择最佳线路放线。

（2）施工占地宽度控制线：管道施工占地宽度原则上控制在8m以内。

（3）表明地下构筑物状况：管线与地下构筑物相遇时，放线时应在两物交叉两端一定范围内标明。

（二）运管和布管

（1）无论在拉运期间还是在现场堆放中，均不得破坏管道防腐层或使管道产生变形。

（2）布管后，不同壁厚、规格、材质、防腐类型和等级的管道的分界点要严格控制，确保其与设计一致。

(三) 管道组对

(1) 管道不能有变形，对于轻微变形可进行矫正，若矫正后仍不合格，则应切除。

(2) 清除管内一切杂物；管道组对误差要限制在标准规定以内。

(3) 两端管道合拢时严禁强力组对，避免造成应力超标。

(四) 管道焊接

1. 焊接工艺与材料

管道焊接施工中的焊接工艺是一个相当重要的质量控制节点。因此，必须有焊接工艺评定。

焊接材料的冶金功能和工艺性能是非常多样的。焊接材料的冶金作用可以保护焊接区不受周围介质的影响，调整焊缝金属的化学成分和组织，并可使焊缝金属净化，不受非金属组分、氧化物、焊渣和气体等的沾污。

焊接材料的工艺性能：保证焊接过程的稳定性；用填充金属填满被焊工件坡口；表面成型；在被焊表面保持住焊接熔池；能够由焊缝表面清除已形成的焊渣。

2. 焊接质量监督

(1) 焊接表面应均匀光滑，无层状撕裂、氧化皮、夹渣、油脂、油漆及其他对焊缝有害的材料。焊缝接头设计应遵循焊接工艺评定。

(2) 起焊、引弧、打底、焊接要符合规范规定，确保质量，焊口必须一次完成，层间无焊渣，焊层数量符合要求。

(3) 管网维修焊接之前，焊工应综合考虑影响安全可靠性的各方面因素，如施焊部位的操作压力、流动状况和壁厚情况等。所有进行返修工作的焊工，都应该了解管线切割和焊接的安全预防措施。

3. 无损检测

无损检测是利用 X 射线、超声波、磁性粒子和液体染色等检测方式对管道的焊缝以及管件的缺陷进行定位测量。

(1) X 射线检验。在管道建设期间通常利用 X 射线成像检测技术确保环缝焊接的质量是合格的。它能给出缺陷的迹象和长度，但不能给出缺陷的深度。

(2) 超声波检测。在管道建设项目中，当射线检验发现缺陷时，超声波被用来检验焊接缺陷的大小、位置，如孔洞、夹渣、未焊透等。超声波检验同时可用于检测管道的成分结构或检测在管道经磨光修补后的最小壁厚。

(3) 磁性粒子的检测。磁性粒子检测技术检测主要用于发现管材和管件的金属的不连续性。在经受磁场感应时或之后，将具有磁力的微粒介质运用于将要被测试的物体表面，这些介质将显示出磁场的图案。任何材料成分的变化将会引起图案的变形，如砂眼或材料的不连续性。

（4）液体染色渗透检测。液体染色渗透主要用于对裂缝的检测。在物体表面经清理后，将染料倒在上面，然后加显色剂，随后不同于表面颜色的彩色裂缝将显现出来。

4. 焊接要求与焊后清理

（1）焊接要求。焊接时一般不允许在坡口以外的任何地方引弧，管道焊接为多层焊，焊层间应清理干净，相邻两焊层起焊点应错开 30mm 以上，热焊道必须在根焊道完成后立即进行焊接，间隔时间控制在 5min 以内，否则应进行焊前预热，每道焊口必须一次焊完。

（2）焊后检查。焊后清理必须清除焊缝表面药皮及两侧飞溅物，焊缝不得有缺陷，咬边深度不大于 0.5mm，在任何连续 300mm 焊缝中只允许局部咬边，错边量不大于 1mm，焊缝宽度应比坡口宽 0.5 ~ 2mm。

5. 消缺处理

（1）引发缺陷的原因。焊接接头的缺陷取决于采用的焊接工艺、焊工熟练程度、焊接材料与基体金属的匹配程度、焊前的准备情况、焊接条件和对焊接工艺规程及技术的遵守程度。

（2）缺陷类别。按生成原因分为两种：一种是焊缝成型的全部缺陷，属于这种缺陷的有未焊透（未熔合）、咬边、焊瘤、烧穿、弧坑等。产生这些缺陷是由于没有遵守焊接工艺、技术规程、设备失修、工件和焊接材料焊前准备不良、焊工熟练程度差等原因造成。另一种是与焊接熔池在其生成、成型和结晶阶段进行的反应过程有关的缺陷，以及与焊接接头冷却有关的缺陷，如裂纹、气孔、夹渣、白点等。

（3）缺陷检验。焊接后应通过外观检查和无损检测确定焊缝偏离可接受程度标准。通过使用历史及承载、预计的使用条件（包括腐蚀和化学侵蚀）、缺陷尺寸、缺陷形成机理及焊缝性质（包括裂纹韧性）进行评估，判断焊缝是不是可以接受的。

（5）处理。及时进行缺陷修补，应将母材上的缺陷打磨光滑，对超过一定限度的缺陷进行修补，同部位的缺陷修补不得超过两次，二次修补时应经技术负责人同意。

三、施工过程中的具体技术质量控制要点

各工序涉及的具体技术与质量控制点的基本质量控制或主要检查内容如下。

(一) 线路交桩

线路控制桩（包括转角桩与加密桩）、沿线临时或固定水准点应与施工图对应，承包单位接桩后有适当的保护措施。

(二) 测量放线

为了使测量放线满足前文所述的基本要求，应在该工序的管理中做好以下工作。

1. 放线打桩做标志

承包单位应根据施工图进行测量放线，打百米桩及转角桩，并撒白灰线。控制桩上应注明桩号、里程、高程和挖深，转角桩上应标明角度、曲率半径，在地形地势起伏段和转角段应打加密桩。地下障碍物标志桩应注明地下障碍物的名称、埋深与尺寸。

2. 保护桩的设置

为了防止管沟开挖后标志桩损毁，承包商应将控制线路的各中心桩、转角桩及其他重要桩点设置保护桩，该保护桩应设置在堆土一侧，精度应符合设计图纸要求并保证在施工中不被破坏与掩埋。

3. 严格控制施工占地

施工作业带应与标桩线路一致，占地宽度符合规定，施工作业带的边线应用白灰标清。

4. 检查方法

现场巡检，用仪器复核。

(三) 材料与设备进场

工程所用的进场设备及材料的名称、型号、规格、数量及技术条件是否与设计规定相符，是否有损坏、缺、漏，施工单位是否有自检记录等；进场设备与材料是否提供了产品合格证、质量证明书、材质证明书、厂家生产许可证、出厂检验报告等质证资料，进口设备是否有商检证，对于新产品、新材料还需提供技术鉴定书。凡监造的非标设备需有出厂检验报告，并有监造人员签证。

各种检测计量器具是否经过国家计量检定部门或授权机构的校验、标定或检定，并在有效期内。

(四) 管沟开挖

1. 管沟深度及边坡等基本要求

管沟开挖深度应符合设计要求（管沟开挖深度应保证管道下沟后的最小埋设深度符合设计要求），管沟开挖边坡率应根据土壤类别确定，保证不塌方、不偏帮，管沟边坡、堆土与沟底宽度应符合设计要求。

2. 尺寸误差

管沟的沟底应符合下列规定：

(1) 管沟中心偏移：<100mm；

(2) 管沟沟底标高：+50mm，−100mm；

(3) 管沟沟底宽度：± 100mm；

(4) 变坡点位移：<100mm。

3. 管沟清理与整体效果

直线段管沟应保持顺直通畅，曲线段管沟应保持圆滑过渡，沟壁与沟底应平整，变坡点明显，沟内无塌方、无杂物，无积水，石方段沟壁无棱角与松动石块，沟底应铺细土保护。

石方段沟壁不得有欲坠的石块，沟底、边坡应无碎石及可能造成管道防腐层破损的岩石。

(五) 防腐管材的运输与布管

1. 防腐管材的运输

(1) 管材应选择地势平坦处堆放，场地内不得积水，不得有石块等损伤防腐层的杂物。

(2) 根据管材的规格、防腐级别分类堆放，同向分层码垛。应均匀对称布置支承两道管垛，管垛以细土埂或沙袋形式制作，距管材端部距离宜为 1 ~ 2m。管垛外侧应设置楔形物防止滚管。

(3) 防腐管运至施工现场后，露天存放不得超过三个月，否则应采取保护措施。

(4) 防腐管进场的检查：管口无损坏；防腐层无破损；防腐管外标识清晰、完整。

2. 布管

(1) 按设计图纸要求及控制桩点，严格控制各管段变壁厚分界点和不同防腐类型、级别的分界点。

(2) 布管时，运管车与管材的接触面应有软垫层，运输速度不宜过快。

(3) 布管时必须使用专用吊具进行吊装，严禁滚、撬、摔、拖、拉等野蛮施工行为发生，不得有杂物进入管内。

(4) 每根管底部应设置管墩，管墩应稳固、安全，管道下表面与地面高度不得小于 500mm；管墩可用土筑并压实，不应使用石块、冻土块、硬土块、碎石土做管墩，取土不便可用袋装细土作为管墩，管墩每侧比管外壁至少宽出 500mm，以防止滚管伤人。

(5) 管道应一连串以首尾相接形式斜放在规范要求位置，两管间错开一个管口位置，避免操作时磕碰管口。

(6) 沟上布管及组装焊接时，管道边缘至管沟边缘应保持一定的安全距离，其值符合下列的要求：干燥硬土或石方环境≥ 1500mm；软土或潮湿土环境≥ 1700mm。

(7) 布管后，不同壁厚、规格、材质、防腐类型和等级的分界点与设计分界点不应超过 12m。

(8) 坡地布管，线路坡度小于 10° 时，应在下坡方向管端设置挡墩，防止窜管；线路坡度大于 10° 时，应设置堆管平台，待组对时从管堆中随用随取。

(六) 管道焊接

管道焊接是保证质量的核心环节，也是质量监督检查的重点内容。

1. 对焊材的质量控制要点

(1) 焊材应按相关标准进行验收和外观检查，合格后方能入库保管；焊材的运输、存放应做到防潮、防雨及油类侵蚀，符合说明书所规定的保管条件。

(2) 焊材使用前应按说明书的规定进行烘干，烘干后的焊条应存放于保温桶内，随用随取，焊条重复烘干不得大于两次。密封筒装的焊条开封后要在规定的时间内用完，开封后应盖严筒口，防止焊条受潮。

(3) 若发现焊条药皮有脱落和裂纹，不得用于焊接。纤维素型焊条在施工过程中如发现焊条发红，则此段焊条应作废。

2. 焊接作业质量检查控制要点

(1) 起焊时，焊口两侧应覆盖防护胶皮，以保护防腐层；管道固定应稳固，严禁管道摇摆、晃动，以避免焊缝在施焊过程中产生裂纹与附加应力。

(2) 应根据管材材质、现场环境及焊接作业指导书的要求对管口进行预热，预热温度与宽度应严格控制，并保证不损伤防腐层。

焊接环境低于 5℃时，焊接作业宜在防风棚内进行，应采取措施保证层间温度。如在组装与焊接过程中焊口温度降至焊接工艺要求的最低温度以下时，应重新加热。针对管道材质，应充分考虑焊后缓冷。

(3) 焊接引弧应在坡口内进行，严禁在管壁上引弧或灼伤母材，管道焊接应采用多层焊接，层间熔渣要清理干净，并进行外观检查，合格后方能进行下一道焊接，不同管壁厚度的焊接层数应符合工艺规程的要求。

下向焊接的起弧点应保证熔透，焊缝接头处可以打磨，根焊道内的突出金属应用砂轮打磨，以避免加渣。焊缝施工完成后，应将表面的熔渣与飞溅物清理干净。

（4）每道焊口必须一次性完成，在前一层焊道没有完成前，后一层焊道不得开始焊接，两相邻的焊道起点必须在 30mm 以上。

管道在组焊过程中，如中途停顿超过 2h，应在管道开口处加装管帽，防止异物进入管道。管帽应采用机械方式固定在管口上，严禁使用焊接方法。

所有焊口尽量保证当日完成，如当日不能完成，必须保证完成 50% 壁厚的焊接，并用防水、隔热的材料包覆好。次日焊接前，应将焊口重新清理并加热到焊接规程规定的温度。

（5）被焊表面应均匀、光滑，不应有起鳞、磨损、铁锈、渣垢、油脂等影响焊接质量的有害物质。管口内外 25mm 内应用机械方法清理直至露出金属光泽。

（6）预留的管沟内连头的管口必须用盲板焊死。

3. 焊接作业应监控的特殊环境

在下列环境中，如不采取有效的防护措施，应停止野外焊接。

（1）雨天和雪天；

（2）相对湿度超过 90%；

（3）低氢型焊条手工电弧焊时，风速大于 5m/s；

（4）纤维素型焊条手工电弧焊时，风速大于 8m/s；

（5）药芯半自动焊时，风速大于 8m/s；

（6）熔化极气体保护焊时，风速大于 2m/s。

4. 焊缝外观质量要求

管道焊缝表面质量检查应在焊后及时进行，检查前应清除熔渣与飞溅，焊缝表面质量应符合下列规定。

（1）焊缝表面及焊道周围无熔渣及飞溅物。

（2）焊缝表面不得有裂纹、未熔合、气孔、夹渣、熔溅等缺陷。

（3）咬边深度不得大于 0.5mm，咬边深度在 0.3mm 以内，任意长度均为合格，咬边深度在 0.3～0.5mm，单个长度不得大于 30mm，累计长度不得大于焊缝全周长的 15%。

（4）焊缝余高为 0～2mm，焊缝外表面不得低于母材，当焊缝余高超高时，应进行打磨，打磨不得伤及母材，并应与母材圆滑过渡。

（5）焊后两管壁的错边量不得大于管壁厚的 1/8，并小于 1.6mm，且均匀分布在管道的整个圆周上。根焊焊接后，禁止用锤击的方式矫正管道接口的错边量。

(6) 焊道宽度每侧比坡口宽 0.5 ~ 2mm。

5. 焊口标记要求

焊口按工程规定的方法，标出焊口号，并做好记录。

6. 焊缝无损检测

(1) 焊缝表面质量合格并接到无损检测通知，方可进行无损检测。

(2) 所有参加无损检测人员均应持有锅炉压力容器无损检测人员资格证书。

(3) 射线检测记录与底片应对应统一，评定结果真实、准确。

(4) 焊缝应按设计的规定进行检测。

7. 焊缝返修

(1) 返修过程中，修补的长度应大于 50mm。相邻两处缺陷的距离小于 50mm 时，应按一次缺陷进行修补。

(2) 母材上的烧伤等深度小于 0.5mm 的缺陷，应采用打磨平滑的方法修复。

(3) 返修前，焊缝表面所有的泥土、涂料、油渍等影响返修质量的污物应清理干净。

(4) 返修焊接应采用评定合格的焊接工艺规程，返修前应对返修部位进行预热。

(5) 当存在下列情况之一时，应将整个焊口割除重新焊接：所有带裂纹的焊口、二次返修不合格的焊口。

(七) 管道防腐补口补伤

尽管各种防腐保温层补口补伤使用的材料、方法不同，但反映补口质量的主要质量项目基本相同，如对金属基体的除锈要求、防腐层与管体的黏结力、防腐层厚度、表面质量等。

1. 基层除锈要求

(1) 管道焊缝隙需经外观检查、无损检测合格后方可进行补口作业。

(2) 补口处与管道防腐层搭接处用钢丝刷打毛，按操作规程及产品说明书的要求进行预热。当除锈等级达不到 Sa2.5 级时，所施工的补口视为不合格，应剥除重新补口。

2. 防腐补口质量控制要求

(1) 外观质量，当发现有气泡、褶皱、翘边等质量缺陷时，要求承包商整改；当发现收缩套 (带) 轴向、周向搭接少于规定值时，剥除重新施工。

(2) 三层 PE 补伤，小于 30mm 的损伤，用聚乙烯补伤片进行修补，大于 30mm 的损伤，先去除污垢，将原有防腐层打毛，并将破损处的防腐层修成圆形，边缘修成钝角，孔内填满与补伤配套的胶黏剂，然后贴上补伤片，补伤片的大小应保证其边缘与管材防腐层空洞之间的距离不小于100mm，贴补时，应边加热边用辊子挤压，排出空气，直至热熔胶从四周均匀溢出。外面再包覆一圈热收缩带，宽度大于补伤片两侧各50mm。

（八）下沟回填

1. 管沟要求

管道下沟前管沟应符合下列规定：

（1）管道下沟前应将管沟内的塌方、石块、积水、杂物清理干净。如积水较少，管道下沟后应尽快回填，如地下水位较高，沟内积水无法排净，应制定保证管道埋深的稳管措施。

（2）检查管沟的深度、标高和断面尺寸，对塌方较大的管沟，清理后应进行复测。

（3）石方段和碎石段管沟，沟底应铺不小于200mm厚的细土，细土粒径不得大于10mm。

2. 管道下沟工程质量控制要求

（1）防腐层电火花检漏：管道下沟前要按设计要求，用电火花检漏仪对防腐层进行仔细检查，检漏电压为15kV，发现问题及时处理。

（2）管道起吊下沟应符合下列规定：

① 管道起吊应至少有两台设备同时作业，起吊点距焊缝距离不小于2m，两个起吊点间距根据管径严格控制，起吊高度以不大于1.5m为宜。

② 起吊吊具以尼龙吊索为主，起吊避免碰撞沟壁，以减少管沟塌方和防腐层的损伤。

③ 管道下沟应轻轻放下，不得摔管。必要时可加防护，管道应贴切地放置到管沟中心线位置，偏差不应大于250mm，管底最大悬空高度应小于250mm且悬空长度小于15m。

④ 对于石方段的管沟，管道下沟前应对沟底进行认真检查，对沟壁、沟底的突出石块要仔细清理。沟底的软土层应平坦、均匀，无碎石、杂物和积水；下沟时应采用较软的材料挡住靠近吊装设备一侧的沟壁，防止沟壁石块擦伤管道防腐层。发现损伤要立即修补。

3. 管道下沟后的质量检查

（1）管道沟底测量应符合下列规定：

① 管道下沟后应使管道轴线与管沟中心线重合，偏移不得大于100mm。

② 管道下沟后应对管顶标高进行测量，在竖向曲线段还应对曲线的始点、中点和终点进行测量，在公路两端穿越段还应进行高程测量。标高测量的允许偏差应控制在 +50mm 和 -100mm 之间。

③ 管道下沟后，不得出现管底悬空，否则应用细土填实。

(2) 管沟回填应符合以下规定：

① 管线下沟后应在 10 天内回填。回填前如沟内有积水，应将水排除，并立即回填，地下水位较高时，如沟内积水无法完全排除，可用沙袋将管线压沉在沟底后回填。

② 对农田地段应先回填生土，后填耕作熟土。

③ 管沟回填前宜将阴极保护测试线焊好并引出地面，或预留出位置暂不回填。

④ 对石方段或碎石段管沟，应先在管体周围回填细土，细土的粒径不应超过 10mm，细土应回填至管顶上方 300mm，然后回填原土石方，石头的最大粒径不得超过 250mm。

⑤ 继续施工的管道端部，应留出 30m 长的管段暂不回填。

⑥ 管沟回填土应高于地面 0.3～0.5m，其宽度为管沟上开口宽度，并应做成有规则的外形。

⑦ 浅挖深埋土堤敷设时，应根据设计要求施工，设计无规定时，土堤顶宽应为 1～2m，黏土边坡坡度应为 1：（1～1.50），沙土边坡坡度应为 1：（1.5～2）。

⑧ 对于回填后可能遭受洪水冲击的或浸泡的管沟，应采用压实管沟、引流或压沙袋等防冲刷和防漂浮。在地下水位较高处，管沟开挖、管道下沟、管沟回填应连续进行。

⑨ 回填后应立即按设计要求进行地貌恢复。

第四节　长输天然气管道安全保护距离

一、长输天然气管道与其他管道之间的安全保护距离

(一) 长输天然气管道与其他管道之间存在的主要安全隐患

(1) 阴极保护电流的相互影响，造成管道腐蚀。

(2) 发生泄漏等事故后，管道之间的相互影响。

(二) 长输燃气管道与其他管道平行埋设时的安全保护距离规定

长输燃气管道与其他管道平行埋设时，两者外壁距离不宜小于 10m；受条件限

制，当距离小于 10m 时，该范围内后施工的管道及其两端（各延伸 10m 以上）应做特加强级防腐层。

（三）长输燃气管道与其他管道交叉埋设时的安全保护距离规定

其他管道应在长输燃气管道上方通过，二者外壁垂直净距不应小于 0.3m；如受条件限制，当小于 0.3m 时，二者间应设置坚固的绝缘隔离物，同时两管道应在交叉点两侧各延伸 10m 以上的管段上做特加强级防腐层；但在任何情况，二者外壁垂直净距不得小于 50mm。

二、长输天然气管道与铁路之间的安全保护距离

（一）长输天然气管道与铁路之间存在的主要安全隐患

（1）列车运行过程中的车辆载荷和地面振动可能造成管道开裂。

（2）电气化铁路的电力设施和管道阴极保护装置之间的干扰电流相互影响。

（3）铁路附近的管道一旦出现泄漏，又遇明火（列车在运行过程中会产生火花，特别是电气化区段）很可能出现强烈爆炸或剧烈燃烧。

（二）长输天然气管道（埋设或架设）与铁路平行时的安全保护距离规定

输送甲、乙、丙类液体的管道和可燃气体管道与铁路平行埋设或架设时，与邻近铁路线路的防火间距分别不应小于 25m 和 50m，且距铁路用地界不小于 3.0m。直接为铁路运输服务的乙、丙类液体和低压可燃气体管道与邻近铁路线路的防火间距不应小于 5m。

（三）铁路与长输天然气管道（埋设）交叉时的安全保护距离规定

（1）穿越管道的管顶距铁路轨枕下边缘不得小于 1.6m，路边低洼处管道埋深不得小于 0.9m。

（2）穿越管段的管顶距铁路路肩下面不得小于 1.7m，在自然地面或路边沟底最低处埋深不得小于 1.0m；路边沟为主要水渠时，距水渠最低处的埋深不得小于 1.5m。间距的起算点为管道外壁或套管顶部。

（3）带套管穿越时，套管端部伸出路基坡脚外、路堤坡脚和路边沟外边缘至少 2m。

（4）管道涵洞内顶点至自然地面高度应为 1.8m；当套管穿过铁路路堤时，套管应长出路堤坡脚护道至少 2m；当穿过路堑时，应长出路堑顶至少 5m；套管引出的排气管至最近铁路中心线水平距离不得小于 20m；排气管端距地面高度不得小于 1.5m。

(5) 铁路下的套管应按规定的最小覆盖层安装，其最小覆盖层（从套管顶至铁路路基表面的距离）应符合：轨枕下（次要的铁路线或工业专线除外）1.7m，次要的铁路线和工业专用铁路轨枕下 1.4m，在铁路界限范围内的其他所有表面下或排水沟底下 0.9m。

三、长输天然气管道与公路及桥梁之间的安全保护距离

（一）长输天然气管道与公路及桥梁之间存在的主要安全隐患

1. 长输天然气管道与公路之间存在的主要安全隐患

(1) 公路上，运行过程中的车辆载荷和地面振动可能造成管道开裂。

(2) 公路附近的管道一旦出现泄漏，又遇明火（车辆在运行过程中会产生火花），很可能出现强烈爆炸或剧烈燃烧。

2. 长输天然气管道与桥梁之间存在的主要安全隐患

(1) 桥梁附近的管道一旦泄漏，又遇火花，很可能出现强烈爆炸或剧烈燃烧。

(2) 洪水冲刷对管道有影响。

（二）长输天然气管道与桥梁之间的安全保护距离

(1) 长输燃气管道采用开挖管沟埋设时，特大、大、中型桥距长输燃气管道不应小于 100m，小型桥距长输燃气管道不应小于 50m，穿越管道与大桥的最小距离应不小于 100m，与小桥的最小距离应不小于 80m。其中关于小桥方面的规定与上述规范不同。

(2) 港口、码头、水下建筑物或引水建筑物等与长输燃气管道之间的距离不宜小于 200m。

(3) 铁路桥梁跨越长输燃气管道时，其梁底至桥下自然地面距离不得小于 2.0m。

(4) 桥梁上游 300m 范围内的穿越工程，设计洪水频率不应低于该桥梁的设计洪水频率。

（三）长输天然气管道（埋设）与公路之间的安全保护距离

1. 长输燃气管道（埋设）与公路平行时的规定

现有油、气管道附近新（改）建公路时，油、气管道的中心线与公路用地范围边线之间应保持一定的安全距离。对于天然气管道，安全距离不应小于 20m。在县、乡公路或受地形限制的地段，上述安全距离可适当减小；在地形困难的个别地段，最小不应小于 1m。公路用地范围为公路路堤两侧坡脚加护坡道和排水沟外边缘以外 1m；或路堑坡顶截水沟、坡顶（当未设截水沟时）外边缘以外 1m。

2. 长输天然气管道（埋设）与公路交叉时的规定

（1）穿越管道的管顶距公路路面不得小于 1.2m，在路边低洼处管道埋深不得小于 0.9m。

（2）穿越管道的管顶距公路顶面路面不得小于 1.2m；在路边沟底最低处埋深不得小于 1.0m；路边沟为主要水渠时，距水渠最低处的埋深不得小于 1.5m。间距的起算点为管道外壁或套管顶部。

（3）管道在公路路基下穿越（或路基填压管道）时，管道（或套管）顶面距公路路面顶面不应小于 1.0m，距公路边沟底面不宜小于 0.5m。

（4）公路下的套管应按规定的最小覆盖层安装，其最小覆盖层（从套管顶至路面的距离）应符合公路路面层下 1.2m，在公路界限范围内的其他所有表面下 0.9m。

（5）穿越公路的保护套管，其顶面距路面底基层的底面应不小于 1.0m。

（6）带套管穿越时，套管端部伸出路基坡脚外、路堤坡脚和路边沟外边缘不得小于 2m。

四、长输天然气管道与通信线缆、电力设施之间的安全保护距离

（一）长输天然气管道与通信线缆、电力设施之间存在的主要安全隐患

（1）阴极保护和电力线缆之间干扰电流相互影响，造成腐蚀。

（2）电力设施各类接地体的杂散电流对管道产生影响，造成腐蚀。

（3）在电力设施附近的管道一旦出现泄漏，遇电火花，很可能出现强烈爆炸或剧烈燃烧。

（4）电力设施的杆、塔一旦倒塌，对管道造成破坏。

（5）通信设施的干扰电流相互影响，造成腐蚀。

（二）长输天然气管道与通信线缆之间的安全保护距离

（1）直埋敷设的通信线缆与长输燃气管道（埋设）平行时，两者外壁的距离不宜小于 10m；当小于 10m 时，应对距离小于 10m 的通信线缆及其两端各延伸 10m 以上的线缆做特加强级防腐层。直埋敷设的通信线缆与长输燃气管道（埋设）交叉时，通信线缆应在长输燃气管道上方通过，两者外壁垂直净距不应小于 0.5m，同时在交叉点两侧各延伸 10m 以上的管段和线缆上，应做特加强级防腐层；若直埋光缆采用钢管保护时，光缆与管道的外壁垂直净距可减小为至少 0.15m。

（2）管道与光缆同沟敷设时，其最小净距（指两断面垂直投影的净距）不应小于 0.3m。

（3）Ⅰ级、Ⅱ级通信线缆与管道的最小水平距离为 25m。

（三）长输天然气管道与电力设施之间的安全保护距离

1. 埋地长输燃气管道与直埋敷设电缆的规定

直埋敷设电缆与埋地长输燃气管道平行时，两者外壁容许最小距离为1m；直埋敷设电缆与埋地长输燃气管道交叉时，其垂直净距不应小于0.5m，长输燃气管道交叉点及两侧各延伸10m以上的管段，应采取相应的最高绝缘等级，用隔板分隔或电缆穿管时垂直净距不得小于0.25m。

2. 埋地长输燃气管道与明敷电缆的规定

电缆与管道之间无隔板防护，平行时，电力电缆与其他管道允许距离为150mm，控制和信号电缆与其他管道允许距离为100mm。

五、输气站、放空管与其他设施之间的安全保护距离

（一）输气站、放空管与其他设施之间存在的主要安全隐患

1. 输气站与其他设施之间存在的主要安全隐患

输气站与其他设施之间存在的主要安全隐患：输气站内的工艺装置一旦泄漏，又遇火花，很可能出现强烈爆炸或剧烈燃烧。

2. 放空管与其他设施之间存在的主要安全隐患

放空管与其他设施之间存在的主要安全隐患：放空管放空的燃气遇火花，可能出现强烈爆炸或剧烈燃烧。

（二）输气站围墙与其他设施之间的安全保护距离

100人以上的居住区、村镇、公共福利设施以设施外壁为安全距离起算点，100人以下的散居房屋以临近建筑物外壁为安全距离起算点，相邻厂矿企业以围墙为安全距离起算点，铁路线以铁路中心线为安全距离起算点，公路以路边为安全距离起算点。

第六章　天然气管道的安全技术及措施

第一节　天然气长输管道运行的安全管理

一、气质监控

管输天然气中有害成分及含量的多少，对管道的工作状况、经济效果和使用寿命有重大影响。气质问题是关系管道安全的根本问题，输气企业应该根据管道的实际情况，对所输气体提出明确的质量标准。

(一) 天然气中有害杂质的危害

1. 机械杂质

输气管道中天然气的流速很高，如果夹带机械杂质，如砂、石、铁锈等，可能给管道或设备造成磨蚀，也有可能打坏仪表。

2. 有害气体组分

在天然气中的有害气体组分如 H_2S、CO_2、H_2O 等，可能引起管道腐蚀，降低天然气的使用性能或产生毒害等。

3. 液态烃

液态烃在管道低凹处积聚会降低管道输气能力。清管时排出的轻烃处理不慎容易引起火灾事故。烃液能稀释压缩机润滑油使管道内排污的残液中含有较重组分，还能导致燃气轮机出现燃气喷嘴结焦进而停机的现象，危及管道的安全运行。

因此，必须严格控制管道输送天然气质量，进入长输管道的天然气应经过净化处理，达到管道输送天然气质量标准。管输气体的净化，一般由矿场完成。必要时，输气企业也可在管道首站或中间进气站设净化装置。

(二) 管输天然气的气质要求

我国管输气质采用以下标准：管道输送天然气必须清除机械杂质；天然气的水露点在最高输气压力下应低于周围环境最低温度 5℃，经露点在最高输气压力下应低于周围环境最低温度。硫化氢含量应低于 $20mg/m^3$，有机硫含量应小于 $250mg/m^3$。

天然气的气质还关系到输气管道站场工艺设备（燃气轮机和压缩机等）与各种控制测量仪表的工作条件，在制定气质标准时应同时满足这些方面的要求。

天然气作为商品供给用户时，其质量由输气企业负责，气质指标除净化度外，还包括气体热值等。

（三）天然气的气质监测

天然气气质应在输气管道的输入、输出点，进行监测和控制，主要包括天然气的水露点、烧露点和排污量、气体温度、含硫量、天然气热值监测等项目。

1. 天然气的水露点监测

除了在进口设水分析仪并定期测试，还可以利用露点仪在沿线站场上监测天然气的水露点。如果水露点超标，要及时清管。

2. 露点和排污量监测

使用露点仪或根据天然气的组分计算。

3. 气体的温度检测

控制气田来气温度和各压缩机站的出站温度不能太高。高温对管道输气量、内外涂层寿命和阴极保护效果均有影响。一般规定不超过49℃。

4. 含硫量检测

主要是控制天然气的腐蚀性和对大气的污染，常以硫化氢含量或总硫含量表示。主要用色谱仪或荧光光度计法等测量。

5. 天然气热值监测

在国外，天然气的价值与其热值有关，为了保护用户和供气企业的利益需要监测供气的热值。欧美等西方国家对热值的监测比较普遍，我国目前尚未实行。供气方应定期提供气质检测报告，并在管道的入口复检。

二、线路维护

主要介绍输气管道线路及设施维护的特点。

（一）管道的防洪和越冬准备

为保证管线安全，每年洪水季节和冬季到来之前，必须有计划地进行防洪和越冬的准备。由于管线及所在地区的气候和地形的特点，这些措施的内容不能一概而论，但通常应考虑以下项目。

1. 防洪工作

检查和维修管线的管沟、护坡和排水沟，检修大小河流，水库和沟壑的穿跨越段；检修线路工程的运输和施工机具，维修管线巡逻便道和桥梁，检修通信线路，备足维修管线的各种材料（包括条石、块石等建筑材料）。雨季来到后，应加强管道的巡逻，及时发现和排除险情。

2. 越冬工作

秋冬是输气管道的最大负荷季节。冬季到来后管道及其设备常因环境温度过低，热应力超限而发生破坏，而线路检查和施工条件此时又比较困难。因此，入秋以后应及时做好越冬准备，加强管道工作的可靠性。在越冬准备工作中，除修好机具和备足材料外，还要特别注意回填裸露管道，加固管沟，检查地面和地上管段的温度补偿措施，检查和消除管道漏气的地方，清除管内积液。防止水化物也是管道线路部分的一项重要作业。

（二）输气管道线路截断阀的维护

线路设备指线路截断阀及其管汇、管道的紧急切断控制系统、放空管消声器、清管装置、内外防腐等装置及其所属的仪器和仪表。这里主要讲述线路截断阀、管道的紧急切断控制系统的内容。

为了便于进行输气管道的检修，缩短放空时间，减少天然气放空损失，限制管道事故危害的后果，输气干线上每隔一定距离，需设置管道截断阀。在某些特别重要的管段两端（铁路干线，大型河流的穿跨越）也应设置截断阀。施工期间，干线截断阀可用于线路的分段试压。干线截断阀的间距通常以管线所处地区的重要性和发生事故时可能产生的灾害及其后果的严重程度而定。我国《输气管道工程设计规范》（GB 50251—2015）规定，按输气管道通过地区的等级，即按沿线人口及建筑物的密集程度，从稀疏到密集分为一级～四级。从一级～四级地区，输气管道截断阀最大间距分别为 32km、24km、16km、8km，所规定的间距可以稍作调整，使截断阀安装在容易接近的地方。由于人口密度和其他国情的不同，世界各国对此间距的规定有所差异。

1. 对输气管道截断阀的要求

输气管道截断阀虽然关系重大，却长期处于各种不用的状况，且不便于检查维修。因此，对它的质量和工作可靠性有以下严格要求。

（1）严密性良好。截断阀如果漏气，事故时不能有效切断气源，不仅造成大量气体损失，有发生火灾的危险，还可能引起自控系统的失灵和误动作。

（2）易损零部件有较长寿命。管线投产后，截断阀只有管道停输和排空的时候才有进行内部检修的机会，而且时间有限。如在管道运转期间，密封系统或其他部分的易损件发生问题，输气管道的生产安全就会受到很大威胁。

(3) 强度可靠。截断阀除承受与管道相同的试验和工作压力外，还要承受安装条件下的温度、机械振动和自然灾害（如地震）等各种复杂的应力。由于截断阀的断裂事故一般会造成大于管道断裂事故的损失，因此要求截断阀的强度要可靠。

(4) 耐腐蚀性强。截断阀上的金属和非金属材料应能长期经受天然气所含各种成分的腐蚀，而不变质。

(5) 具有可靠的大扭矩驱动装置。正常运行时，截断阀一直处于全开位置，需要动作时，往往面临发生事故的紧急状况。为了保证动作的可靠性，它要有较大裕量的驱动扭矩。高压大口径截断阀不能用直接的或机械减速的手动方式开关，这种方式不能达到干线截断阀紧急关闭所需要的速度。截断阀的驱动方式应能在短时间内（最短的时限小于 1min）完成阀门的关闭和开启动作。

(6) 阀孔直径应当与管道内径相同且吻合。截断阀全开时，阀孔上的任何缩小或扩大都可能成为清管器的障碍，并且还会积存污物，导致清管器遇卡和阀门的损伤。

(7) 可以采用远距离遥控或就地控制。发生事故时，往往需要截断阀能按照感测到的信号（压差和流量的剧变）由控制中心按预定的程序关闭。

2. 输气管道截断阀的紧急关闭系统

(1) 截断阀的紧急关闭系统的类型。由线路上的事故感测系统把信号传送到中央控制室，再由中央控制室遥控阀门关闭；或由附带在阀门上的事故感测系统就地控制阀门关闭。

(2) 截断阀的紧急关闭系统的组成。有驱动阀门的能量储备。这种储备的主要形式是气体蓄能罐，有时还需用蓄电池作为信号装置的电源，一般情况不用动力电源来驱动。有准确的事故感测装置。这种感测装置有地震感测和管道断裂感测两种。地震感测装置按地震的加速度或振幅限度发出控制阀门动作的信号；管线断裂感测装置根据管线断裂后出现的压力或流量异常发出信号。输气管道上多采用感测管道中气体压降速率的气动装置。事故感测装置必须十分准确，漏报或错报都可能造成严重的后果。

(3) 截断阀前后应设连通管和平衡阀。阀的上下游均应安装放空阀和压力表。放空管的直径通常取干线直径的 1/3，出口引向阀的下风。放空立管要牢固稳定，并不得有任何角度的弯曲和倾斜，以防排放高速气流时破坏。立管的地下部分，应有混凝土基墩，立管必须高于附近建筑物。

3. 线路截断阀的维护

截断阀的动作性能应定期检查，仪表要定期校验，保持良好的状况。

（三）管线的检查

管线应当进行定期的测量和检查，用各种仪器发现日常巡逻中不易发现或不能发现的隐患（管道的微小裂缝、腐蚀减薄、应力异常，埋地管线防腐绝缘层损坏，管道变形等），具体内容如下。

1. 外部测厚和绝缘层检查

沿线或重点地对某些管段挖坑检查，检测的项目有绝缘层强度、电阻率、与金属的结合力，遭受机械或生物损害的情况，金属表面的腐蚀情况，管道四周各方位上的壁厚等。检查的对象还应包括管道其他附属的埋地设施。

2. 管道检漏

管道泄漏主要依靠当地群众的报告和巡线工人的定期检查，较大的泄漏可以及时发现。通过农田的管线应在田禾收割后下种前或在休耕季节用添味和仪器等方法检查。严重腐蚀和已有可疑迹象处应作为检漏的重点。

3. 管线位移和土壤沉降测量

管线位移和土壤沉降会在管线固定点造成过大应力，损坏支墩支座和防腐涂层。可能发生这种危险的地方有：沼泽、堤坝、采掘场、穿跨越和容易塌方、滑坡和疏松的土壤。位移和沉降测量参照事先设置的基准点或附近固定对象的高程和方位。这种测量也可直接使用应变仪。重要的穿越和存在实际威胁的地方每年应检查1～2次。

水下管沟的位置和覆盖情况，在第一次洪水季节过后应进行一次水下检查，以后则视需要而定。

4. 管道取样检查

从更换下来的管道或从管道上取样，能全面检查管道的腐蚀情况，其内容可包括机械性能试验、金相分析、厚度和内壁粗糙度测量等。这些数据是检查管道管理和防腐工作实际效果的直接依据。从管壁上直接取样检查，要根据管理和研究的需要决定，并随管道的计划检修安排。

三、站场的安全管理

（一）输气管道压缩机站的主要设备

输气管道压缩机站的功能包括气体的除尘、压缩和冷却，在某些情况下首站还需要进行气体输入干线之前的某些预处理（如脱硫、脱水等）。压缩机组和冷却系统是压缩机站的主要设备。

1. 选择压缩机站设备一般原则

压缩机站按压缩机的类型可分为往复式、离心式和混合式；按压缩级数可分为单级和多级；按驱动方式分为活塞式燃气发动机、燃气轮机和电动机。压缩机站是输气管道的动力设施，其投资约占管道总投资的20%，选择压缩机站设备时，一般应考虑以下原则。

(1) 压缩机的排量、工作压力和压比应能满足运转需要，并按预计可能留有发展余地；

(2) 工作可靠，操作灵活，调节方便，可调范围大；

(3) 设备寿命长久，机组和站的单位功率造价低廉；

(4) 单位功率的能耗小，来源方便；

(5) 便于维护修理，容易实现自动控制。

除以上几个原则外，还应考虑压缩机组的制造水平、供应可能等实际情况。

2. 压缩机和原动机

往复式压缩机的排量较小、压缩比高，适用于升压高、输量较小的场所，如气田压力低的首站、地下储气库等设施。往复式压缩机的优点：单级的压缩比高，适应压力变化的范围较大，没有喘振现象，效率高，一般可达95%，使用寿命长，对制造所用的金属材质要求不高。其缺点：结构复杂，体形笨重，占地面积大，安装和基础工作量大，振动较大，易损部件多，流量不均衡、有脉动，维修保养作业复杂等。

离心式压缩机结构紧凑、功率大，活动部件少，运转平稳。转速很高，可直接用燃气轮机驱动，操作灵活，维修简单，便于实行自动控制。目前，离心式压缩机广泛使用在大口径、长距离输气管道上。其缺点是效率较低（在84%左右），运行中有喘振问题，单级的压缩比较低。

输气管道压缩机站的原动机主要是电动机、活塞式燃气发动机和燃气轮机。大型输气管道的原动机多采用燃气轮机。

3. 压缩机的辅助设备

(1) 空气滤清器及除尘分离设备。燃气发动机工作的经济性与可靠性，在很大程度上有赖于助燃空气的净化程度。进入燃气轮机轴流式压缩机的灰尘必然会引起压缩机流通部分和叶片的腐蚀，其腐蚀速度决定于空气的含尘量和灰尘的腐蚀性，燃气轮机轴流式压缩机的进口应当安装带消声器的进气箱，箱内设过滤栏栅。进气箱的安装位置与过滤器效果关系很大，一般应不低于地面8～10m，还应考虑风向变化的影响。

为了防止损坏离心式压缩机，应清除天然气中的固体杂质和凝液，以避免其高速转动的叶片磨损，在压气站进口段应设置除尘分离设备。通常采用一级分离除尘，当经过 3 ~ 5 个压气站之后，管道中粉尘等杂质较多时，个别站要进行二级除尘。我国陕京输气管道上，各压气站的进口均设置了二级分离除尘。

（2）压缩机的润滑系统。压缩机站的润滑系统由每台机组各自的润滑系统和全站润滑油的储存、分配系统组成。润滑油的集中储存分配系统包括油库（容量一般在 100 ~ 150m^3）、净油及污油管网和污油净化车间。净化车间设有污油再生装置和向压缩机车间输送润滑油的油泵。润滑油罐内应设有热水或蒸汽加热器，以保证油罐在严寒季节正常工作。

（3）离心式压缩机的轴密封系统。轴密封系统的作用是，润滑压缩机径向止推轴承，防止天然气经径向止推轴承泄漏到压缩机车间厂房。目前离心式压缩机已普遍采用干气密封系统。

（4）压缩机站的油冷却系统。燃气轮机压缩机组冷却系统的作用是，冷却轴承润滑油，使其温度不超过限定值（75℃）。冷却系统的基本参数主要有循环油泵排量，油管直径与换热器的大小等，它们决定于需要带走的介质热量。带有冷却塔或喷水池的压缩机站冷却系统有许多形式。

现在广泛采用空气冷却装置可以大大减少压缩机站的用水量，取消水循环系统，从而简化冷却系统，节约用水。这对供水紧张和供水不方便的地区更为适合。

（二）压缩机和原动机安全特性简介

1. 往复式压缩机组

活塞式燃气发动机和往复式压缩机组的根本缺点是它在吸、排气过程中有固有的周期性冲击，这种冲击导致气流压力波动，并把这种波动传播到管汇中去，管道的机械振动也有可能与气流脉冲共振。共振使气流较弱的脉冲幅度增大，引起管道的剧烈振动。因此，造成的常见危害有以下几个方面。

（1）管道振动引起基座螺栓损坏和管线破裂；

（2）压缩机气缸阀损坏；

（3）压缩机排量降低；

（4）压缩机需要的功率增大。

在往复式压缩机组管汇的设计和安装时，应注意减震及防止振动破坏的问题。

2. 离心式压缩机的喘振与防护

当离心式压缩机流量偏低时，就可能出现喘振现象。它表现为流量不稳，进出口压力、流量忽大忽小，压力表和流量计指针周期性的大幅摆动，机组及管道强烈振动并伴随异常的吼叫声。喘振使压缩机的叶轮、轴承及密封等受到损坏、极严重时会毁坏压缩机。

喘振产生的原因：流经压缩机的气体流量减少至一定程度时，压缩机流道中出现强烈的气体旋转脱离。由于气流的流动状况严重恶化，使压缩机出口压力突然大大下降。这时管道中压力高于压缩机出口处压力，气体向压缩机内倒流。管道中另一部分气体继续向前流动，两方面流动使管道内压力急剧下降，当降至低于压缩机出口处压力时，气体停止倒流。压缩机又向管道供气。由于这时管内气压较低，输气量较大，压缩机恢复正常工作。短时间后，管内气压上升至原来压力时，压缩机流量又减少，系统中气体再次倒流。这在系统中产生周期性的气流振荡，气体压力、流量不断剧烈变化，这就是喘振。

喘振是离心式压缩机的一种特殊现象，任何结构尺寸的离心式压缩机，在某一转速下，都有一个最高的压缩比，即排气与进气压力之比值，在此压缩比下有一个相应的最低流量。当压缩机排量低于最低流量时就会发生喘振。喘振会引起机组损坏，带来严重危害，因此严禁压缩机在喘振工况下工作。

为了避免发生喘振，保证离心式压缩机工作的稳定和可靠，应安装专门的防喘振调节发讯装置，使压缩机远离喘振线工作。调节器能在流量降低或压比升高超过允许值时，给驱动装置发出信号，使调压阀打开，气流由出口回流到进口，使出口管道压力降低，流量增加，压缩机又恢复到正常工作状态。

3. 燃气轮机的安全特性

燃气轮机由压缩机、燃烧室和燃气透平三部分组成，还有润滑油、液压油、空气、燃料、调节与保护系统等。固定式燃气轮机的燃气初温达1000～1300K，航空型燃气轮机可达1600K。燃气透平额定转速达15000r/min左右。因此，使用天然气作为燃气轮机燃料对固体粉尘、硫化氢及有机硫、二氧化碳的含量都有严格要求，应控制在规定范围内。在燃料气最高供气压力下，燃料气及空气的露点应比供气温度低5℃。因为水分及硫化氢会使燃气透平叶片发生高温硫化腐蚀，叶片上形成多孔、缺口或开裂，导致机组功率下降。二氧化碳含量过高不仅会降低燃料发热值，还会加剧硫化腐蚀。空气中含水量过高，压缩过程中的冷却温度低于露点时，会使压缩机工况恶化。水分与粉尘、腐蚀产物结合，会使压缩机的流通部分结垢，还会导致压缩机的效率、压缩比下降。

机组停运后，如果燃料气阀门关闭不严，使天然气泄漏到燃烧室内，重新启动时，若忽略对残留天然气的清除，点火时就可能发生爆炸，故每次启动前或熄火后，都必须有足够时间，在低转速下对燃烧室及排气系统进行冷吹才能保证启动和运转安全。

（三）燃气轮机压缩机组运行的安全要求

燃气轮机压缩机组在设计、制造、安装上都充分考虑了安全可靠运行的需要，并设有各系统的报警和保护装置。燃气轮机组是压气站的心脏，是在高温、高压、高速下运转的大型设备，为了保障工作人员和设备的安全，在站场建设、日常运行及维护等工作中，必须严格执行有关安全规定。

燃气轮机压缩机组的站场、厂房、生产作业区的建设及机组的配套系统（如机械、电气、仪表、控制、液压、气动等装置），均应符合有关安全规范的要求。

1. 压缩机站日常管理的安全要求

（1）工作人员必须经过严格的安全技术培训，熟悉燃气轮机组的安全使用要求和操作细则，经考试合格后，才能上岗操作。工作人员上岗时，必须穿戴规定的防静电工作服、工作帽，穿不带铁钉的工作鞋，戴防噪声的耳罩或耳塞。

（2）燃料天然气应符合燃气轮机说明书规定的气质要求，并符合国家的安全技术标准。定期对燃料进行化验分析，不合格的燃料不得使用。

（3）搞好站场设施的检查、维护，保证安全保护设施、消防设施完好。定期检查站场和机房内的消防系统、防雷防静电设施。

（4）定期检查和调校天然气检漏报警系统，保证检漏报警参数在规定的范围内。定期巡回检测站场内天然气泄漏情况，并及时处理。

（5）及时排除站内管道中积液，做好站场内管道及仪表的防潮防冻工作。

2. 燃气轮机压缩机组启动的安全要求

（1）启动前应对燃气轮机的各个系统进行巡回检查，各种辅助设施均应处于正常状态，任何隐患都应在开机前消除。

（2）注意检查各个系统有无漏油、漏气、漏水及漏电等不安全因素。应检查紧急停机系统及天然气放空系统是否正常，确保一旦发现事故，能进行故障停机或紧急停机。

（3）检查核实在燃气轮机组及辅助设施上确已无人作业，各项准备工作确已完成，才能启机。

（4）高速转动的燃气透平及压缩机的部件必须在良好的润滑下运行，绝不允许在无润滑的条件下启动、运行或停机。运行中，润滑油循环不能中断。

（5）启动过程中，操作人员要严密注意仪表盘、指示灯及机组运行情况。有故障应及时排除，不能带病启动。

3. 燃气轮机压缩机组运行的安全要求

（1）运行中应对机组各系统进行巡回检查，测试各运行参数，判断运行是否正常。

(2) 为保证安全运行，应确保机组的保护系统状况良好。应定期检查紧急停机系统的阀门及开关，润滑防喘放气阀，检查其密封情况。定期检查各种仪表及传感器的标定范围，检查控制器及减压阀的压力设定值，进行安全阀放空试验等。

(3) 操作人员应熟练掌握机组的紧急措施，如紧急关闭阀、紧急停机装置等。若运行中出现下列紧急情况之一，应就近按下紧急停机按钮。紧急情况包括：燃气轮机的空气压缩机或天然气压缩机发生喘振而保护系统没有动作；润滑油、密封油、液压油或天然气管线漏气；机组的控制、保护装置失灵；有停机信号，但机组不能停运；出现火灾、地震、洪水以及危及人身及设备安全的紧急情况等。

(4) 机组运行中，不得触摸高温部件，如燃烧室外壁、燃气轮机排气管等，以免烫伤。不得踩踏接线盒、控制线路、电缆、导压管等细小管件和管线。

4. 燃气轮机压缩机组停运的安全要求

(1) 停机时要保证辅助润滑油泵运行足够的时间，对机组进行润滑保养。

(2) 停机后一定要检查密封油泵确已停止运转，以免高压密封油漏入压缩机内。

(3) 机组没有完全停止运转之前，不得重新启动。

第二节　燃气事故及常见事故控制措施

一、燃气事故分类和级别划分

做好燃气事故的分类和级别划分，可为各级政府和燃气企业应对燃气事故抢修工作提供参照，对事故风险程度的判别进行量化管理，有助于合理、高效地利用资源，便于及时对事故采取不同级别的应急响应。此外，还有助于信息传递、发布能够及时、准确、客观、全面，便于对事故进行统计和调查。

(一) 燃气事故的分类

燃气事故的分类有以下几种常见方法：

按程度分：轻微、一般、重大、特大。

按性质分：火灾、爆炸、爆燃、中毒、泄漏、停气、设备故障。

按企业管理分：场站（存在重大危险源，在企业圈定的围墙里，有较好的控制能力）、管网（遍布整个城市地下，不宜控制，可加强巡查进行弥补）、客户（在私人的私密空间，较难控制）。

（二）燃气事故分级

分级原则应与《国家突发公共事件总体应急预案》分级相吻合，按照燃气事故的性质、严重程度、可控性和影响范围等因素，分为Ⅰ级（特别重大，红色）、Ⅱ级（重大，橙色）、Ⅲ级（较大，黄色）、Ⅳ级（一般，蓝色）4个等级。燃气事故应突出燃气行业的特点，对各类事故要进行明确、细化。

根据事故发生的严重性，列举部分划分情况如下（仅供参考）。

1.1级

（1）受突发事件主要因素影响，使天然气供气能力严重下降，造成城市80%以上天然气用户供应中断或严重减压，短时间无法恢复的。

（2）天然气调压站、燃气输配管道等发生大面积泄漏引起爆燃、爆炸失去控制，需要紧急疏散人群、实施交通管制，或因其造成10人以上死亡或30人以上重伤、严重中毒的。

2. Ⅱ级

（1）受突发事件主要因素影响，使天然气供气能力大幅下降，造成城市50%以上天然气用户供应中断或严重减压，短时间无法恢复的。

（3）天然气调压站、燃气输配管道等发生严重泄漏引起爆燃、爆炸难以控制，需要紧急疏散人群、实施交通管制，或因其造成3～9人以上死亡或者一次重伤、严重中毒10～29人的。

3. Ⅲ级

（1）受突发事件主要因素影响，使天然气供气能力下降，造成城市30%以上天然气用户供应中断或严重减压，短时间无法恢复的。

（2）天然气调压站、燃气输配管道等发生严重泄漏引起爆燃、爆炸难以控制，需要紧急疏散人群、实施交通管制，或因其造成1～2人以上死亡或者一次重伤、严重中毒3～9人的。

4. Ⅳ级

天然气调压站、燃气输配管道等设施设备发生故障，造成部分片区家庭用户燃气供应中断，且24小时内不能恢复的，因其造成人员轻伤、轻度中毒或1～2人重伤的。

二、燃气管道事故特点及其原因分析

由于燃气管道具有使用广泛性、敷设隐蔽性、管道组成复杂性、环境恶劣腐蚀性、距离长难于管理等特点，因此燃气管道事故相比其他种类的燃气事故更需要引起我们的重视。

(一) 燃气管道事故的特点

(1) 燃气管道在运行中由于超压、过热，或腐蚀、磨损，而使受压元件难以承受，发生爆炸、撕裂等事故。

(2) 当管道发生爆管时，管内压力瞬间突降，释放出大量的能量和冲击波，危及周围环境和人身安全，甚至能将建筑物摧毁。

(3) 燃气管道发生爆炸、撕裂等重大事故后，有毒物质的大量外逸会造成人畜中毒和火灾、爆炸等恶性事故。

(二) 燃气管道事故原因分析

根据统计和分析，燃气管道事故主要涉及五方面的原因。

1. 设计原因

主要是选材不当，应力分析失误、管道振动加速裂纹等缺陷扩展导致失效，管道系统结构设计不符合法规标准和工艺要求，管道组成件和支承件造型不合理。

2. 制造 (阀门等附件) 原因

主要是管道组成件制造缺陷引发事故。其中，阀门、管件 (三通、弯头)、法兰、垫片等是事故的源头，管道厚薄不均，管材存在裂纹、夹渣、气孔等严重缺陷，密封性能差，引起泄漏爆炸。

3. 安装原因

主要是安装单位质量体系失控，焊接质量低劣，违法违章施工，错用材料和未实施安装质量检检而引发的事故。

4. 管理不善

主要是使用管理混乱，管理制度不全，违章操作，不按规定定期检验和检修。

5. 管道腐蚀

腐蚀是导致管道失效的主要形式。主要原因是选材不当，防腐措施不妥，定检不落实。

三、燃气管道事故应急措施

(1) 发生重大事故时应启动应急预案，保护现场，并及时报告有关领导和监察机构。

(2) 燃气管道发生超压时要马上切断进气阀，打开放空管，将介质通过接管排至安全地点。

(3) 燃气管道本体泄漏时，要根据管道、压力的不同使用专用堵漏技术和堵漏工具进行堵漏。

(4) 燃气泄漏时，要对周边明火进行控制，切断电源，严禁一切用电设备运行，防止火灾、爆炸事故发生。

四、燃气管道事故预防处理措施

燃气管道事故涉及设计、制造、安装、使用、检验、修理和改造 7 个环节，要使燃气管道事故控制到最低限度，确保燃气管道经济、安全运行，必须对燃气管道实行全过程管理。

(1) 对燃气管道设计、制造、安装、检验单位实施资格许可，这是保证燃气管道质量的前提。资格许可是依据国家法律法规对设计、制造、安装、检验等单位实施的强制性措施，是对其质量体系运转情况、有关法规标准的执行情况、资源配置情况及其质量进行的综合评价，它不同于通常的、自愿的体系认证工作，因此是认证工作不能替代的。

(2) 对燃气管道元件依法实行型式试验。型式试验是检验其是否符合产品标准的程度，是控制元件质量最直接的措施。事故分析表明，27.2% 的压力管道事故是由元件质量低劣造成的。因此，使用和安装单位必须选用经国家安全注册并取得钢印的管道元件，从源头杜绝事故的发生。

(3) 对新建、扩建、改建的燃气管道安装质量实施法定监督检验。燃气管道安装是最重要的环节，燃气管道安装质量监督检验是对燃气管道设计、制造系统的质量控制情况总的监督验证，它不仅对安装单位质量体系运转情况进行监督检查，而且还从设计、管道元件及管道材质、焊接工艺评定和焊接质量、无损检测、压力试验等各环节进行严格检验，是确保安装质量的主要手段。燃气管道安装单位应到省(市) 锅炉压力容器安全监察机构办理开工报告审批手续。

(4) 抓住使用系统的安全监察和管理。使用单位应严格按照相关要求，落实燃气管道安全专 (兼) 职人员和机构，落实安全管理制度包括巡线检查制度和各项操作规程，落实定期检验和检修计划，操作人员经培训考核持证上岗，燃气管道逐步注册登记。对易产生腐蚀的管道，应正确选材、设计以及选用良好的防护涂层，特殊情况下选用耐腐蚀非金属材料，埋地管线同时采用阴极保护。

(5) 严格依法执行燃气管道定期检验制度。定期检验是及时发现和消除事故隐患、保证燃气管道安全运行的主要措施。目前，工业管道定期检验起步较早，检验法规标准日趋完善，定检率不断提高。而公用管道和长输管道由于埋地、架空、穿越河流山川等原因，以及检验法规不全、检测手段落后，故定检率较低，也埋下较多的事故隐患。因此，未来的燃气管道检测应重点在埋地管道检测、在线检测、寿命预测、安全评估、远程监控和防护研究上取得进展，使燃气管道检验更加科学、可靠。

(6) 建立一套监察有序、管理科学的燃气管道法规标准体系。尽快颁布实施燃气管道检验等法规，使燃气管道安全监察和管理逐步走上法制化、规范化的轨道。

第三节　天然气长输管道第三方施工管理

一、基于第三方施工的长输天然气管道保护的重要性

(一) 维护市政效益

市政相关第三方施工是长输天然气管道运行期间常见第三方施工情形。加强第三方施工期间的长输天然气管道保护，可以避免管道泄漏或爆炸影响市政作业，有效维护市政效益。

(二) 保证基础交通安全

长输天然气管道多穿越公路、大型河流巷道、铁路等基础交通设施。加强第三方施工过程中的长输天然气管道保护，可以保证基础交通安全运行。

(三) 维护社会稳定

长输天然气管道内部气体具有高度燃爆风险，一旦遭受第三方破坏，就会引发严重安全事故。加强第三方施工期间的长输天然气管道保护，可以降低相关事故发生率，维护社会稳定。

二、天然气长输管道第三方施工管理措施

(一) 施工前管理

在天然气长输管道第三方施工前，第三方施工方应及时与天然气长输管道运营方对接，确定满足天然气长输管道保护要求的施工方案。若双方无法协商达成相同意见，则涉及天然气长输管道的施工方需要提前向管道所在地县级人民政府管道保护主管部门提出申请，由县级人民政府管道保护主管部门在第三方开工七日前书面告知天然气长输管道运营方。进而在县级人民政府管道保护主管部门主导下，第三方施工者应就天然气长输管道保护要求与管道运营方签订安全防护协议，并协商因

第三方施工破坏而引发的安全事故应急处理方案，允许管道运营方进入施工现场检查是否具备保障管道安全的设施、施工设备，确定第三方施工现场具有保障设备安全的设施后，双方可共同细化方案中的安全防护协议，从源头降低天然气长输管道被第三方施工破坏风险。

（二）基于市政施工的长输天然气管道保护

对于市政基础开挖穿越长输天然气管道的情况，在长输天然气管道深度、宽度与总长一定的情况下，技术人员应优选人工开挖基础方式，并维持开挖人员之间距离适宜。若基坑开挖深度超出长输天然气管道的埋深，技术人员可以在长输天然气管道两侧各10m范围内人工开挖至管道暴露，再将3对4m钢板桩打入长输天然气管道两侧25cm处，每对钢板桩之间相隔3m及以下，钢板桩顶部低于长输天然气管道底部。进而将1道钢管连接每对钢板桩，钢管支撑钢丝绳，经钢丝绳吊起长输天然气管道，规避基坑开挖后长输天然气管道腾空甚至挠度突变问题。在完成作业后，技术人员可以回填土体，撤除钢丝绳并切割钢管，在基坑内保留钢板桩，降低市政基坑开挖作业对长输天然气管道的危害。

对于市政埋地管道与长输天然气管道交叉且二者垂直净距超过50cm的情况，技术人员应加强交叉点两侧延伸10m以上的长输天然气管道段防腐保护。一般技术人员应采用短暂性阴极保护对策，在埋地管道沟底端铺设20cm厚细土的基础上，利用8.5mm × 10.0mm带状锌阳极，每间隔1km长输天然气管道敷设20.0m阳极，有效衔接阳极带、长输天然气管道，降低环境因素所致的长输天然气管道腐蚀。对于穿越河流第三方埋地管道与长输天然气管道交叉的情况，技术人员可以将1对锌合金牺牲阳极（若干80kg左右预包装锌阳极）安设到长输天然气管道两侧电流测试桩位置，避免长输天然气管道腐蚀危害。

（三）构建防范第三方破坏管道风险预警系统

第三方施工破坏风险预警是天然气长输管道第三方施工管理的前提。管理人员应从人、机、环境、管理几个方面，开展多因素耦合分析。科学论证后，依据定量与定性相结合、外部预警指标与内部预警指标相结合、纵向指标与横向指标相结合的原则，制定天然气长输管道第三方施工破坏指标。从人员因素来看，风险预警指标包括工作者年龄、受教育年限、上岗培训年限、岗位匹配度、工作安全考察合格率、员工出勤率、体检合格率、员工违反纪律概率、操作失误率、风险评价能力、应急救援组织能力、沿线居民状况（沿线居民状况主要指天然气长输管道沿线居民是否违规开挖周边用地、违规占用管道用地等）；从机械设备方面来看，天然气长输管道第三方施工风险预警指标包括设备故障率、设备保养率、设备更新率、管道安全保护设备完善率、监控设备完善度等；从环境方面来看，天然气长输管道第三方施工风险预警指标包括地质结构、作业温度、降雨、周边工作环境；从管理方面来看，天然气长输管道第三方施工风险指标包括管理制度完善率、安全投入力度、安全检查频率、政府监督力度、应急预案完备度、应急救援及时性、沿线居民管理情况、救援人员分配和力度、应急物资完备度等。

在天然气长输管道第三方施工风险指标确定后，管理人员可以借鉴层次分析思维，评估第三方破坏天然气长输管道的应急管理能力，并组织专业人士进行指标赋值，设定预警指标阈值，形成评价集合。在评价集合确定后，管理人员可以将集合数据输入 LabVIEW 图形化系统内，根据天然气长输管道第三方施工环境参数、施工情况、人员活动情况，全天候实时分析，及时发现天然气长输管道周边第三方施工破坏风险及时发出预警，便于迅速组织救援，降低天然气长输管道第三方施工管理成本。

(四) 加强天然气长输管道第三方施工管理人员培训

加强人员培训是防范天然气长输管道第三方交叉、并行施工破坏的关键。根据天然气长输管道安全运行要求，管理人员应定期组织开展第三方施工管理制度宣讲，邀请相关人员参与，并开通线上渠道，面向各站场负责人、安全员、线路员进行培训。培训过程中，管理人员应围绕第三方施工定义、相关法律标准规定、站场职责、受理回复、施工管理、签订协议、方案审核、竣工验收、施工监护、技术要求等内容进行宣读讲解，引导天然气长输管道第三方施工管理相关人员树立早发现、早联系、早介入、早管理的原则，严格执行审批程序，落实管理要求，遵循规范要求，确保第三方交叉、并行施工期间天然气长输管道安全运行。在这个基础上，管理人员应从天然气长输管道突发第三方施工破坏事件处理能力着手，加强对业务素质方面的培训。

三、第三方工作流程优化

(一) 第三方施工发现及汇报

天然气长输管道企业应安排专业管道巡线人员，制定相关制度，通过现代化技术手段，如北斗定位、GPS 定位系统等，人机结合，对天然气管道进行每日巡检，建立重点区域打卡、打点机制，确保管道无漏巡。同时，天然气管道上方应设置明显标示标牌（加密桩、标志牌、警示牌)，标识管道输送介质、名称、公里、联系电话等基础信息。巡线人员在例行巡线作业时或周边群众拨打报警电话，应及时发现管道周围的第三方施工行为。

（二）现场协调处理

线路管理人员得知第三方施工后，应及时到达现场，应第一时间制止正在进行施工的作业，告知施工后果以及利害关系。随即要对施工现场情况，包括施工类别、施工开始的时间、施工性质、施工单位、施工负责人等，将了解到的现场详细情况及时上报。

（三）管道位置的标定

当对第三方施工现场的情况进行具体了解和落实后，线路管理人员应使用管道探测仪找出管道准确走向，测得交叉点附近及交叉点范围内天然气管道的埋深情况，并第一时间插警示旗或洒白灰线、警戒线等形式以标定管道正确走向和位置以及划分出管道安全范围。

（四）输气管道第三方施工告知

当对第三方施工单位的单位名称、负责人及联系方式、施工性质等进行详细的了解和现场协商后，根据《中华人民共和国石油天然气管道保护法》的相关内容，应向第三方施工单位告知破坏天然气管道属于违法行为，由于野蛮施工、恶性施工造成的管道破坏、人身危害、社会安全，当事人要承担法律责任，甚至承担刑事责任。

如第三方不予签收告知书，按照第三方的性质，应继续积极协调，当判断对管道存在明显影响并可能存在强行施工时，应以公函形式向第三方函达，说明利害关系，同时向上级主管部门进行上报请示，寻求协助，避免第三方施工单位野蛮施工，避免施工后形成占压、距离不足等安全隐患。

（五）方案的确定及审批

安全保护工作即第三方施工单位提供其在施工过程中为管道所做的保护方案及其在交叉点的施工方案，应在施工前向燃气企业提供经加盖公章的施工申请函及施工方案，燃气企业进行审核，并提出相关意见。专项施工方案应包括管道名称、管道位置、管道规格参数、管道运行压力、管道埋深（埋深指管中到地面距离，长度单位、距离要与施工方案、图纸保持一致）、第三方施工单位名称、施工内容、与管道的安全距离等燃气管道信息，以及工程概况、编制依据、施工组织管理机构、安全措施（在与管道交叉处增设交叉标志桩）、设计图纸、应急预案等。

（六）施工临时看护工

在发现第三方施工后，根据实际施工情况，可设置临时管道看护工，进行24小时监护。做好临时管道看护工的培训安全教育工作，强调重点工作内容，同时做好对临时看护工的监督检查工作，确保24小时在岗。

（七）施工阶段的管理

进入管道保护施工阶段前，燃气管道企业应与第三方施工单位签订安全保障协议，协议应规定双方的义务与职责、施工过程的安全措施以及以后管道运行维保的关系处理等。进入管道保护施工阶段后，第三方施工单位应进行施工前技术交底，燃气企业应对施工人员进行安全教育，并对全程施工进行安全监护。施工现场应符合相关的安全规范，第三方施工单位应严格按照既有方案落实做好安全防护工作，如划分出安全区域、配置两支以上的灭火器材、工作人员需穿戴防静电服进行安全作业等。对于不按照要求进行施工作业的，燃气企业有权制止其不当行为。

（八）管道保护施工结束及资料归档

结束的意义为燃气管道按照图纸进行合理、正规的施工保护，且应确认燃气管道在施工工程中未受到任何破坏，如天然气管道防腐层未损伤、未形成占压隐患、未形成安全间距不足隐患等，直到管道上方的地貌恢复完成即为结束。

施工结束，需要做好相关记录及存档，燃气企业应组织专业人员进行施工验收，评价第三方施工是否对管道造成影响，留存相关验收资料。

第四节　天然气管道高后果区风险分析及控制对策

一、输气管道高后果区形成原因

（一）客观原因

(1) 无法避免路由的限制。我国大江大河、铁路、公路等已经形成了贯通东西、铁路、公路等的网络，而管道是一种线性工程，必然会与之平行或交错，从而形成各种高后果区。

(2) 缺乏土地资源。由于目前的技术条件和安全操作条件，在某些地区，如西南山区、西北荒漠等地区没有有效的路径。因此，管道道路只能选择与人口、河流或其他线性规划相关的区域，如山地、山谷、河谷、绿洲等。

（3）历史残留。一些旧管道在修建过程中，有关的法律法规还不够健全，高后果区的危害意识还不够深，造成一些历史遗留的高后果区。

（二）监督力度严重不足

为了保障施工建设质量，在施工建设现场需要设立专门的监督岗位，其工作责任就是对施工人员的行为进行监督，及时发现施工建设过程中存在的问题，并对问题进行合理的纠正，监督岗位对于工作人员的要求也相对较高，这种要求体现在技术以及质量意识等多个方面。通过对建设施工的监督问题进行分析发现，在这一方面存在一个重要问题即现场监督人员的配备严重不足，由于管道建设项目的规模相对较大，涉及的环节相对较多，任何一个环节出现质量问题，都会对整个项目的质量产生影响。因此，现场需要配备足够数量的监督人员，如果监督人员的数量不足，就无法对质量问题进行及时的排查，大量的隐患问题无法被解决，此时管道的建设施工质量将会严重降低。

二、输气管道高后果区管控措施及对策

（一）对高后果区采取技术措施

为了削减长输管道存在的安全风险，需要采取相应的技术措施来降低管道风险等级。在一定程度上阻止天然气安全事故的发生。可以通过利用 SCADA 系统加强对天然气运输管道的检测，对存在的安全隐患及时发现并处理，能够有效地降低安全风险。对于管道高后果区要加强管控水平和检测次数，加强安全管控。通过定期对管道的安全状况和腐蚀情况进行检测，出现问题及时处理，有效避免管道自身腐蚀对管道造成的安全风险。另外，建立高后果区视频监控预警平台，实时将高后果区的情况传回调度室，有效避免人员巡查不连续的情况，实行不间断监测。

（二）制定事故应急预案

如发生事故时要迅速切断气源，封锁事故现场和危险区域，迅速撤离、疏散现场人员，设置警示标志，同时设法保护相邻装置、设备，关停一切火源、电源，防止静电火花，将易燃易爆物品搬离危险区域，防止事态扩大和引发次生灾害；设置警戒线和划定安全区域，对事故现场和周边地区进行可燃气体分析、有毒气体分析、大气环境监测和气象预报，必要时向周边居民发出警报；及时制定事故应急救援方案（灭火、堵漏等），并组织实施；现场救援人员要做好人身安全防护，避免烧伤、

中毒等伤害。

（三）对天然气长输管道附近的建设工地进行监控

开展天然气管道安全管控区范围内的工程建设，必须在施工全过程和施工现场做好管道安全防护。首先，在项目开工前，天然气管道公司需要与建设单位进行沟通。对施工区域管道进行具体调查，做好预警；明确范围并规定天然气长输管道设备的各项维修。在管道维修区，天然气公司需要与施工公司签订维修协议，如果在管道周围进行施工，两单位协商后需向审批单位上报保护告知文书，并立即向施工单位报告主要内容。其次，天然气公司在工程建设过程中，必须配备相关专业技术人员对施工现场进行指导和监督，妥善处理施工公司影响管道运行的一切行为，并向有关部门报告。最后，除了天然气企业，政府部门还需要充分发挥监管作用，加大对违规建设项目和管道损坏的检查范围，并根据违规程度完成相关处罚，同时规范施工公司的个人行为和维修管道的稳定运行。

（四）加强无人机管理与管线巡查制度建设

（1）完善有关天然气管道保护的相应制度，完善《管道保护法》，做到对天然气长输管道的管理有法可依，违法必惩。

（2）不断完善巡查制度，做到三级巡护原则。日巡，安排专业人士对长输管道经过地区进行每日巡查。周巡，对重点地区，如地质灾害多发地区、城市建设施工地区等，在日检的基础上进行每周巡查至少一次。月巡，领导人应肩负起整个管道运输安全的责任，增强自身的责任心，至少每月巡查一次。若发现问题，应及时采取相应的解决措施，防止天然气管道损害造成的天然气泄漏事件。

（3）加强无人机管理。随着科学技术水平的不断发展，无人机的应用越来越广泛，利用无人机巡查系统保护天然气长输管道，一方面能够减少日常巡护所耗费的财力物力，另一方面能够更加细致地观察长输管道所存在的问题，及时发现天然气长输管道在运行中出现的问题，及早解决，避免天然气泄漏事件发生。

（五）加强第三方施工管理

第三方施工管控是高后果区管道安全的重点，建立相应的企地联系机制，及时掌握高后果区管道安全信息，严格执行交叉施工管理工作程序，安排专人负责对第三方施工实施全过程监督管理，有条件的可以引入光纤预警系统技防措施，提前识别管道周边第三方施工情况。

第七章　管道系统运行与维护

第一节　管道作业方案

管道作业方案通常包括管道系统运行和控制以及现场作业和维护，一般在气体或液体管道输送公司都适用。但是，根据从不同供应商或发货人、存储设备和交货地点或客户处同时输送的液体油品的数量不同，输送液体的管道的作业方案和管理与输气管道有所差异。

多种油品顺序输送管道通常从具有数百万桶管道输送能力的不同装运来源输送多种不同的商品（75 ~ 120 种），包括原油（轻油、中油和重油）、冷凝物、成品油（车用汽油、柴油燃料和航空燃料）、合成油和液化天然气（丙烷、丁烷和冷凝混合物）。

一般而言，政府监管导致了大多数的油品分开批量输送，以便满足订货清单和各州或各城市的需求。油品及规格的数量和组合随着管道运营商服务的地区不同而有所不同。美国中西部地区的一家管道运营商以平均 10 天一个周期输送 43 种油品（34 种汽油、5 种燃料油和 4 种喷气燃料）。虽然管道通常一次可以输送 43 种油品，实际上却可以为 60 家不同的发货人输送总计 85 种可顺序输送的油品。

一般情况下，管道运营商以 5088 ~ 6359m^3（32000 ~ 40000 桶）或更大的规模将各种油品分批输送。通常将所有商品都分开放置，如不同精炼厂的常规汽油、中等品位汽油、优质汽油、喷气燃料、航空燃料和柴油。所有批次都合并成“批次列车”，每节“车厢”相当于一个单批。批次列车的规模可以达到 63595 ~ 95392m^3（400000 ~ 600000 桶）。

在输送液体的管道中，库存和交付油品通过罐槽或存储设备和管道或泵送系统管理，提取、输送并将专用油品交付给客户，而无须将不同的发货人的相似或不同油品混合。

虽然输气管网非常复杂，而且供应源（生产商）也比输送液体的管网多，但在可接受的气体规格限制范围内，通常可以进行气体混合。

输气管道作业一般通过在合同约定范围内平衡供应物和交付产品，同时确保以输气管网中管存量最大化的方式来管理。其功能就是估计气体供应量和需求量，以确定气体流入和流出管道的时间所有权，以及每天宣布的估计平衡量。允许将不同发货人的气体进行混合，只要所接收的每种气体质量符合行业标准的质量规范就不存在作业管理问题。

另外，在输送液体的管道中，从交货点来看，不需要考虑管存量。决定作业管理利害关系的是专用油品的输送。

在输气管道系统中，根据所服务的行业（工业、发电、商业或居民用气）的不同，输送量视服务客户的数量和存储能力会随着时间或季节的变化而变化。

第二节　输气管道与液体输送

一、输气管道

（一）合同和服务

输气管道通过考虑合同要求（每天、每周、每月、每年输送以及最小、最大和平均日输送量）来平衡供应和需求量，同时以降低燃料需求最小化的方式实现。有些管道采用专家系统、SCADA 系统、泄漏监测和遥测系统来实现这个目标。

当输送天然气时，管道输送公司通常根据气体输送合同（稳定、可中断等合同）提供多种不同类型的输送服务，如固定服务成本等。但是，管道输送公司一般不拥有燃气，并且不通过协议方式参与购买或销售其输送的燃气。

天然气管道输送公司通常根据具体的气体输送合同提供相应的服务。一般而言，合同包括以体积表示的最高数量，根据最高数量提供约定服务。输送合同也可以包括其他与接收点、交货点、要输送的气体质量（不论是稳定的输送合同还是可中断的输送合同）以及协议期限等相关的条款。

管道输送公司的气体控制部门和计量部门通常负责系统中每个客户业务的日常管理。这两个部门至少每天监控和平衡一次每个客户的气体供应以及需求。同时，每月还为每个客户提供气体接收报告和交货报告以及总结每个客户的所有气体交易和销售的气体平衡报告。然后，对这些气体供应和交货量进行汇总，向每个客户开具费用总额账单。

（二）管道的运营

1. 系统控制和气体控制

如今，管道输送公司一般通过使用实时监控和数据采集系统 24h 监控管网的方式来控制气体输送设备的安全、可靠和高效运营（一般通过现代化的中央气体控制设备）。为此目的，他们采用气体控制装置，其主要功能是平衡气体在管道系统中的运行，以及维护系统的稳定性。

气体控制设备负责监控和远程控制压缩机站的运行。选择设备和调整压缩速度以满足管道要求的决策通常起到重要的作用。

在气体输送作业中，相对于其他控制目标而言，确保管道持续安全和可靠的运行的目标最重要。如果从安全或可靠性的角度来说，环境致使输送系统处于危险之中，管道公司通常会妥善调节接收量和交货量，从而将风险降至一个可接受的水平。

安全性和可靠性通常意味着确保员工和公众持续安全，维持设备本身的完好性，对所有客户都以审慎、负责的方式运行。

系统控制就是能够在各种限制条件下，满足以上目标。而且控制也是应对管道上发生的正常和非正常事件的一种能力。系统控制需要预见和处理正常和非正常状况，以满足上述目标。

之所以发生系统控制问题，是因为输气管道通常没有稳定的传输能力以及供应量持续发生变化。正常和非正常的情况包括以下内容。

(1) 供应量的损失。

(2) 输送量发生变化（降低或升高）。

(3) 压缩比降低至正常值以下。

(4) 计划内维护，如清管作业、新设备连接、移除管道、压缩、服务计量。

(5) 紧急情况，如输送管线断裂、破裂、泄漏。

(6) 与其他管道输送公司的协调。

管道运输公司通常会指定一个中央决策机构（以下简称中央气体控制机构）来处理非常复杂的气体输送系统的运作。中央气体控制机构还可以参与影响管道系统运作的其他作业任务，如决定采用人工作业还是非人工作业，决定时依据以下因素：环境、经济性、距离远近、管道系统和气体网络的复杂性、是否有合格的工作人员、安全、维护要求。

采用人工作业或非人工作业各有利弊。人工作业需要24h操作设备与设施。现场人员能够处理站场运行的各类问题。而非人工作业是指设备始终无人管理。非人工作业具有易于协调的优点，却需要更高程度的、可靠的设备和备用设备。无人作业要求具有控制能力，但作业人员、技术人员和其他支持人员仍需要处理非正常状况并做好维护工作。

2. 管道的控制

通过使用压缩机和控制阀来实现管道控制。压缩机通过增加能量来增加气体的压力，而控制阀则根据需要保持或降低管线的压力。

控制阀用来保持上游管道中一定的管存量，从而满足下游作业人员的具体要求，而压缩机可以克服正常的管道摩擦和压力损失。

输气管道系统一般由具有一定物理限制或规范限制以及最大工作极限的管道组成。压缩机的运行往往是气体管网中的限制因素，即压缩机排出压力被控制在不超出管道水压测试和许可范围或监管要求所确定的管道工作极限的一个压力值。

3. 压缩机的控制

在输气管道系统运行过程中，压缩机控制是一个多级系统，根据系统自动化程度可能涉及现场工作人员以及中央气体控制机构。一般而言，大多数管道设备都采用远程控制并且无人作业。在这种情况下，中央气体控制机构（通常是控制室）有能力启动或停止压缩机站或泵站的设备以及一类极限位置控制设备。中央气体控制机构可以使用的极限位置控制设备包括以下一种或多种：上游压力、下游压力、流量、功率。

压缩机站或泵站的所有极限值都是可变的，并且可以随着作业条件、设备完好状态、设备年限和管道状况的变化而变化。

输气管道还设有位于现场用来防止压缩机设备和压缩机站出现异常状况或超过限制值的其他系统和控制设备。在输气管道运行过程中，中央气体控制机构对设备性能有一定的预判，可以要求设备在低于最大值的工作点上运行，但本地系统不允许设备在超过制造商或其他现场设备规定的最大值的极限值情况下运行。

一旦中央气体控制机构失去联络或不能维持远程控制，设备通常会自动运行或自动进入本地控制。在后一种情况下，当中央气体控制机构观察到本地指示后，控制站的责任会转移到现场工作人员（一线工作人员）身上。

在站场处于本地控制情况下，站场的工作人员将尽最大可能努力满足中央气体控制机构的要求。在这种运行模式中，控制站作业员可以以类似于中央气体控制机构的方式启动或停止设备并调整控制设定点。但在通常情况下，所有其他站场和设备功能将保持处于自动状态，并继续保护站场、设备和工作人员的安全。

为了实现维护和故障检修的目的，输气管道公司允许将任何设备从自动控制方式切换到人工作业方式。在这一点上，一般由站场作业人员监控各种控制回路，必要时采取纠正性措施。作业人员可以使用的人工控制类型如下。

(1) 压力设定点。

(2) 设备速度。

(3) 排气温度。

(4) 设备循环阀。

即便具备人工控制能力，但还存在有预先设定的工作极限，根据需要关闭设备和站场。

4. 数据的采集

本地数据采集包括按照图表记录数据，作业人员将压力、温度等读数输入计算机文件或用硬盘拷贝。这种数据一般用于趋势监控以帮助作业人员确定改变设备的可用状态，然后将系统中所有类似设备上累积的数据用于对比研究，以确定主要维护要求和设备平均寿命。

本地收集的数据包括：(1) 系统压力和温度。(2) 设备转速。(3) 振动级。

此外，还要根据需要实施与火灾、气体检测和安全系统有关的安全监控。这种监控用来确定设备是否在可接受的限制范围内安全可靠地运行。如果设备或站场运行超出可接受的限制范围，则会响起报警，需要进行调查。如果未能对报警进行及时处理，一般会导致设备或站场停机。

5. 中央气体控制机构

输气管道公司的中央气体控制机构需实现以下 3 项职能。

(1) 气体控制：监控管道系统并远程控制所有压缩机运作，以及控制大量阀门。气体控制实施 24h 不间断作业。

(2) 气体供应：估计气体供应量或需求量，以便随时确定流入和流出管道系统的气量并每天宣布估计平衡值。

(3) 技术支持：通过输入管道设备运行所需的非自动化或遥测信息来支持运作，其中还包括处理影响气体控制和气体供应的管道停运的协调工作。制定日程表时应尽可能减少停运的影响，每次停运时通过排定尽可能多的设备变更，将停运规模降低到最小。

(三) 管道现场作业

1. 直接实施管道维护和现场作业的人员

(1) 实施日常维护职能的管道工。

(2) 防腐蚀技术人员，负责监控管道的阴极保护。

(3) 场地经纪人，负责管理管道所在地和设备现场的人员进出。

2. 其他可以调用的支持人员

(1) 材料专业人员和管道工程师。

(2) 土建技术工程师。

(3) 环保和安全工作人员，尤其是废物处理方面的人员。

3. 管道维护工作涉及以下领域中的常规工作

(1) 安装柱墩。

(2) 热分接。

(3) 泄漏维修，包括永久和临时两种类型。

(4) 人员进出和管道路由用地的维护。

(5) 一般管道维修。

(6) 事故响应。

有些输气管道公司拥有移动式压缩机，用于管道段拆除时保存气体。压缩机在干线阀组件处安装，气体从等待维修的部分移动至相邻部分，因此减少了气体的排放量。

(四) 泄漏检测

泄漏检测的目的可以总结为旨在发现并消除天然气从管道中逸出的一项工作。公共安全和环保问题促使管道输送公司必须有效地实现这些目标。

泄漏检测一般采取的方式是开发一项综合系统或程序。这在很大程度上是由于单一的方法无法检测所有类型和规模的管道泄漏，此外，查找和判断泄漏的能力也各不相同。采用的技术从直观检查管道设备和管道路由用地到动态建模和声波监控不一而足。

1. 线路断裂控制

在跨国境的输气管道系统中，根据级别和位置的不同，每隔 8 ~ 32km 就要在主线上安装截流阀。输气管道输送公司的惯例是设定截流阀的间隔，从而在检测到管线断裂时能自动关闭。有些系统还设有根据压力下降速度和压力过低来关断管路的控制设备。

低压开关用来将一定的管存量收集到系统中，将系统隔离，并保存一部分管存量。当多条管线 (平行管线) 开放交叉输送气体时，检测系统泄漏的能力会有所下降。如果发生一条线路断裂，可以用连接管输送一段时间，直至泄漏被发现。

在系统本身具有非常广泛压力体系的气体系统中，要区分启动或停止压缩所造成的瞬态水力剖面与新产生的泄漏之间的差异是比较困难的。但是，材料平衡技术可以提醒中央气体控制机构在最近一段时间接收量与交货量不符。泄漏量越小，通过这种技术发现泄漏所用的时间就越长，而且可以检测的泄漏规模也有实际限制。这些限制包括接收点和交货点的计量准确度、干线中的管存量计算以及干线流量计算。瞬态计算机建模以及有效的作业对泄漏检测系统有所帮助，但这些方法尚未得到证实。

2. 现场泄漏检测

行业惯例是每隔 3 年对所有的气体管道实施泄漏检测调查，包括用可以检测少量气体逸出的气体探测器或传感器沿管道线路检测。有时气体可能并不是来自管道，而是来自自然资源，如煤层、沼泽地区或附近的垃圾站。每次检测出气体后，通常会开挖管道以确定泄漏源头。非常少量的泄漏通过裂缝或焊接点的小孔、腐蚀孔或设备（如排气阀）上的渗漏配件逸出。通常的做法是在设备投入使用一年后沿着新管道进行检测。

检测时需要用到特殊的设备。在沼泽地、泥岩沼泽或湿地区域中，通过在车辆上安装必要的装置以帮助沿着管道路由采集空气样本。

一般情况下，每年检查一次穿越河流的管路，以确定斜坡和河岸处管道的安全性。需要引起管道巡线员注意的一些泄漏迹象包括：

(1) 植物死亡或正在死亡。

(2) 湿地区城内管线上出现气泡。

(3) 异味。

(4) 苍蝇。

(5) 地面冻结。

(6) 不正常的声音（如发出“嗞嗞”声）。

航测也有助于检测管道路由上的泄漏。为此目的，可以每个月驾驶固定翼飞机或直升机飞过管线进行检查。从空中可以检查靠近管道路由的周围区域是否有可能影响管道运行的侵入或第三方活动。从空中还可以侦查到土建工程活动，随后再由地面人员进行检查。

管道设备附近的公众也可以充当检查员。如果出现不熟悉的声音、气味或事物，公众通常会拨打每个路口和管道设备上张贴的紧急电话。通常通过积极的管道宣传来达到这一目的。

3. 输气管道系统的维护

有些输气管道工程涉及的范围非常广泛并且有许多相互关联的组成部分，这些组成部分对于安全输送气体至关重要。这些组成部分需要定期维护以保持其可靠性。为了满足维护系统所有组成部分的需要，必须在维修元件之前制订协调性良好的维护计划。为此，管道输送公司需要设立一个中央工作组作为协调预定作业和从停机检修中获取最大利益的桥梁。比如，当拆除一条管线安装支管时，就是检查或维修压缩机站场阀门的最佳时机，因为压缩机在接分支管过程中需要停机。

根据输气管道系统的复杂性不同，可以让具备不同经验背景的一个或多个工作队参与实施，如气体控制、现场维修、维护方案、设计和材料工程、操作、技术服务、设备工程、完好性。

(1) 管道维护方案：由维护方案工作组制定作业日程安排，在工作开始之前，作业部门要预先审核。这样做可以让作业部门了解计划内维修任务。维护方案涉及以

下活动:

① 管道维护计算机化程序。

② 工作报告。

③ 安全报告。

④ 工作记录。

⑤ 备品备件的调动。

⑥ 数据采集。

⑦ 性能测试。

⑧ 联机检测数据。

(2) 站场维护作业:站场维护作业包括与压缩机站、计量站和城市供气计量站的维护有关的作业,涉及以下工作人员和作业:

① 站场作业员。

② 控制和计量技术人员。

③ 自动化和电气技术人员。

④ 机械技术人员,包括注入流体、添味和测试。

⑤ 服务公告。

⑥ 改造。

⑦ 安全。

(3) 管道维护作业:一般管道路由维护作业包括:

① 管道涂层的维护。

② 沉降或腐蚀和动土问题的处理。

③ 湿地缓解、雨水和洪水后的修理与管理。

④ 植被恢复。

⑤ 建筑物维护。

⑥ 其他作业包括景观美化、清除飞扬的粉尘、危害性材料的管理、一般管道路由的进出和安全、其他。

(4) 管道维护包括外部维护和内部维护。内部维护包括:

① 清管球清管作业;② 电子清管作业;③ 清管器;④ 内部防腐计划;⑤ 化学清洗;外部维护包括:① 阀门和其他外部连接设备的维护:② 泄漏维修;③ 支管连接;④腐蚀检查和维修。

(5) 管道维护包括的作业程序有:

① 挖掘。

② 放空。

③ 过滤器作业。

④ 吹扫。

⑤ 平压。

⑥ 阀门维修。

⑦ 管道穿越。

⑧ 热切割。

⑨ 热分接。

二、液体输送

(一) 液体管道的类型

液体管道用来输送单一的油品，如原油、精炼油品、高蒸汽压力液体、沥青、冷凝物或以批量形式输送多种油品。其他液体管道有浆液或混合油品管道，该管道实际上是单一油品管道，用来通过液体载体（如水、一氧化碳、空气等）输送更重的液体或固体。

通过批量形式输送液体可以实现在同一管道中输送多种油品。液体以批量形式进行顺序输送，通过单一管道输送许多种油品，通常这项工作由精炼厂和液体管道公司来实施。这种输送形式包括批量输送低蒸汽压力和高蒸汽压力的液体。

以顺序输送形式运行的液体管道已经被液体管道输送公司接受，并在日常作业时实施。Koenig、Yarboroug、AOPL 和 Trench 等人对此作了详细阐述。

早期是将液体注入管道中，然后使用分隔器（通常是球体），接着注入另一种油品或液体，来实现分批输送。如今更常见的是不使用分隔器来实现分批输送多种油品，而是将不同的油品批次通过系统推进，相互邻接。

液体输送管道公司可以将多种液体石油产品输送给多个客户。

在顺序输送油品的管道中，增加油品类型和交货地点会使管道系统的控制更加复杂。因此，分配系统的油品时序安排会变得更加复杂。

(二) 分批

油品安全、高效、低成本地交付给客户是液体管道作业的主要目的。为了确保作业效率和安全性，管道输送作业通常需要通过识别高程变化、泵送和流量控制来实现管道液压系统稳定、持续的流量状况。在分批输送管道中，这种识别还要考虑不同批次的特征，包括不同油品的体积以及如何调整设备运作以满足每种油品不同特征的要求。

批次的分界面是两个批次在管道内相接的部位，这个部位会产生一些混合油品。不同密度和黏度的批次油品通过管道中的批次分界面时流速会发生明显的变化。油品的密度和黏度对管道输送作业有重大的影响。密度会影响压力差，并由于高程水头原因而影响压力。黏度是管道作业中摩擦损失的主要原因。作业员必须意识到，批次变化在批次的分界面通过泵站时尤其重要。

以下术语适用于顺序输送：

批次是追踪油品运动的方式。一个批次始终以一个持续油品流而开始，可以分开、部分输送或存储在多个油品库中，最后输送至指定目的地。

批次还方便会计核算和输送。一个单批必须在发货人、油品、来源、“输送形式”和可估价方面具有特殊性。

可互换批次，是指符合承运商确定的规格的一批油品，可以与符合相同规格的其他油品。

可互换油品的规格根据行业标准、各地方要求以及管道运营商处理各种油品的能力制定。可互换油品通常为承运人提供了安排提货和交货时间的很大灵活度。

分离批次，是指满足承运人确定的一批规范的油品，该油品不能与其他油品混合输送。因为产品特性与可互换规格不同，所以可以将一个批次分开。

1. 批次排序

液体管道运营商通过管道按顺序输送各种液体油品或不同品位的相同油品，每种油品或批次不同于之前或之后的油品或批次。将一种精炼油品或原油注入管道后就开始前行，随后注入后续的油品并输送。一个批次就是在注入第二种油品之前要输送的一种油品的数量。批次可以是互换的，这种情况下不同发货人的相同油品可以作为一个批次同时输送或通过“批次车”整体输送。

由于分批输送，在各批次之间会出现分界面。这个分界面就是在相邻的不同规格的油品批次之间的正常管道输送期间出现的油品混合物，又称为“废油”或“混油”。影响批次顺序的因素包括：

(1) 与相邻批次的相容性。

(2) 分批循环要求。

(3) 缓冲要求。

(4) 混油或污染程度。

(5) 容量和动力可用度以及时序安排和运行要求。

(6) 可估价性。

2. 分批循环

分批循环是类似商品的批次的一种固定模式，这种固定模式考虑以下因素：

（1）批次的分界面污染物。

（2）批次的注入和输送模式。

（3）重复使用，产生分批顺序。

不相容的分批循环经过缓冲后将污染物降到最低。

一个循环是指一段限定的时间（一般短期1～10d，长期10～45d），在这段时期内通常以特定的顺序和特定的批量规模输送规定的一组油品。循环在一个月内重复发生。

分批长列确定了在管道中单一品质油品的连续流。列可以包含多批，前提是各批次都含有相同的油品。列是作业运动的工具，完全是为了方便计划员的工作而定义的称谓。一批或多批，甚至是一个或多个部分批始终都包含在一列中。

3. 批量的大小

最小批量规模可以通过一种油品中可允许的另一种可造成污染的油品来确定。大多数管道输送公司或发货人都允许油品的规格和质量存在一定程度的降级。然而，这种降级程度取决于法律要求，而非实际必要性。从法律的角度来说，一种油品（如无铅汽油）输送到市场中所含的污染物的成分不得超过政府的规定。批量油品管道中的污染物级别与进入管道的油品批量或部分油品的规模和类型有关。

各公司之间允许的污染物程度不同，而且取决于最终油品的规格和精炼厂油品的质量。

估计分界面污染长度和体积的方法在其他文献中有详细说明。但是，当计算批分界面时，必须意识到以下几点：

（1）对于输送高可压缩性及重油批次的管道以及通过崎岖地势的管道而言，计算结果的准确度较低。

（2）由于压力和温度腐蚀的复杂性，计算机系统需要实施这一任务，但计算机系统的准确性根据仪器的准确性和计算机系统的复杂性的不同而不同。

4. 缓冲物

缓冲物是指按照物理性质分离不同种类的油品以尽量减少油品的污染。一些液体管道输送公司采用合成原油（一种半精炼的、清洁的原油油品）作为丙烷气和精炼油品之间的缓冲物。使用缓冲物能够确保较轻的油品不会进入较重的油品，这种缓冲物影响蒸汽压力，从而影响每种油品的闪点。

使用缓冲物是通过将缓冲物输送到单一的设备（分界面、“废油”或“混油”罐）中，或者在输送时与受污染的批次混合。

5. 分批行程的时间

一批油品行程时间的长短取决于多种因素，如油品流速、之前和随后批次的数量和类型、各批次之间的可压缩性差异、管道高度等。然而，知道了流速后，可以粗略估计油品从注入点到交货点的行程时间。Mohitpour 等人给出了分批行程时间的详细计算方法。

液体管道长途输送公司通常建立一个输送路线表或图来表明一批油品从系统中的一个终端输送到另一个地点所需要的大致时间。

如果一个批次的输送时间较长，并且在本月注入油品而要到下月才能油品输送到位时，使用这种图或表最有用。发货人采用输送路线表或图来计算一个批次的输送时间，而承运人必须提供新的、每月的日程表。

对于管道输送各种油品而言，输送或中途站物流的季节性变化或其他重大变化会造成输送中断。输送公司要将每种油品按顺序交付到每个终点站。掌握一个批次的行程表以及输送终点站的限制有助于妥善安排输送时间，还可以将一部分输送油品分流至可以利用的终点站并将剩余油品输送至更远的交货地点。

6. 批分界面的标记和位置

有些管道输送公司采用荧光染料来标记精炼油品的批次分界面，用荧光计来探测批次分界面是否到达。还有些公司则采用光学分界面探测器。

在采用荧光染料探测分界面时，要将一剂染料注入精炼油品之间的分界面中。比如，两剂染料注入最先的原油缓冲物和最后的精炼油品批次中，一剂染料注入在精炼油品和缓冲物的分界面上，另一剂染料注入在分界面的上游，这样可以预先通知随后的精炼油品或缓冲物批次的到达。这种标记的优缺点如下：

(1) 优点

① 一条管道可输送不同油品。

② 基建费用和运行费用低。

(2) 劣势

① 染料注入的设计和作业比较复杂。

② 可能含有污染物并使油品降级。

③ 低质量油品影响高质量油品。

采用光学分界面探测器时，油品的变化是通过校准和计量光学分界面探测器输出的油品密度函数来确定的。通过这种方法，可以轻易并准确地探测出分界面。

(3) 计算批次分界面位置需要以下信息：

① 管道系统的配置。

② 当前存储水平。

③ 注入、接收和交付的体积。

④ 批次的顺序。

7. 批次的注入、输送和交付

液体批次通过以下方式注入管道并输送、交付至终端或精炼厂：

(1) 全流注入。

(2) 侧流注入。

(3) 连续注入和输送。

在全流注入中，主线的一个固定部分完全被液体充满，取代当前的填充物。

当批次的顺序确定后，就开始安排向管道注入液体，从第一次注入管道系统一直到最后一个批次流出管道系统，通常提供中间卸油设备来安排输送和注入的始末时间。这时，需要考虑妥善管理存储设备。

在侧流注入中，注入主管道中的液体与已经在管道流动的同种液体共用一条管道。侧流注入作业在以下情况下使用：

① 注入供应点或终端下游的允许流速大于终端上游的允许流速。

② 供应终端的最大注入流速低于所要求的管道流速。

通过这种方式，实现的批次注入可以对整体管道流速产生最小的影响。如果有流速或压力限制，那么上游流速可以降低，从而允许侧流注入。

侧流输送作业可以通过增加流量或容量来提高管道输送的效率，因此在终端上游的允许流速大于终端下游的流速并且终端或交付地点的输送速率较低时具有优势。

采用连续注入输送时，一种液体在另一种液体被泵出并进入终端的同时被注入主管道中。在形成油品分批循环时，这种方法通过优化槽罐或存储设备使用率的方式，优化并增加管道吞吐量。

8. 批次报告

批次报告的目的如下：

(1) 控制中心作业员利用批次报告来协助管道的作业。

(2) 管道计划员用批次报告来安排并协调管道中的批次输送。

(3) 作为管道输送能力或完好性的一项指标。

(三) 管道作业和管道控制

“无泄漏和无错误是所有管道运营商在满足发货人或客户的期望时的目标。”

控制和监测液体管道最为重要，尤其是在涉及多种油品和众多发货人的情况下。从管道输送公司的角度来说，控制的目标主要有 3 个方面：作业的安全性、作业的效率以及从会计核算和历史记录中收集数据。

在液体输送管道中，管存量从输送控制的角度来说，一般不属于考虑因素。然而，决定作业管理成败的是管线存量和各种油品交货时的质量。

顺序输送管道中的管道控制涉及安排时序，从而将不同发货人确定的原油、油品和液化天然气的数量从指定的注入点输送到指定的交货点，同时保持油品的质量和数量。

分批信息对于时序安排至关重要，因为它能影响管道作业。分批信息为实现以下目的提供了方法：确定日程表的准确性、确定安排新作业时间的基准线或起始点、管道系统的运行要求。

1. 液体管道输送作业的两个主要组成部分

(1) 提案 (供应控制、管道供应的时序安排)。

(2) 系统作业 (作业安排、管道控制和会计核算)。

输送多种油品的管道网络的高级调度周期过程需要以复查已提供的数据和管道计划员的建议来提出周期计划、批次计划和系统调度表的方案。然后，将这种调度信息分发给发货人、终端、计划员、第三方和管道控制方，使每个人关注符合日程表的油品输送的最新状况。通常，计划员通过这种方法提前 45 ~ 60d 作出安排，并根据需要修改日程表。

2. 提案

发货人提案包括接收和处理所有发货通知 (一般情况下包括商品或油品的数量和类型)、实施所有起始线路的平衡计算和确定系统是否具有输送所有油品的能力。

(1) 一般而言，如果系统有足够的输送能力，管道输送公司就开始油品输送的调度过程，否则将采取以下措施：

① 验证支线管道的输送能力。

② 计算分配量，以确定各条线路分配的百分比。

③ 按发货人的许可和线路的最大可允许输送量通知每位收货人。

④ 从发货人那里获得调整或分配的输送量，即修订后的发货通知。

⑤ 开始调度周期。

按比例性，是指根据发货人、商品类型、输送量和目的地，由管道公司实施的批次的平均分配。其目的是帮助确保所有发货人都可以平等地使用管道。

(2) 容量计算：按以下几种因素确定管道的调度方式：

① 设计容量。

② 可承受容量。

③ 工作容量。

④ 预期容量。

按比例分配、容量匹配或分摊油品：如果提案的数量超出了管道的可利用容量，行业惯例是以按比例分配规则或分摊来确定各个管道的最大总提案量。

其目的是确定管道可能存在的潜在瓶颈的部分。需要计算净泵送要求量，每月每天必须泵送至管道的各部分以满足油品输送要求的商品总量。通常情况下，要计算各种产品的总输送量以确定管道容量要求和可利用的能力。

同时，管道计划员根据油品和所处位置确定每名发货人的最小储量水平和最大储量水平。必须利用这两种水平来确保所有发货人都分担维持储罐底部的工作容积的责任（根据每名发货人占该油品的总提案输送份额）。同时，每名发货人应能根据其提案的份额来利用存储容量。

3. 系统作业和控制

系统作业和控制涉及作业安排、管道控制（油品接收、泵、储罐和存储作业、油品交付）和原油与油品输送会计核算。

制定作业日程表：根据分批次输送油品网络的复杂性，安排管道作业日程通常涉及以下几个方面：

（1）用来制定日程表的信息的变化性，如前期的管道作业。

（2）位于所有中继、卸油和交付存储地点的储罐、存储设备的可用性。

（3）复查 1 ~ 10d 日程表，并调整所有日常工作。

（4）复查和考虑维护与建设相关的作业。

（5）复查发货人的变更请求。

（6）与管道控制和交付终端作业部门沟通。

（7）修订和更新输送顺序（如有必要）。

（8）制定每天的输送顺序。

第三节　管道路由和现场维护

一、管道路由定义

狭长地带，一般 10 ~ 50m 宽，包含管道和常见的附属设备（如管道截断阀），被称为管道路由。管道路由的特点：（1）工作人员可以对其实施检查、维护、测试或应急处理作业。（2）为经常性的航测保持视野不受阻碍。（3）确定某些受限制活动的领域，以便对土地所有者和管道通过的社区及管道本身加以保护。

典型的永久性管道路由可以设定在 17 ~ 30m，最小工作带为 16.8m。可以看到，管道路由宽度可以根据地形和某些状况适当减少，如邻近公路、环境敏感性地区或高价值区域等。在这种情况下，通常需要获得土地的临时宽度作为通道或设备的额外的工作空间。

二、维护管道路由意义

维护管道路由的完好性是管道输送设备长期作业和维护的关键。管道路由的作业和维护程序以及不断对管道路由进行检查和维护是基本工序，其重点是保护管道的完好性环境，以及管道附近群众生活和工作的安全。管道路由维护工序有助于确保管道持续、安全、有效地运行并确保向管道客户稳定、充足地供应产品。

三、环境保护

环境保护是指对管道路由以及地面设备的检查和监测，一般而言，该项工作应该作为常规巡逻和设备维护工作的一部分。

对于新建成的场区（包括因增添新设备而增加的场地，如新环路），应进行环境保护。此外，为了符合环保规定，还需进行环境监测。

（一）目的

环境检查、监测和后续措施的目的如下：

(1) 确保符合国家或地方的法规要求和所有监管要求，包括审批和许可。

(2) 确保符合国家或地方批准的环境计划、程序、规划图和标准的要求。

(3) 如果是新建设施或场地扩建，应确保土地在完成建设后不久立即恢复原始状态。

(4) 确定影响管道输送作业的环境问题以及对管道邻近土地的影响。

(5) 衡量实际的重大环境影响，如斜坡移动、沉降、隆起等，以确定对设计管道和作业管道的影响。

在建设新设施或设施扩建的过程中，需要实施环境检查以确保符合环保审批和环保承诺，符合为项目提供环保问题专家的意见和指导建议，并确保不可预知的环境问题，以对环境负责符合的方式得到解决。这些责任包括执行环保方针政策、其他承诺和附加的针对作业现场或项目的标准。环境检查员还应在建设期间监测施工对环境的影响，以确定预期应采取的缓解措施。

（二）施工后的环境监测

在完成设施建设后，实施环境监测以遵守政府监管的要求，评估在建设过程中受到影响的地区的恢复情况。评估在环境竣工报告中确定的问题的现状以及发现已经出现的新的环境问题等。施工后的环境监测一般主要针对以下方面：

(1) 回收。

(2) 植被恢复。

(3) 排水系统侵蚀控制。

(4) 管道路由和斜坡的稳定性。

(5) 小河流穿越。

(6) 野生动植物影响评估。

(7) 对遗产资源的影响。

(8) 对环境敏感性地区，如供水水库的影响。

(三) 标志和标记

管道和设备应按照原始设计的要求尽可能准确地靠近其所在地的标记，以减少因为第三方的活动造成的损害或干扰。这些标记还有助于勘察和巡逻。为了维护管道路由，管道输送公司一般都用以下方式标记管道路由和现场边界：

(1) 标示杆、标示柱、围栏。

(2) 管道警告标示。

(3) 航测标示。

(4) 设备的方向标示。

(5) 设备标牌。

杆示杆显示了管道的所在位置，帮助确定管道的位置。通常，其设计图案从很远处就可以清楚地看到，一般都安装在围栏线、公路、铁路以及过河航道的两侧。根据需要，沿着管道路由以不同的间隔距离设置标示杆和标示柱，以降低损坏或干扰的可能性。

对于埋入地下的管道不需要设立管道警告标示，即离岸或跨越河流、水道和其他水体下。如果是气体管道，处于Ⅲ类或Ⅳ类位置，设标示牌不可行。

行业的惯例是，在每个交叉处设置路标或标牌，管道穿越的两侧分别设置一个路标。管道警告标牌和标杆用来告知人们，埋在地下的是高压气体或液体管道。这些标牌安放在危险区域或对管道安全和运作以及附近群众造成威胁的其他活动区城。对于包有外壳的管道穿越部分，如果外壳是通风的，一般将标志挂在通风口处，而不是设置标示牌。如果跨越水道的两侧都没有阀站，则应该设置管道警告标牌。

一般由监管机构规定标志上可以提供的最低限度的信息，但是管道标志至少应具有以下特点：

① 用语必须容易辨认和阅读，背景颜色应该鲜明。

② “警告”“敬告”“危险” 等词后面跟上 “油气管道”，除了在非常发达的城市地区，所有这些词语必须至少 25.4mm（1in）高，采用 6.35mm（0.25in）粗的笔书写。

③ 公司名称和24h联系电话号码。

大多数管道输送公司还采用航测标示，供执行空中巡逻的人员使用。这些航测标示包括距离标志、电线警告标志和飞机场警告标志。在主要管线和足够长（一般20km以上）的起飞支线上大约每隔10km设置一个距离标示。这些标志可以帮助工作人员在空中巡逻过程中确定管道上的问题区域。另外，两个航空标志——电线警告标志和飞机场警告标志用来提醒空中巡逻人员注意前方可能存在的危险。

在交叉口或干道上安装方向标示牌，以帮助维护人员找到目标设备。

设备标示明示管道系统的场地名称、安全危害和阀门以及地床位置（阴极保护的电气设备）。

所有路标都涂有油漆，在必要时予以更换，包括测试线标志、标示牌和方向标志。

（四）管道路由维护要求

管道路由维护中主要考虑以下3个方面的问题：

(1) 植被管理。

(2) 侵蚀和土壤稳定性（沉降和隆起等）。

(3) 土地所有者的利益。

在可能的情况下，管道输送公司更希望只让草在通过荒地的管道路由上生长，以便控制野草和灌木丛的生长。对管道路由上的树木和植被生长进行控制，以保证实施维护和应急作业时能方便地靠近管道。这一点非常重要，因为植被过度生长会对管道的构造完好性造成威胁或危害，尤其是在沟渠管线上。

发生河水泛滥时，一般会导致管道侵蚀。位于山区的管道路由，对其是否存在退化和侵蚀的迹象应进行重点评估。必要时，要将明显的凹陷（如渗坑）填平，修复山体滑坡，管道路由也要补种植物以恢复植被。

侵蚀会损害管道的完好性。对高侵蚀的区域一般应经常进行检查，以确保管道保护装置没有受损或裸露。对侵蚀和金属框结构的损坏应引起注意，以保护管道的完好性。被侵蚀的区域需要进行修复。

在实施管道路由维护时，必须始终与土地所有者取得联系，获得许可后方可进入管道路由区域。

（五）场地维护要求

设备场站（如计量站或阀站）一般都有坡度，大多数情况下都铺有砾石，而且大多数设备周围都安装有金属防护网。这种场地上的维护工作包括重新定坡度、补充砾石和野草的培植。这些场地一般都要保持整洁，否则土地所有者会对管道运营商和监管机构提出申诉。

在设备场站，地上管道表面全部涂了漆。管道一般为白色，法兰和阀门会根据管道公司的要求涂为红色或其他颜色。通常，建筑物按照《职业健康和安全标准》和所有者的附加颜色规范标准来涂色。阀门一般都做标记。

场站的维护包括除草和铲除灌木丛、树木等，有些进出的通道如果在冬季需要经常进出，也要将积雪铲净。地上设备、管道和建筑物都要在平面图上进行标定。在积雪较严重的区域，为了方便冬季维护站场设备，在进出通道的边界处应设立冬季标志牌，以防止在扫除积雪时意外损坏管道和设备。

进出通道：大多数管道输送公司的管道路由一般都可以穿过邻近的检查通道、国有公路、多条柏油碎石路和砾石交叉口。应定期检查通道是否畅通，以确保维护、检查和应急处理时能方便地进出。同时，必须尽可能阻止第三方使用通道。沿着检查通道行进时，路况一定要便利，尤其是沿着陡坡行进时要确保安全，因为如果发生管道侵蚀会造成车辆无法接近。在这些路段，维护工作包括确定坡度，以确保检查车辆安全进出，尤其是在海拔较高的区域和陡坡上。

第四节　清管作业

一、清管器的类型

以下类型的清管器可以用于管道内部清洗。使用清管器来清洁管道、分离物质和去除管道中的水，包括：

(1) 清管器：用于去除长期积聚在管壁的固体和碎屑。用于这种目的的典型清管器是泡沫清管器。

(2) 密封清管器：用于实施流体静力学实验、去水和去除冷凝物。此类清管器包括清管球、实体浇铸清管器和心轴清管器。

(3) 在线检查清管器：主要用于确定金属损失和侵蚀，提供管道几何特征、温度、照相检查、裂纹、泄漏检测和绘图。

使用过程中，这些清管器可以：

① 通过全球定位系统或简单的传感器确定所在位置。

② 利用超声波和专用计算机软件实施功能。

二、清管作业

使用清管器进行管道内部检查和清洁对现场工作人员而言是一项危险的工作。

在清管作业过程中，工作人员面临着高压力下有毒物质和可燃物质的危险。为了尽量降低风险，要求只有接受过专业培训的工作人员才能操作清管设备，不直接参与清管作业的人员不允许进入作业区。

清洗管道时应避免对环境造成负面影响。管道输送公司要确保接收器收到的污染物（如液体碳氢化合物、杂质、粉末、污垢等）能得到安全的处理，同时还要符合相关的健康、安全和环境的程序和法规。

对于气体管线，如果要实施放空，通常要在作业之前通知周围的所有住户。

(一) 天然气管道清管作业的危险

天然气管道清管作业具有一定的危险性，尤其是在清管接收器连接到加压管道时。具体包括以下危险：

(1) 天然气或有害气体。

(2) 带压管道。

(3) 电动阀和设备。

(4) 有毒物质或液体。

(5) 可能发生泄漏。

(6) 在带压接收器中放入清管器时可能造成阀门损坏。

在清管作业中观察和采取预防措施也至关重要。清管作业程序中必须包括这些预防措施。

(二) 清管作业的前提条件

清管作业的前提条件包括：

(1) 获得工作许可证并验证其有效性。

(2) 完善的通信措施要到位，妥善通知公众。

(3) 工作人员要清楚地意识到安全要求。

(4) 安全和应急设备。

(5) 指定专门负责火警的人员。

(6) 检查清管站的安全并报告出现的损坏。

(7) 清管接收器站外风向的下游禁止停车。

(8) 点火火源要远离接收器站和工作区。

(9) 接收器站周围要张贴公众警告和“禁止吸烟”的警示牌。

(三) 需要考虑的安全问题

需要进一步考虑的安全问题包括：

(1) 所有电子和电池驱动设备应从本质上确保安全。

(2) 对所有法兰和配件、放空口和排泄阀、截流阀、清管信号装置等实施气体泄漏测试。

(3) 人员工作位置要安全。工作人员在操作接收器盲板时，只能站在与接收器门铰链相对的一侧。

(4) 工作人员作业时既不能站在接收器门开关半径的内侧，也不能站在与接收器正面处于一条直线的位置。

(5) 在接收器门突然打开或通风之前，要提醒工作现场的所有工作人员。

(6) 确认所有需要作业的阀门。

(7) 确保接收和发送器之间的所有干线阀门在发送清管器之前全部打开。

(8) 确保所有传动装置全部关闭或断开。

第五节 管道维修与更换管道段

一、管道维修

(一) 在用管道表面的再涂层

如果在用管道涂层经评估和多次分析阴极保护数据后认定为处于不良状态，这时就需要对其表面进行再涂层。这种评估包括挖掘管道段以确定管道涂层是否退化。

先决条件：如果在进行再涂层时，腐蚀范围较广，并且达不到管道完好性规范的要求，那么被腐蚀的管道必须用套管，或是先将腐蚀段切开，再用经测试合格的管道更换受腐蚀的管道等方法来修理。如果管道机械状态良好，或腐蚀管道段之前被更换过或安装过套管，那么管道的再涂层可以在管道带压情况下实施。然而，一般情况下，行业惯例是在修复涂层时将管道压力降低到管道工作压力的80%。这种减压只在挖掘过程中和实施再涂层工作时实施，前提是：

(1) 实施之前工作现场所有应急响应设备到位，并采取了健康和安全的预防措施。

(2) 确定沟槽中管道的最大安全裸露长度，根据经验压力、温度和环境影响，该长度约为18.29m (典型工作状况下为18 ~ 20m)。

(3) 针对埋入地下的管道段。

(4) 采用适当方式去除旧的涂层。比如，在涂有煤焦油瓷釉涂层的管道中，旧的煤焦油可以通过轻轻敲击涂层的方式即可去除，因为煤焦油时间长了会硬化。

(5) 当去除涂层时，应检查管道表面是否有腐蚀的迹象。必须对腐蚀斑点或腐蚀部位进行检查（深度和长度），依据表面瑕疵等确定故障工作压力（破裂压力）。确定了这个压力值后，必须将管道压力进一步降至该压力的80%，或最高工作压力的80%（取数值小者），用于对管道表面进行喷砂除锈处理。

(6) 如果通过靠近目测检查管道表面发现管道外形适度，那么可以在裸露表面进行喷砂，但要注意控制，不要让沙砾磨掉的管道表面材料过多。

(7) 然后进行涂层，回填沟槽，但要确保不要将尖利的石块或物体填入沟槽。

(二) 带压管道上热分接和焊接

通常正在输送液体的带压管道需要分接支管，如管道支线、安装新阀门等。

切开管道并分接这种支管，同时不影响管道在压力和流动状况下输送的过程叫作热分接。

将支管连接到带压管道上的焊接工作叫作热分接焊接。

一般情况下，热分接必须采用开口机，同时要按照制造商的程序和规定作业来完成。实施热分接的步骤包括：

(1) 准备：

① 排液阀。

② 短管配件和多头攻丝机。

(2) 安装多头攻丝机。

(3) 进行分接。

(4) 分接完成。

(5) 线路加压。

一般来说，首先将管道阀门安装到短管上。阀门必须对齐，孔上没有污垢和堵塞物，仔细检查确保开关自如。对焊接进行X光（非破坏性测试）检查。

二、更换管道段

管道系统需要维护和升级，以保持其工作效率。通常，因为压力等级变化、管道重新安置和腐蚀缺陷等升级要求或者翻新改进设备（如管道截断阀）的要求，需要切割和更换管道段。如果实施这种更换或维修，需要遵循一系列程序，确保安全有效地实施作业，同时尽量降低给环境和人员带来的影响。

(一) 气体管道的程序

一般而言，类似的程序也可以用于气体管道和碳氢化合物液体管道。但是，根据维修时管道输送油品的不同，在必须使用不同液体和气体输送技术将液体从管道中清除时也存在差异。

1. 准备

虽然以下介绍的是更换高压气体管道的程序，但该程序总体上也可以用于各种碳氢化合物输送管道。

为了确保人员和设备的安全，只能由经验丰富的人员指导作业，如放空、去除液体、排出、清洗和加压。

为了确保安全和顺利的工作环境，需要满足以下要求：

(1) 管道中滞留的液体通过适当的清管作业已经被清除。

(2) 所有阀门都正常工作。

(3) 干线中的排出阀可能堵塞阀体（阀体泄放孔）。

(4) 所有相关的管道阀组件和外罩都可以打开。

(5) 阀门所在位置附近没有点火源（如火炬、明火、电线等）。

(6) 每个工作现场都有良好的通信设备。

(7) 确定推出器的气体供应压力（空气推动装置，用于维修后清除管道中的空气）。

(8) 推出器有天然气连接，如果没有，现场要有空气压缩机。

(9) 告知附近居民管道运行的日期和时间，允许进入私有土地并撤离或保护附近牲畜或设备。

(10) 举行作业准备会议，确保工作职责分配明确。

(11) 设有安全协调员。

(12) 备有工具和安全设备。

2. 管道段放空

在放空过程中，持续监测放空阀周围的区域是否存在潜在危害。放空包括以下几方面：

(1) 根据需要通知监管机构。

(2) 获得放空的许可。

(3) 建立通信。

(4) 确立安全检查。

(5) 关闭适当的截断阀。

(6) 隔离适当的管道段。

(7) 关闭管道断裂的控制装置（低压关闭和紧急关闭）。

(8) 放空截断阀的阀体。

(9) 在所有控制装置上加贴“禁止作业”的警告标志。

(10) 记录所有时间、压力和阀门位置，以备以后参考。

(11) 放空阀组件顶部降压，取下放空罩。

在完成管道段隔离后，就可以进行放空作业了。打开放空组件阀门，降低管道压力。

当阀门全部打开后，将其固定或锁定在这个位置。如果在放空作业中出现液体，需要估算液体量，利用其他设备来装此液体，然后再进行放空作业。

3. 切割管件

常规做法是在管道上的修理部位钻一个6mm（1/4in）的小孔，使管道内没有压力。把要切割的部位从一侧用接合线捆绑到另一侧。将这根线通上电使两个部分结合起来，以防止两个部分分开时发出火花。行业惯例是使用管道切割机切割管道，通常是手签（使用金属刀刃而非火焰切割的一种管道切割机）。分开两个部分，让空气进入两端。这时，可以用推出器将管道中的气体吹出。

另外，也可以用切割炬切割管件。作业时，通常需要维持管道中的较小正压力，确保没有空气进入，在切割位置的管壁上钻一个小孔，点燃逸出气体的气流，切割管件顶部的试样。用泥土装填切割部分，这样可以控制火焰。完成切割后，立即熄灭火焰。气体压力必须降低到零，并开始排出气体。

4. 排出气体

将推出器固定在放空组件外罩的顶部。预先打开放空组件阀门后，低压气体或压缩气体上升并离开推出器，在底部产生真空，拉动管道中的气体，将空气推入两个开口端。最终，足够的空气被吸入管道中，排出管道中的所有气体，为焊接创造了安全的环境。

使用气体探测器确保管道的天然气含量低于天然气爆炸范围的4%。行业的通常做法是等待，直到天然气完全排空，然后才开始焊接。

排气在整个焊接过程以及非破坏性测试焊接的过程中都不应间断。

（二）液体管道的工作程序

如前文所述，与天然气管道工作程序类似的程序也可以用于所有碳氢化合物液体管道。以下介绍碳氢化合物液体管道排空、更换、重新灌注和重新运行的程序。

1. 排空

在计划内应急维修过程中，切割和更换管道之前必须将管道排空。

行业通常做法是在需要排空之前关闭管道，除非装有旁通管（采用塞子和旁通管）。计算排空体积应考虑以下因素：

（1）确定排空点的两侧距离关闭阀、塞子和被排空的管道段中最高点的距离。

（2）在高程变化中出现下倾时的距离与上一步骤的距离相减。

（3）计算上两步中确定的适当管径和净长度的管线内填充量。

2. 安装蒸汽塞

蒸汽塞一般用于在清洗管道端前密封蒸汽，为更换管道段和焊接管道做准备。塞子的类型如下：

（1）泥孔塞。

（2）机械塞。

（3）冷冻塞。

（4）气球塞或充气塞。

3. 塞子的使用程序

塞子的使用程序总结如下：

（1）维护，包括检查密封元件、橡胶的状况、液压系统和泄漏、密封元件膨胀和缩小。

（2）安装通风孔，安装后排空塞子后的蒸汽。

（3）在管道段上安装排空口。

（4）清洁管道内部。

（5）在管道段中插入机械蒸汽塞。

（6）连接液压管线至塞子或管道并在安全距离处开孔。

（7）工具加压和检查密封。

（8）断开液压装置。

（9）测试塞子是否固定。

（10）持续监测可燃气体。

（11）实施作业。

（12）启动管道后，释放塞子压力，将塞子从管道上取下。

气体管道上的特别用途：机械塞或蒸汽塞还用于维修正在运转中的气体管道。这些塞子像清管器一样插入管道中，置于需要维修的部位的两侧。

冷冻塞：所有液体在温度降低后都会冻结。因此，临时隔离液体管道段的另一种方法就是冷冻，冷冻对于维护工作非常有用，可以用于水压试验。这是一种隔离管道段的非侵入式技术。

第六节　修补焊接

一、焊接缺陷

在实施焊接或修补焊接过程中必须严格遵守焊接程序。如果不遵守焊接程序或操作方法不正确，就会产生环形焊缝缺陷。这些缺陷及原因包括以下几方面。

(一) 保护金属极电弧焊

(1) 裂纹的原因

① 深度与宽度比值较大。

② 因为焊条使用不正确造成氢诱导裂纹（由于基础材料中氢过量）。

③ 预热或焊后热处理不充分。

④ 焊接限制条件过多。

⑤ 焊接方法或耗材不正确。

⑥ 焊接过程中或焊接后不久基础材料发生移动。

⑦ 焊接金属中有异物（如铜）。

(2) 未焊透和缺少根部熔接的原因

① 焊缝根部间隙不足。

② 焊接处高低不平。

③ 尺寸不当或电极作业不当。

(3) 焊穿原因

① 焊缝根部间隙过大。

② 行进速度过慢。

③ 电极尺寸不正确。

④ 焊接电流和电压过高。

⑤ 焊接搭接量过小。

⑥ 倾斜角过大。

(4) 夹渣拉长和隔离的原因

① 焊接通道清洁不彻底。

② 电极尺寸不正确或操作不当。

③ 焊接输入热量过低。

(5) 球形多孔性的原因
① 基础材料或焊接耗材中含有水分。
② 基础材料中有污染物。
③ 电极工艺不正确。
④ 焊接通道清洁不彻底。
⑤ 电压过大。
⑥ 焊弧过长。
⑦ 风况恶劣。
(6) 空心头的原因
① 焊接速度过快。
② 焊缝根部间隙过大。
③ 过度穿透（对接焊）。
④ 接地启动和停止不正确。
(7) 内部和外部底切的原因
① 焊接方法不正确。
② 焊接速度过快。
③ 接缝分离。
④ 焊弧状况（如电弧偏斜）。
(8) 焊缝烧穿的原因包括电极的杂散电流击穿或接地不当。
(9) 顶部填充不足由堆焊不足或焊接方法不正确引起。

(二) 气体保护金属极弧焊

(1) 裂纹的原因
① 深度与宽度比值较大。
② 因为焊条使用不正确造成氢诱导裂纹（基础材料中氢过量）。
③ 预热或焊后热处理不充分。
④ 焊接限制条件过多。
⑤ 焊接方法不正确或耗材问题。
⑥ 焊接过程中或焊接后不久基础材料发生移动。
⑦ 焊接金属中有异物（如铜）。
(2) 由于焊接机焊丝送进问题造成未能起弧。
(3) 因为焊接金属沉淀高、低或不足造成焊珠对不齐和缺少根部熔接。

(4) 球形多孔性的原因

① 基础材料中含有水分。

② 保护气损失或供应速率低。

③ 风况恶劣。

④ 气体调节器有故障，气体受污染。

⑤ 焊弧太长。

(5) 缺少交叉焊透的原因

① 焊珠未对齐。

② 热焊道脱离中心。

二、补焊

行业通常做法是对可以修补的焊接缺陷进行修补，但含有裂纹的焊接点必须完全去除。所有修补工作一定要按照合格的焊接程序进行，通常不允许对长度为50mm以下的焊缝进行补焊。

在进行补焊之前，通常要去除基底金属上的所有有害缺陷。去除全部熔渣，如果需要，则要将管材补焊点的预热距离定为150mm左右。

要考虑时间与温度对管件机械性质的影响以防过热。

(一) 底焊

在以下条件下，通常允许对焊接点内表面上的根部焊道缺陷进行底焊：

(1) 在底焊之前，所有油漆、铁锈、污垢、水垢或可能影响底焊的其他异物都应采用合适的方法从内表面去除。

(2) 如果底焊需要预热管件金属，允许在焊接之前留出与修补点至少150mm的距离。

(3) 所有底焊通常长度最短为50mm。

(4) 所使用的电极采用低氢型，以确保不发生氢诱导裂纹。为了去除电极上的水分，通常需要对使用加热炉的低氢电极进行加热和干燥。

(二) 去除焊缝烧穿

一般情况下，通过去除含有焊缝烧穿的整个焊接点去除烧穿的焊缝，如果采用摩擦修补方法去除，应该包括：

(1) 用合适的蚀刻剂（如过硫酸铵的10%溶液或Natal的5%溶液）检查已经改变的金相组织是否完全被去除。可以注意到，通过获得焊缝烧穿的正的指示可以定期测试蚀刻剂的效力，因为低金属温度和蚀刻剂的老化会对所获得的结果产生负面影响。

（2）使用机械或超声波技术（或两者结合）测量底部的管壁厚，从而确定是否达到最小壁厚的要求。

（三）多处修补

通常允许在一个给定的焊接点的同一部位实施最多两次修补（从内侧或外侧），但不一定要在同一个焊接加热周期内，前提条件是修补焊接程序合格并且使用过。

（四）修补长度

通常允许对任何长度的内部或外部焊接缺陷进行修补，不包括裂缝一次性达到焊接点周长的25%的情况。在这种情况下，每个修补段必须完成根部、二级焊道和第一次填充，然后再进行第二个修补段。

（五）电弧气刨

行业通常不允许使用电弧气刨。

（六）补焊的检验

焊接点的修补部位通常采用非破坏性检验方法检查，与干线用管焊接检验时使用的方法相同。如果补焊结果不能接受，则需要切除含有修补焊接点的管道段将焊接点全部去除；如果可能的话，根据情况做进一步的修补。

第八章　地下管道的表面防护

第一节　表面防护前处理

由于管道在制造和运输过程中，表面难免会出现氧化物、铁锈、毛刺、浊污和灰尘等污物，因此在防腐蚀施工前必须进行表面处理，以提高涂料涂层和其他防腐蚀镀层与基层的粘接强度。管道表面的锈蚀一般分为4个等级，即微锈、轻锈、中锈、重锈。

一、机械除锈

机械除锈法是利用机械方法将表面氧化层剥除，如在磨光砂轮上磨光，在抛光机上抛光，或用钢丝刷、砂纸、油石等工具手工擦刷和打磨；厚层的氧化皮可用车床车削。管道的机械除锈方法主要有人工除锈、半机械除锈和喷砂除锈等。

(一) 人工除锈

人工除锈是靠人工用尖刀锤、刮刀、铲刀、钢丝刷、砂布等简单工具对管道表面进行除锈。由于这种方法为人工操作，工效低，除锈不干净，仅适用于零件比较小、工作量比较少的表面除锈或机械除锈不彻底的地方局部除锈。

(二) 半机械除锈

半机械除锈是指人工使用风 (电) 砂轮、风 (电) 钢丝刷轮等机械进行除锈，适用于小面积或不易使用机械除锈的场合。半机械除锈的质量和效率都比人工除锈要高。

(三) 喷砂除锈

喷砂除锈是利用压缩空气或离心力作为动力，将硬质磨料高速喷射到基材表面，通过磨料对表面的冲刷作用达到除锈目的。喷砂处理后工件表面不是很光滑，因此喷砂处理适用于除精密工件和特殊要求工件以外的一般工件。在实际应用中，喷砂特别适用于要求涂覆涂料表面的预处理，以及作为涂覆涂料底层的氧化、磷化等表面预处理。该方法工作效率高，除锈彻底，除锈等级可达 Sa2.5 ~ Sa3 级，并可减轻工作强度。利用这种方法除锈，除锈后表面粗糙，有利于提高涂膜或涂层的附着力；但砂粒飞溅，引起环境污染。

二、化学处理

用于管道表面防护的化学处理主要包括化学除锈和化学除油。

(一) 化学除锈

化学除锈是将工件浸入能与该金属氧化物起化学反应的酸性或碱性溶液中，将氧化皮腐蚀掉。

除氧化皮的溶液，一般都是各种酸类（H_2SO_4、HCI、HNO_3）和它们的混合物。所以，在酸洗前，要将表面油污预先清除，才能使除锈效果更佳。在少数情况下，对易溶于碱液的金属除锈时，可不必预先除油（油污较少时）。

(二) 化学除油

化学除油是利用油脂在碱性介质下发生皂化或乳化作用来除油。一般用氢氧化钠及其他化学药剂配成溶液，在加热条件下进行除油处理。

三、火焰除锈

利用钢铁和氧化皮的热膨胀系数不同，用氧乙炔焰加热钢铁表面而使氧化皮脱落，此时钢铁受热脱水，锈层也便破裂松散而脱落。此法主要用于厚型钢管件等，而不能用于薄钢材及小铸件，否则工件受热变形影响质量。

四、表面处理的标准

钢铁表面处理质量对提高覆盖层质量、保证覆盖层与基底金属的良好附着力和黏结力有重要影响。所以，各国都确定了钢铁表面处理质量标准。

我国钢铁表面处理标准《化工设备、管道外防腐设计规范》(HG/T 20679—2014) 于 2014 年 11 月实行。化工设备、管道及钢结构表面处理等级有喷射或抛射除锈“Sa”、手工和动力工具除锈“St”、火焰除锈“F1”、化学除锈“Be”、高压水喷射除锈“W”等。

(一) 喷射或抛射除锈 (Sa 级) 有 4 个质量等级

(1) Sal 级表面无可见的油脂和污垢，且没有附着不牢的氧化皮、铁锈和涂料等附着物。

(2) Sa2 级表面无可见的油脂和污垢，且氧化皮、铁锈和涂料涂层等附着物已基本清除，其残留物应是牢固附着的。

(3) Sa2.5 级表面无可见的油脂、污垢、氧化皮、铁锈和涂料涂层等附着物，任何残留的痕迹仅是点状或条纹状的轻微色斑。

(4) Sa3 级表面无可见的油脂、污垢、氧化皮、铁锈和涂料涂层等附着物，该表面应显示均匀的金属色泽。

(二) 手工和动力工具除锈 (St 级) 有两个质量等级

(1) St2 级表面无可见的油脂和污垢，且没有附着不牢的氧化皮、铁锈和涂料等附着物。

(2) St3 级表面无可见的油脂和污垢，且没有附着不牢的氧化皮、铁锈和涂料等附着物，除锈应比 St2 级更彻底，底材显露部分的表面应具有金属光泽。

(三) 火焰除锈 (Fl 级)

Fl 级表面应无氧化皮、铁锈和涂料涂层等附着物，任何残留的痕迹应仅为表面变色 (不同颜色的暗影)。

(四) 化学除锈 (Be 级)

Be 级表面无可见的油脂和污垢，化学洗涤未尽的氧化皮、铁锈和涂料涂层的个别残留点允许用手工或机械方法除去，但最终表面应显露金属原貌，无再度锈蚀。

(五) 高压水喷射除锈 (W 级) 有 4 个质量等级

(1) W1 级不放大观察，表面无可见的油脂、污垢和灰尘，无松散氧化皮、锈层和涂层，任何残留物都应是紧附的。

(2) W2 级处理后呈不光滑 (阴暗、斑驳) 面，不放大观察，表面无可见的油脂、污垢和灰尘，锈层、紧附的薄涂层和其他紧附物仅以随着分散的斑点存在。紧附残留物的面积不超过 33%。

(3) W3 级处理后呈不光滑 (阴暗、斑驳) 面，不放大观察，表面无可见的油脂、污垢和灰尘，锈层、紧附的薄涂层和其他紧附物仅以随着分散的斑点存在。紧附残留物的面积不超过 5%。

(4) W4 级不放大观察，表面无可见的锈、污垢、旧涂层、氧化皮和其他外来物，表面呈现变色。

第二节　表面热浸镀

热浸镀由于工艺简单、效率高、镀层均匀、在大气环境中耐蚀性好，并可在小管径的内孔中进行施镀，镀层为电位较低的金属，即使镀层表面有微孔，也会对管道实现牺牲阳极保护，因此被广泛应用于自来水、天然气管道的表面防护中。

一、热浸镀的定义及基本原理

（一）定义

热浸镀简称热镀，是将钢管经过适当表面预处理后，短时间的浸在熔点较低、与工件材料不同的液态金属中，在管材表面发生一系列物理和化学反应，取出冷却后，在表面形成所需的合金镀层。这种涂覆主要用来提高钢管的防护能力，延长使用寿命。

（二）基本原理

下面以钢管热浸镀锌为例来阐述热浸镀的基本原理。在热浸镀锌时，钢铁表面与锌液发生一系列复杂的物理化学过程，诸如锌液对钢基体表面的浸润、铁的溶解、铁原子与锌原子之间的化学反应与相互扩散。

在铁 - 锌二元平衡相图中，存在 α 相、γ 相、Γ 相、Γ1 相、δ 相、ζ 相等金属间化合物相和 η 相。当钢材与熔融锌液接触时，由于铁的溶解，形成锌在铁中的固溶体。当锌在固溶体中达到饱和后，由于这两种元素的扩散，会逐渐形成含铁量较少的 Γ 相，但在浸镀时间很短时（如 5s 左右），Γ 相一般是不会出现的。此时，铁原子通过 Γ 相层继续向表面扩散，形成含铁量更低的 δ 相（$FeZn_7$），最后出现 ζ 相（$FeZn_{13}$）和表层 η 相（纯锌相）。

在普通热镀锌层中，à 相较厚并含有两个区域：一个是和 Γ 相层相邻的致密区，其晶体生成速度大于长大速度，因此晶体多而致密；另一个是疏松区，其晶体生成速度小于长大速度，所以晶体少而大，呈柱状或棱形。直到 640℃，这种 δ 相都是稳定的。在接近钢基体的区域，含铁量为 11.5%（质量分数）；在接近锌层的区域，含铁量为 7%（质量分数），显然铁逐渐被锌取代。由于 δ 相中存在空隙，锌液容易渗到晶体的界面，并进一步发生反应。δ 相是按抛物线规律成长的，生长速度很快。

ζ 相位于 δ 相和纯锌层之间，是 δ 相与锌反应生成的，呈柱状或束状，不如 δ 相致密。在较高温度下镀锌时，ζ 相晶体部分从合金层脱落下来，浮在锌液中，形成锌渣。

最外层 η 相是镀锌件从锌锅移出时，表面所带的纯锌，由于锌中溶有少量铁，因而在相图中通常称为 η 相。

二、热浸镀的工艺

热浸镀工艺：预镀件→前处理→热浸镀→后处理→制品。前处理的作用是将预镀件表面的油污、氧化皮等清除干净，使之形成适于热浸镀的表面；热浸镀使基体金属表面与熔融金属接触，镀上一层均匀、表面光洁、与基体牢固结合的金属镀层；后处理包括化学处理与必要的平整校正以及涂油等工序。

按前处理不同，可分为熔剂法和保护气体还原法。

(一) 熔剂法

熔剂法的工艺流程：预镀件→碱洗→水洗→酸洗→水洗→熔剂处理→热浸镀→镀后处理→成品。

1. 碱洗和酸洗

热碱清洗是工件表面脱脂的常用方法。酸洗是去除工件表面的轧皮和锈层的有效方法，通常采用硫酸或盐酸的水溶液。为避免过蚀，常在硫酸和盐酸溶液中加入缓蚀剂。

2. 熔剂处理

熔剂处理一方面去除工件上未完全酸洗掉的铁盐和酸洗后又被氧化的氧化皮，另一方面清除熔融金属表面的氧化物和降低熔融金属的表面张力，同时使工件与空气隔离而避免重新氧化。熔剂处理有以下两种方法。

(1) 熔融熔剂法（湿法）。它是将工件在热浸镀前先通过熔融金属表面的一个专用箱中的熔融熔剂层进行处理。该熔剂是氯化铵或氯化铵与氯化锌的混合物。

(2) 烘干熔剂法（干法）。它是将工件在热浸镀前先浸入浓熔剂（600～800g/L 氯化锌 +60～100g/L 氯化铵）的水溶液中，然后烘干。

熔剂具有的性质特点：

① 浸镀前，它能在钢铁表面形成连续完整无孔隙的保护膜层；

② 浸镀时，它能立即完全地自行从钢铁表面脱除，不妨碍镀液对相应表面直接接触与浸润；

③ 它对浸镀时钢铁与镀液接触界面处可能出现的少量氧化物有吸附溶解作用；

④ 脱离开钢铁表面后的熔剂残留物不会对镀液产生污染或夹杂在镀层中。

由上述可知，熔剂性能的优劣直接影响镀层质量。为此，研究者对熔剂进行了大量研究，已见报道可作为熔剂使用的有：氧化锌与氯化铵的混合盐，氯化钾、氯化钠、氟化铝与水晶石的混合物，钛氟酸钾等，它们有的以熔盐状态使用，有的以水溶液形态使用。另外，乙二醇、丙三醇、石蜡以及亚麻籽油等也被用于熔剂使用。

3. 热浸镀

热浸镀的工件温度一般为445～465℃，涂层厚度主要取决于浸镀时间、提取工件的速度和钢铁基体材料，浸镀时间一般为1～5min，提取工件的速度约为1.5m/min。提取速度越快，一般镀层越厚。提取速度慢，锌液会流淌使镀层减薄。

4. 镀后处理

镀后处理一般是用离心法或擦拭法去除工件上多余的热镀金属，对热镀后的工件进行水冷，以抑制金属间化合物合金层的生长。

（二）保护气体还原法

保护气体还原法是现代热镀生产线普遍采用的方法，其典型的生产工艺统称为森吉米尔法。该工艺的特点是钢材连续退火与热浸镀连在同一生产线上。钢材先通过用煤气或天然气直接加热的微氧化炉，使钢材表面的残余油污、乳化液等被火焰烧掉，同时被氧化形成氧化膜；然后进入密闭的通有氢气和氮气混合气体的还原炉，在辐射管或电阻加热至再结晶退火温度，使工件表面的铁氧化膜还原为适合于热浸镀的活性海绵状纯铁，同时完成再结晶过程；钢材经还原炉的处理后，在保护气氛中被冷却至一定温度，再进入热浸镀锅。

随着对该工艺的改进，又发展到无氧化过程。它是将氧化炉改为无氧化炉，具体工艺为：通过调节煤气与空气的比例，使炉中气氛呈无氧化性；炉温高到足以引起钢材发生亚临界再结晶退火的程度。钢材随后进入另一炉中，炉膛内由氢气和氮气形成轻度还原气氛，钢材在这里完成热镀前处理过程，适当降温，进入镀液中进行浸镀。该工艺大大提高了管材的运行速度和镀层的质量。

三、热浸镀的要求

（一）基本要求

形成热镀层的基本前提是被镀金属与熔融金属之间能发生溶解、化学反应和扩散等过程。在目前所镀的低熔点金属中，只有铅不与铁反应，也不发生溶解，故在铅中添加一定量的锡或锑等元素，与铁反应形成合金，再与铅形成固溶合金。

(二) 基体材料

热镀用钢、铸铁、铜作为基体材料，其中以钢最为常用。

(三) 热镀层材料

镀层金属的熔点必须低于基体金属，且通常要低得多。常用热镀的低熔点金属有锌、铝、锡、铅及锌铝合金等。

锡是热浸镀最早使用的镀层材料。热镀锡因镀层较厚，消耗大量昂贵的锡，并且镀层不均匀，逐渐被镀层薄而均匀的电镀锡代替。

镀锌层可隔离钢铁基体与周围介质的接触，又因其较为便宜，所以锌是热浸镀层中应用最多的镀层金属。为了提高耐热性能，多种锌合金镀层得到了应用。

铝、锌、锡的熔点分别为658.7℃、419.45℃、231.9℃。铝的熔点较高。镀铝硅管材和镀纯铝管材是镀铝钢管的两种基本类型。镀铝层与镀锌层相比较，耐蚀性和耐热性都较好，但生产技术较复杂。铝-锌合金镀层综合了铝的耐蚀性、耐热性和锌的电化学保护性，因而受到了重视。

(四) 镀层厚度

热浸镀制品由于镀层金属与基体相互作用的结果，可形成具有不同成分与性质的涂层。靠近基体的内层由于扩散作用含有基体的成分最多，而接近表面处则富有所镀金属。在表层金属与基体之间是合金层，是由两种金属组成的中间金属化合物。这一部分的镀层有少量基体金属和微量夹杂，因而其结构与性能也与纯金属有所不同。一般来讲，合金层较纯金属层要脆得多，而且对镀层的力学性能也是有害的。因此，在热浸镀操作中都力求把镀层厚度，特别是合金层厚度控制在一定范围内。

四、合金成分对镀层质量的影响

(一) 稀土元素

稀土元素在镀液中存在不平衡分布现象，在镀液表面富集，能够有效防止镀液表面的氧化。在镀液中加入稀土元素可降低镀液的表面张力，降低形成临界尺寸晶核所需要的功，使结晶核心增加，组织细化，可获得小锌花。稀土可增加镀液流动性，降低黏度，从而可降低浸镀温度。加入稀土可以改善镀层表面质量，使镀层均匀，抗氧化性能及抗介质腐蚀能力均有增加，镀层的晶间腐蚀受到抑制，从而改善镀层在大气中的稳定性。此外，稀土元素加入镀液中，还能够使镀层厚度减小。

(二) 合金元素对镀层质量的影响

在锌浴中加入 0.04% ~ 0.09%Ni 可以有效抑制活性钢（含硅钢）镀锌中的圣德林效应，改善镀层外观并减少过量的锌层厚度，使镀层光亮、平整、美观，并可降低锌耗。对于非活性钢和高硅钢，采用该技术也能减少灰暗镀层的出现，获得光亮均匀的镀层。首先，加镍后镀锌液具有较好的流动性，当工件从锌液中提升时，工件表面黏附的锌液能较快地流返锌液，从而降低锌耗，减薄镀层；其次，由于镍原子半径大，镍进入锌液后在镀层中的 η 相、δ 相、γ 相层中固溶量都很小，大多数镍主要存在于 ζ 相晶界上，使 ζ 相的生长受阻，从而抑制 ζ 相晶粒的长大，这就是 ζ 相层减薄和晶粒细化的主要原因。同时，锌液中加入少量镍后，尽相层变薄且致密，与钢结合牢固，不易剥落，可使钢板保持完整的外观，减少锌液对钢板的进一步腐蚀，延长锌锅的使用寿命。一般认为，镍含量在 0.06% ~ 0.2% 时是适宜的，尤其是在 0.1% 时镀层综合性能最佳。镍含量过低时减薄镀层的作用不明显，含量过高则会生成较多的锌渣。

在纯锌镀层中添加适量金属镁可以使镀层抗 Cl^- 腐蚀性提高，大大延长镀层的使用寿命，又能通过降低镀层质量减少锌的消耗。Mg 的添加，使锌基合金电位正移，腐蚀电流明显下降，使锌基合金镀层耐蚀性能提高。

铝能改善镀层质量。加入质量分数为 0.005% ~ 0.02% 的铝就可在镀层表面形成 Al_2O_3 膜，阻止镀锌层与氧的化合，同时减少锌锅表面锌的氧化。现代热镀锌生产中锌液通常含质量分数为 0.15% ~ 0.20% 的铝。除上述作用外，还能优先形成一层 Fe_2Al_5，从而抑制锌 - 铁脆性相的生长，并提高附着力。

铅是锌的伴生杂质，它能降低锌液的凝固温度，延长锌花晶体的生长时间，得到大锌花。镀锌生产中，锌液因有铁的混入而降低锌液对钢板的浸润能力，这可通过铅的加入来消除铁的不利影响。锌液中通常加入质量分数为 0.20% 左右的铅。

五、多元合金热浸镀层对油田油管的防护

油田每年有大量油管及抽油杆因腐蚀而报废。而热浸镀技术作为有效防腐方法之一被广泛应用于油管的防腐，其镀层结合强度高，耐蚀性好。本节重点讨论热浸镀法制备多元合金镀层对油井套管表面防护的研究成果。

采用石油套管 J55 钢为基材，以镍、铝、稀土、铋、锌为镀层材料进行钢管热浸镀。热镀液的制备过程为：将纯锌在坩埚中熔化，并加热至 450℃。将预先购置好的镍、铝、稀土、铋多元合金按一定比例分别添加于锌浴中使其熔融，并每间隔 10min 用钢筋棒搅拌，使多元合金充分熔解。将温度再次升至 450℃，保温 20min，

搅拌后将合金浴表面的杂物清理掉。接着按以下工艺：J55 钢管→脱脂→水洗→酸洗→道水洗→二道水洗→助镀→烘干→热浸镀多元合金→水冷进行浸镀。浸镀温度 450℃，时间 1min。最后对热浸镀试样的耐蚀性进行分析。

热浸镀多元合金镀层后 J55 钢管表面光亮度高，表面质量好，无针孔及漏镀现象。

对裸试片、镀锌试片及镀锌—铝—镍—铋—稀土多元合金试片，各取 4 个进行盐雾加速腐蚀试验，观察三种试片的耐盐雾腐蚀情况，并测量其腐蚀速率。锌—铝—镍—铋—稀土多元合金镀层的耐盐雾腐蚀性能大于镀锌层，镀锌层的耐盐雾腐蚀性能大于未热镀的试片。

第三节　地下管道有机涂层防护

有机涂层是防止腐蚀的最基本方法，被广泛使用并取得较好效果。有机涂层能够耐大多数酸、碱、盐及土壤的腐蚀。有机涂层使用的有机涂料不同，其耐蚀性相差较大。一般来讲，能形成涂层的材料称为涂料。涂料可分为油基涂料（成膜物质为干性油类）和树脂基涂料（成膜物质为合成树脂）。能够耐酸、碱、盐腐蚀的涂料称为有机防腐涂料。防腐涂料通过一定的涂装工艺涂刷在钢铁表面，经过固化而形成隔离性薄膜保护钢铁免遭腐蚀。本节重点讨论管道外、管道内的防腐有机涂层及耐磨防腐涂层。

一、有机涂层概述

（一）涂料的组成

涂料是一种涂覆于物体表面并能形成牢固附着的连续薄膜的流体性材料，是形成涂层的原材料。通常是以树脂或油为主，加入（或不加入）颜料、填料，用有机溶剂或水调制而成的液体。近年来，还出现了以固体形态存在的粉末涂料。涂料主要由成膜物质、溶剂、颜料和助剂组成。

（二）涂层

防腐蚀涂料通过涂装工艺完整地覆盖于物体表面形成具有保护性、装饰性和特定功能（如防腐蚀、绝缘、标志等功能）的薄膜覆盖层。在许多场合下往往有几道涂层，以构成一个整体系统涂层，包括底漆、中间层和面漆。

1. 底漆

底漆是保证涂层黏附性的基础，因此要求底漆有很好的附着力、耐水性和润湿性。

作为成膜物质的树脂应有羟基等极性基团，特别是氨基，它可以与钢铁表面生成很强的氢键。为了保证底漆在整个钢管表面完全覆盖，底漆应该润湿性较好，不能或难以皂化，黏度不能过大。溶剂挥发不宜过快，以保证在涂刷后漆料有足够时间进入钢铁表面的微孔。底漆的交联度要适中，颜料的体积浓度应稍高于临界体积浓度，这样可使面漆有较好的附着力。底漆中的颜料最好不要有可溶于水的组分，如氧化锌，它可以生成溶于水的氢氧化锌或碳酸锌，从而导致漆膜起泡。有机溶剂中一些亲水的残余物（它在溶剂挥发后以不溶物的形式存在于漆膜中）也可导致起泡。

当钢铁表面带锈时，漆膜的湿附着力差或漆膜不完整；有裸露的钢铁表面时，应该在涂料中加入钝化颜料。

环氧 - 氨体系是很好的底漆，因为它含有极性基团，而且有氨基存在；主链中有芳基，比较刚性，因此湿附着力好；主链以醚键相连，因此是抗水解的，符合作为底漆的条件。

2. 中间层

中间层的主要作用是防腐，要求与底漆及面漆附着良好。漆膜之间的附着并非主要靠极性基团之间的吸力，而是靠中间层所含溶剂将底漆溶胀，使两层界面的高分子链缠结。

在重防蚀涂料系统中，中间层的作用之一是能较多地增加涂层厚度以提高整个涂层的屏蔽性能。在整个涂层系统中往往底漆不宜太厚，面漆有时也不宜太厚，所以将中间层涂料制成触变型高固体厚膜涂料，用无气喷涂，一次可获得较厚膜层。

中间层可提供平整表面，除保持美观外，往往具有较好的弹性，能缓冲阻尼小物品的冲击破坏。

3. 面漆

面漆不仅提供良好的外观，也有良好的防护功能，具有对中间层微孔的封堵功能，因此面漆应该有较低的氧气和水的渗透率，应在不影响机械物理性能的前提下尽量提高交联度和玻璃化温度。另外，面漆应赋予整个涂装体系适当的外观、硬度、耐磨性。在选择面漆时，主要考虑在使用环境和气候条件下的高稳定性和耐老化性。面漆的颜料体积浓度要比临界浓度低，涂层致密，水和氧的透过率小，介电性高，通常可采用厚涂层与多涂层。试验研究表明，加入片状的颜料，如铝片、玻璃鳞片、云母片等，因为片状颜料之间相互平行排列，使水和氧气或其他有害物质在抵达底漆层或金属表面时所穿过的路径加长，从而降低了透过率，明显改善了防护性能。丙烯酸树脂、聚氨酯树脂、饱和聚酯及它们的各种改性树脂，都可作为较好的面漆。含卤素的聚合物透水能力差，适于作为面漆。

暴露在大气中管道的面漆应有很好的耐光老化和耐冲击性能，并且应该有一定厚度，以防止漆膜表面龟裂等产生裂缝，即使有裂缝产生也不至于直达底部。

(三) 涂料的防腐作用

涂料的防腐作用源于两个方面：一是涂料的不渗透性即密着性，隔绝了金属构件与外界的接触；二是涂料本身的缓蚀作用。

1. 不渗透性

涂层不仅要求对空气、氧气、水和一氧化碳等腐蚀性介质有不可渗透性，而且也不允许离子和电子(或电解质)通过。首先，这种涂层必须是惰性的，不与酸、碱、盐等化学物质发生反应。其次，涂层必须形成一层具有低湿蒸汽迁移速率的薄膜并与底层金属形成牢固的附着，涂层吸收的水分只与涂层外面的水蒸气处于平衡状态。这种涂层通过中断或阻止腐蚀介质接触的途径来防止钢铁腐蚀。氧气和水等腐蚀介质不与钢铁表面接触，没有电流产生，也就形不成阳极或阴极，腐蚀就不会发生。

这种不渗透性是以涂层优良的附着性能和最大限度地降低渗透效应为基础的，这两个条件协同作用形成了涂层在潮湿环境下的保护作用。不考虑纯粹的化学破坏，大多数涂层的破坏归因于薄膜内(上或附近)的水分。因为所有的塑性材料都吸收水分并具有特定的湿蒸汽迁移速率。众所周知，合成树脂强度下降或物理降解主要是由水而不是其他化学物质引起的，因此受水影响最少，湿蒸汽迁移速率最低的涂层可提供最佳、最有效的防腐蚀薄膜。

因为涂层是薄膜层，即使最惰性的涂层也有一些水蒸气透过，因此它们是半透性。当涂层涂装到有水溶性污物的钢铁表面后暴露于水中，或者在高湿度环境下，它会因渗析作用使水分进入涂层底部导致涂层鼓泡。因此，要求钢铁表面必须完全洁净。

涂层的附着力是涂层防腐的一个关键因素，且附着力与水有关系。如果涂层完全润湿基体表面且没有污物，水分只能被漆膜吸收而不能穿过漆膜。水分变成静态并与树脂膜外面的水分或水蒸气达成平衡，只要涂层拥有足够强的附着，吸附水就不会降低涂层功效。如果在涂层与底层表面或涂层之间有一定间隙，即使没有可溶性污物存在，水分也可进入这个微小的空间，明显降低漆膜的附着，产生起泡现象。这种渗透一旦有腐蚀性离子渗入底层，腐蚀性离子与基体发生反应，对基体进行腐蚀，涂料也会起皮、脱落。

实验证明，涂层附着包括物理附着和化学附着。喷砂处理不仅完全清洁金属表面，而且将金属表面打出了一定的粗糙度，形成了无数微小的“山峰”或“峡谷”，大大增加基体金属的表面积，提高附着效率。

2. 缓蚀作用

涂层防腐的另一种原因是底漆或涂层本身中颜料的缓蚀作用。这些颜料在涂料与水分接触时因涂层吸水且透水，从而充分离子化，同钢铁表面发生反应，使钢铁保持在钝化非活性状态。这些颜料一般是各种各样的铬酸盐，如铬酸锌、铬酸铅、硅铬酸铅或铬酸锶。这些颜料只微溶于水，然而它们充分溶解后溶出的铬酸根离子与铁离子反应，在铁表面生成一层较薄的钝化膜。

二、管道外涂覆有机涂层

下面重点讨论常用管道外涂覆有机涂层的种类、性能及施工要求。

（一）煤焦油瓷漆防腐层

煤焦油瓷漆是由煤焦油分馏得到的重质馏分、煤沥青，添加煤粉和填料，经加热熬制所得制品。煤沥青主要化学成分为三环以上的稠环芳香烃化合物，分子结构紧密。煤沥青及煤焦油由油分、胶质、游离碳和酚 4 个组分组成。油分主要是蒽油和萘油，有毒性，能影响沥青的塑性；胶质有可溶性胶质和固体树脂状晶体，前者使沥青具有塑性，后者能够增大沥青的黏度及脆性；游离碳为碳质固体微粒，其数量一定时能增加沥青的黏度及热稳定性，但含蜡高时沥青变脆。煤焦油瓷漆中的煤粉在加热情况下能够和煤沥青及重质焦油物质融合，加之滑石粉、板石粉的增强作用，使瓷漆具有比煤沥青更好的塑性及刚性，抗冲性等机械强度大大提高。

煤焦油瓷漆防腐层除具有石油沥青防腐层的优点外，其吸水率低，与钢管的黏结性、涂层的机械强度都比石油沥青防腐层强，不会受土壤微生物、植物根的破坏，具有优异的耐水性、抗生性和防腐性；但在有干湿度变化的黏性土中也可能受土壤应力的破坏，也有高温软化、低温硬脆的弱点。煤焦油瓷漆主要应用在管道上。对一般构件同样可以用浸涂、浇涂和抹涂的方法施工煤焦油瓷漆防腐层。

在欧美，煤焦油瓷漆于 20 世纪初就已大量使用，长期占据管道防腐层用量的第一位。虽然近年来环氧粉末涂层、聚乙烯涂层使用量急剧增大，煤焦油瓷漆年使用量已跌至第二位或第三位，但在服役管道防腐层当中，煤焦油瓷漆所占比例远高于别的种类的防腐层。煤焦油瓷漆的使用寿命长，可达 30 ~ 100 年。煤焦油瓷漆防腐层在其他防腐层难以取得好的防腐效果的场合，如沼泽、水下及海底、盐碱土等，仍可获得长期的防腐寿命。但煤焦油瓷漆防腐层不适用于砾石和黏性土地段。防腐层材料有A型、B型及C型三种型号的煤焦油瓷漆，不同的安装温度、不同的运行温度要使用不同型号的瓷漆。

我国在近十几年才开始生产和应用煤焦油瓷漆，并占据了管道防腐的显著位置。国产瓷漆产品质量达到国际先进标准要求，主要瓷漆材料生产厂有新疆塔里木管道防腐材料有限公司、廊坊美泰克防腐材料有限公司及江汉油田某瓷漆厂；引进涂覆作业线有两条，如西安搪瓷厂CRC沥青涂覆作业线；国产作业线有数条。

在我国，煤焦油瓷漆的原材料来源广泛，瓷漆防腐层造价低、寿命长、应用范围广，是适合当前国情的防腐层。

1. 煤焦油瓷漆及其配套材料技术

煤焦油瓷漆防腐层的主要材料包括合成底漆、煤焦油瓷漆、内缠带及外缠带。合成底漆的成膜物为氯化橡胶，其作用是黏结瓷漆和金属表面；内缠带是玻璃纤维毡，其作用是增强防腐层本体的机械强度；外缠带是用煤焦油瓷漆充分浸渍的厚型玻璃纤维毡，其作用是增强防腐层外层的机械强度。

内缠带表面应均匀，有平行等距的、沿纵向排布的玻璃纤维加强筋，无孔洞、裂纹、纤维浮起、边缘破损及其他污物（油脂、泥土等）；在正常涂覆条件下，内缠带的孔隙结构应能够使煤焦油瓷漆完全渗透。外缠带表面应均匀，玻璃纤维加强筋和玻璃毡结合良好，无孔洞、裂纹、边缘破损、浸渍不良及其他污物（油脂、泥土等），并均匀散布着矿物微粒；在0~38℃打开带卷时，层间应能够分开，不会因粘连而撕坏；在涂覆时，外缠带的孔隙结构应能够使煤焦油瓷漆很好地渗入其中。

其他材料主要有：用于管道焊接部位防腐（补口）或管件防腐的热烤缠带及其配套厚型底漆，用于防止太阳暴晒的防晒漆。

热烤缠带是在玻璃纤维毡或涤纶毡两面涂覆上煤焦油瓷漆得到的制品，其外观应均匀一致，无瓷漆剥落，厚度不小于1.3mm，缠带瓷漆应和管体所用瓷漆性能相似。使用时，先涂配套厚型底漆，底漆干燥后，烘烤热烤缠带内表面至表层瓷漆熔化，并烘烤底漆漆膜，然后把热烤缠带紧密缠绕在底漆漆膜上。

防晒漆是具有一定耐久性的白色涂料，要求与煤焦油瓷漆防腐层黏结良好，耐水，漆膜可耐90天暴晒。用于防止太阳暴晒造成煤焦油瓷漆防腐层软化问题。

2. 防腐层结构

在防腐层中，第一层瓷漆的作用最大，厚度只要保证达到1.5mm就具有良好的防腐性，其后的缠带和瓷漆层起加厚作用，可以增强防腐能力和机械强度。

值得注意的是，煤焦油瓷漆作为螺旋焊接管的外防腐层时，第一层瓷漆的厚度应≥2.4mm，防腐层的总厚度均相应增加0.8mm。

3. 防腐层施工要求

防腐层施工的工艺过程与石油沥青防腐层相似。

（1）表面处理钢管表面处理质量应不低于 Sa2 级，涂覆时应保持钢管表面状况仍符合此要求。

（2）瓷漆准备，首先将瓷漆破碎（重 2kg 以下的小块）后熔化，A 型和 B 型瓷漆加热至 230～250℃，C 型瓷漆加热至 240～260℃，使瓷漆保持在这样的温度下进行浇涂。不需要像石油沥青一样进行脱水，但需要采取和沥青熬制同样的防止结焦的设备和操作方法，搅拌应更充分。

瓷漆在熔化及保温时，均应使釜盖处于密闭状态，避免轻组分的挥发而影响瓷漆质量。

（3）涂覆，可采用高压无气喷涂、刷涂或其他适当方法涂覆底漆。底漆漆膜应均匀连续，无漏涂、流痕等缺陷；漆膜厚度约 501m。在底漆涂覆后，应在 1h～5d 内尽快浇涂瓷漆。

瓷漆（230～260℃）均匀地涂覆在管体外壁上，要求涂覆均匀连续；随即螺旋缠绕内缠带，要求缠绕紧密，无褶皱，压边 15～25cm。按瓷漆一层，缠带一层，如此作业，直至瓷漆的层数和内缠带的层数达到防腐层结构规定，最后一层瓷漆绕涂后立即缠绕外缠带。外缠带缠绕要求与内缠带相同。对于普通级防腐层，只涂一层瓷漆并缠绕外缠带。

（4）后处理、外缠带缠绕之后，立即冷水定型。然后将管端预留长度的管表面清理出来。防腐层端面应做成规整的坡面。

4. 施工注意事项

煤焦油瓷漆在涂覆时会产生一定量的有害烟气，应当安设有效的烟气净化设施，防止对劳动卫生和环境的影响。进口作业线，如 CRC-EVANS 公司的涂覆作业线，采用一根管道接一根管道连续绕涂和缠绕的作业工艺，管道两端的防腐层质量和外形均得到了保证。国产作业线沿用了传统石油沥青防腐作业线的单根涂覆方式，管端的防腐层质量和外观容易产生问题。

最好在煤焦油瓷漆防腐层上涂防晒漆，否则太阳暴晒后可使黑色的瓷漆温度比气温高 25～30℃，在夏季容易造成防腐层软化变形和防腐层之间粘连的问题；长期暴晒还可能造成轻组分的迁移、芳香族苯环的破坏，致使防腐层老化、产生裂纹。要注意瓷漆防腐层不能在低于使用温度的气温条件下使用，否则防腐层可能产生裂纹或开裂。

(二) 环氧粉末防腐层

将环氧粉末涂料与在自然温度条件下无反应活性、在高温下反应迅速的固化剂、催化剂及助催化剂、流平剂、颜填料等几种原料混合，送入挤出机塑炼、捏合，以薄片状挤出，经过破碎、研磨和分级，得到粒度均匀的粉末涂料。分子量分布较宽的环氧树脂不适于制作环氧树脂粉末涂料，因为树脂中低分子容易使粉末结团，高分子则影响涂料的流平。常用的固化剂有双氰胺及其衍生物、咪唑类化合物、酸酐类及二酰肼四类。通常要求和树脂混溶性好，固化快，漆膜性能及化学稳定性好。一般来讲，不加入流平剂的环氧粉末涂料熔融时，漆膜具有流动性的时间太短，流动能力太小。当粉末中加入流平剂后，漆膜的流动性增强，消除了漆膜上的针孔、橘皮等弊病。环氧粉末涂料在高温熔融、固化形成的涂层即为环氧粉末涂层或熔结环氧粉末涂层。

熔结环氧粉末防腐层具有与基体黏结力强、涂层坚牢、耐腐蚀和耐溶剂、抗土壤应力、与阴极保护配套性好、对保护电流无屏蔽作用、涂层的修复较为容易等特点，适用于大多数土壤环境，包括砾石地段；但环氧粉末防腐层耐湿热性能差，不适用于水下加热输送温度过高的管道，吸水率较大，抗冲击损伤能力有限。环氧粉末涂料不含溶剂，涂覆时几乎不产生挥发物，作业卫生仅要求防止粉尘，对环境无化学助剂挥发的污染。

壳牌化学公司于20世纪60年代发明了环氧树脂粉末涂料，喷涂施工技术在同期也得到了长足发展。

1. 环氧粉末涂料的技术指标

环氧粉末涂层的材料只有环氧粉末涂料一种，应在规范的实验室条件下，对制作的环氧粉末涂层试件进行检查。当粉末涂料生产厂的粉末涂料配方有变化时，需要进行各项检查；当供料渠道稳定，在作业线涂覆前，只要求做24h阴极剥离、抗3°弯曲、抗1.5J冲击及附着力检查。

2. 防腐层施工要求

环氧粉末防腐层施工的工艺过程包括：表面处理→涂覆→后处理。

(1) 表面处理。钢管表面处理应达到Sa2.5级。环氧粉末涂层对表面处理的要求高，在喷（抛）丸除锈作业前，应当采用溶剂清洗、焙烧或高压水清洗等方法，充分地清除钢管表面的污染物，尤其是油性污物或者石油沥青底漆。涂覆时，钢管表面应保持Sa2.5级状态。

(2) 涂覆。首先将钢管加热至粉末生产厂规定的涂覆温度，一般为230℃，最高不超过275℃。加热方式以中频感应加热为好。然后以静电喷涂方式将粉末涂布到钢管上，要求一次成膜并达到规定厚度。喷涂要均匀。

（3）后处理。在涂层得到充分固化后，用水将涂层钢管冷却至100℃以下；将管端预留长度的管表面清理出来，一般规定预留长度为50mm ± 5mm。

（4）要求。环氧粉末涂层施工对被涂钢管的管面清洁度要求比较高，涂覆一般在流水线上进行，即喷砂除锈→高频加热→喷涂→水冷一次完成，这就要求管道的行进速度与喷粉的速度和涂层的固化速度相匹配，以保证涂层的厚度及固化的程度。作业线使用的压缩空气应无水、无油，以提高涂层的黏结力、减少针孔；喷枪出粉要均匀，雾化要好，以得到厚度均匀的涂层；增加防腐层厚度可提高使用温度，厚度达800pm时，使用温度可达95℃。

（三）聚烯烃防腐层

聚烯烃防腐层采用的材料主要是热塑性聚乙烯塑料和聚丙烯塑料，塑料中可以加入增塑剂、抗老化剂、抗氧化剂和光稳定剂等助剂及适量填料。聚乙烯防腐层和聚丙烯防腐层在使用温度上有差别，聚乙烯的最高使用温度在60～70℃，聚丙烯的最高使用温度在80～100℃。聚乙烯防腐层在管道防腐上的使用量大，防腐层使用的聚乙烯有低密度、中密度和高密度3种，也可将其共混使用；高密度塑料的分子量很高、结构规整，有晶体结构，使用温度高。

聚乙烯从形态及涂覆方法区分，有聚乙烯胶带、粉末聚乙烯和挤出聚乙烯3种。粉末聚乙烯在涂覆方式上和环氧粉末大体相同，涂料只经过熔融成膜，冷却至60℃左右定型的过程。由于聚乙烯塑料和钢铁基本没有黏结力，所以粉末涂料防腐层的黏结力有限，制约了聚乙烯粉末的使用。挤出聚乙烯防腐层有两种结构，常规结构为两层（俗称"聚乙烯夹层"），底层为粘结剂，一般为沥青基橡胶或乙烯基共聚物，面层为聚乙烯挤出包覆或缠绕层；另一种结构即三层结构，底层为环氧涂料（包括液态环氧树脂或涂料环氧树脂），面层为聚乙烯挤出层，中间为连接底层与面层的黏结层，为乙烯基二元共聚物或三元共聚物。聚乙烯胶带也称聚乙烯胶粘带，是将聚乙烯以薄片状挤出，并涂覆一层粘结剂而制成。一般是在现场自然温度下缠绕到管道上形成防腐层。本节重点介绍聚乙烯胶带防腐层。

就防腐层结构而言，聚乙烯胶带和两层结构聚乙烯是一样的，但由于是冷缠施工，胶带防腐层对钢管体的黏结力小于两层结构，防腐层下存在气隙的可能性及数量增大；与挤出缠绕不同，胶带压边位置的防腐层不是一个整体，而压边黏结的紧密程度对防止水汽的渗透至关重要；胶带防腐层较软、较薄，抗外力损伤的能力较小。在涂覆车间，常常使用加热缠绕的方法，可以有效提高防腐层质量。一般认为，胶带防腐层的使用寿命较短，在10～30年，胶带应用成功与失败的例子都很多，通常认为其防腐能力在几大防腐层中最差。

但胶带防腐层施工简单，并采用机械作业，涂层成本低，技术也渐趋完善，在管道防腐层中长期占有一定地位，尤其是在现场管道防腐层更换方面，占据显著地位。胶带适用于输送介质温度为-30～70℃的管道防腐。

聚乙烯胶带防腐在管道防腐方面已应用40多年，有近300000km的管道使用胶带防腐。产品有用底漆、不用底漆的胶带，有些产品配套有填充焊缝两侧的填料带。过去，胶带与胶带的黏结性差，造成压边位置成为防腐层的薄弱点；现在，不少优质产品已经解决了该问题，黏结强度接近聚乙烯强度的水平；基材和胶黏剂的结合力也已经通过两者共挤出的制带工艺得到增强。较先进的胶带防腐层体系应该包括底漆、填料带、共挤型内缠绕防腐带及外缠绕保护带。

1. 防腐层等级及结构

(1) 普通级。一层底漆＋一层内带（缠绕压边10～20mm）＋一层外带（缠绕压边10～20mm）。

(2) 加强级。一层底漆＋两层内带（一次缠绕成型，压边为宽带的50%～55%）＋一层外带（缠绕压边10～20mm）。

(3) 特加强级。一层底漆＋两层内带（一次缠绕成型，压边为宽带的50%～55%）＋两层外带（一次缠绕成型，压边为宽带的50%～55%）。

2. 防腐层施工要求

(1) 表面处理钢管表面处理应达到Sa2级或St3级。涂覆时，钢管表面状态应保持表面处理等级要求。

(2) 涂覆可采用高压无气喷涂、刷涂或其他适当方法涂覆底漆。底漆漆膜应均匀连续，无漏涂、流痕等缺陷。

在底漆表干后，使用适当的机械或手工机具缠绕胶带。接头搭接应不少于1/4管周长，且不少于100mm。要求缠绕平整。

三、管道内涂覆有机涂层

管道内腐蚀主要是指管道内壁直接与输送介质接触，而很多介质中混杂着许多腐蚀性物质，使管道内壁遭受严重的化学腐蚀。由于石油炼制的特殊性，在一些特殊环境使用的管线，其腐蚀比较严重。即使自来水输送的地下管道，国外也采用防腐性内涂层。因此，对管道进行内涂有机涂料具有重要意义。内防腐主要集中在两大方向；一是管道内涂层；二是管道衬塑。内涂层具有成本低、工艺简单、涂覆容易等特点，是最有效和实用的防腐方法。在管道内壁涂覆涂层不仅在输送原油或天然气时能避免管道内壁受到腐蚀，还可以降低管道内壁表面粗糙度、降低摩阻、提高管道寿命、减少能耗、节约成本。在天然气管道上，还能防止夹杂在气流中的其他杂质沉积在被腐蚀的管道内表面上，提高管道的输气能力。

(一) 内防腐涂层种类

防腐蚀涂料必须满足以下基本要求：良好的附着力和一定的机械强度，良好的耐蚀性能，较小的透气性和渗水性。防腐涂料除了要满足以上要求，还应继续朝无毒（或低毒）、无污染，省能源、经济高效的方向发展；也要配合石油工业提出的新要求，由单一功能向多功能发展；由低档次、短时效向高档次、长时效发展。目前适用于管道内涂层的材料品种主要有环氧粉末涂料、聚氨酯防腐涂料、煤焦油环氧树脂等。

1. 环氧粉末涂料

环氧粉末涂料与管道外喷涂的环氧粉末基本一致，它以环氧树脂为基料，加入适量的固化剂、颜料、填料及其他添加剂，经混合、熔融挤出、冷却、粉碎、筛分等工序制成。随着技术发展，人们对现有的环氧粉末进行了各种改进，如以环氧树脂为主要基料、以玻璃鳞片为骨料，添加各种功能添加剂混配成涂料状材料，进一步提高涂料的黏结性、力学性能、化学稳定性、电绝缘性和抗老化性；利用纳米铁钛微粉作为防锈颜料，将其与固化剂、环氧树脂等原料按照一定配比混合制备纳米复合涂料；与传统环氧涂料相比较，经过纳米颗粒改性的环氧涂料的抗腐蚀性能、耐附着力和抗弯曲性能大幅提升；Sherwin-Williams 公司通过将表面活性剂与环氧聚合物进行一系列聚合、缩合等反应，使活性基团进入聚合物分子链中形成新物质，将该物质与改性的固化剂高速分散混合制备出新型双酚 A 型固体防腐涂料；该涂料不必再添加溶剂和稀释剂，还具有零 VOC 释放、固化时间短、耐水性等优点，因此方便储存、易于施工。

2. 聚氨酯防腐涂料

聚氨酯是指分子结构中含有氨基甲酸酯键的高聚物。氨基甲酸酯键由异氰酸基和羟基反应形成，故聚氨酯树脂的单体是多异氰酸酯和多羟基化合物。聚氨酯根据其固化机理的不同可分为 5 种类型：

(1) 氧固化聚氨酯改性油（单组分）；

(2) 多羟基化合物固化多异氰酸酯的加成物或预聚物（双组分）；

(3) 多羟基化合物固化封闭型多异氰酸酯的加成物或预聚物（单组分）；

(4) 湿固化多异氰酸酯预聚物（单组分）；

(5) 催化湿固化多异氰酸酯预聚物（双组分）。

聚氨酯漆具有耐磨、耐化学腐蚀、耐热及良好的附着力等优点，并可对多种树脂进行改性。聚氨酯漆的耐酸、耐碱、耐水、耐热性优于乙烯树脂漆，耐酸、耐水性优于环氧树脂，而其耐碱、耐溶剂性与环氧树脂相似。但是，聚氨酯的保光保色性差，易失光粉化。

与国外聚氨酯涂料的快速发展相比，我国在聚氨酯防腐蚀涂料的研发、应用以及涂装方法的开发方面还存在一定差距，包括新型聚氨酯固化剂和多元醇化合物的合成，尤其在涂料成分配比的设计差距较大。

3. 煤焦油环氧树脂

煤焦油是煤粉经过复杂干馏工艺生成的深褐色、黏稠态液体，可直接涂覆于管道上，用于管道的防护层，具有耐水性好、绝缘性好、抗土壤腐蚀等优点。但其机械强度及低温韧性差，施工过程中需要加热涂覆，会挥发出大量有害物质。因此，煤焦油在使用过程中常添加合成树脂进行改性。

煤焦油环氧树脂是由环氧树脂、煤焦油、固化剂及其他助剂组成的热固性共混物。在煤焦油中加入环氧树脂、固化剂和助剂后，环氧树脂与固化剂发生交联反应，生成交联的网状结构，提高了煤焦油的耐热性、黏结力、抗拉强度和抗压强度。环氧树脂中的环氧基可与煤焦油中含活泼氢原子的羟基、氨基、亚氨基发生化学交联反应，加大煤焦油的分子量，加长煤焦油的分子链，从而形成固化的环氧煤焦油，所以环氧煤焦油表现出较好的性能，如热稳定性好、耐化学腐蚀性好，能耐10%H_2SO_4、10%HCl、10%NaOH、10%NaCl水溶液的腐蚀。

环氧树脂与煤焦油有较好的相溶性，只要在一定温度下混合均匀，在室温下即可固化，生成固化的环氧煤焦油。例如，以高温煤焦油、环氧树脂（E-44）、乙二胺（固化剂）、丙酮（稀释剂）、石英粉的比例为50：50：3.3：3.2：130的配方制得环氧煤焦油胶泥，这种环氧煤焦油胶泥可在常温下固化，抗拉强度达4.3MPa，抗压强度达37.3MPa。但是，环氧煤焦油胶泥中环氧树脂的含量减少，其抗压强度和抗拉强度降低。例如，以高温煤焦油、环氧树脂、乙二胺、丙酮、滑石粉（或水泥）的比例为360：100：10：50：200的配方制得环氧煤焦油胶泥，它可在常温下固化，其抗拉强度为0.8～3.8MPa，抗剪强度为0.6～5.8MPa，温度70℃以下，24h后便不流淌。

（二）涂覆技术

管道内涂覆工艺一般分为两种，即现场涂覆法和工厂涂覆法。前者用于已铺设的管道，后者用于新建管道。

1. 现场涂覆法

现场涂覆处理常用的方法为挤压涂覆法，即两涂覆器之间的涂料以一定的挤压力涂在管壁上。该方法使用两个涂管器，一个在前，一个在后，中间充以涂料，用天然气或压缩空气推动这组夹有涂料的管塞通过管道来涂覆涂料。此工艺复杂，质量可控性较差，做一次清管和涂覆操作的涂覆长度一般只有 5 ~ 8km，适合于小口径短距离管道的施工。

工程上设计的风送涂挤防腐蚀工艺用来修复旧管线。施工工艺流程为：管线吹扫试压→外补漏→清管→涂加固层涂过渡层→涂主防腐层→试验质检→管线回填→验交使用，具有投资小、修复速度快、质量可靠、涂层牢固、耐蚀性强等特点，单次涂覆距离可达 10km，尤其适合大管径、长距离管线的修复。这种工艺的缺点是喷涂的漆膜较薄。

2. 工厂涂覆法

管内喷涂有机涂料与管外喷涂有机涂料工艺流程没有太大区别，但管内喷涂工艺比管外喷涂难度大得多，主要是如何将喷枪通入管道内进行喷涂。要实现这一点，必要的喷涂设备工装是十分重要的。

工厂涂覆典型的工艺流程：管道预热→表面处理→除尘→检测→喷涂→涂膜固化→涂层质量检验→堆放。其中，质量保证的关键有表面处理、喷涂、干膜厚度和涂膜固化。

（1）管线内表面预处理。目前多采用物理清洗法。常用的物理清洗法有高压水射流清洗法和机械清洗法。高压水射流清洗法是近年发展起来的新清洗技术，利用高压泵将其压力转化成高速流体的动能，强烈冲刷内表面，从而使内壁上的污垢脱落并冲刷出管线。这种工艺灵活性强，便于现场施工，操作简便，效果良好。不足之处为设备投资很大，对于结构较为复杂的管线效果欠佳。

（2）管线内涂覆。喷涂方法有空气喷涂、高压无气喷涂、静电粉末喷涂和高温离子喷涂。使用最多的是高压无气喷涂，使用率 80% 以上。高压无气喷涂的涂层厚度均匀、针眼气孔等缺陷少。另外，还能减少对环境的污染。

不论采用哪一种喷涂方法，内喷涂必须将喷枪插入管道的内部。由于喷枪有一定的体积，因此内喷涂的管径不能太小，一般管道的直径大于 88mm 才能实现管内喷涂。另外，喷枪的长度至少要有 6m 多长，并且喷枪要一边喷涂一边匀速地移出。为了防止涂料在喷涂过程由于重力作用向管底流淌，喷涂的管道采用旋转工装，这样管道一边旋转，喷枪一边向外匀速抽出。但喷涂后的有机涂料在停放时仍会流淌，因此在管外采用加热促进涂膜固化，一般在涂料表干之前，涂覆的管道一直处于旋转状态。

环氧液体涂料是内涂层的一大方向，但环氧液体黏度高、性能特殊，采用传统的高压无气或有气喷涂效果不理想。针对此问题，人们设计了离心喷涂工艺，采用孔径分布呈双螺旋的雾化喷嘴喷涂效果最佳。但是，由于环氧树脂为双组分，在喷涂后、涂膜干燥的过程中，喷枪内的环氧树脂也停留在喷枪内，这样当管道内涂膜层表干，换新管道喷涂时，喷枪内的环氧树脂也就表干、半固化，出现喷枪无法喷涂的问题。为了解决这一问题，人们在喷枪喷嘴后加了混合器，让环氧树脂的液料和固化剂分两个输送小管送入混合器，然后在混合器中混合喷出，即使出现喷枪堵塞，只要将喷嘴和混合器进行疏通即可。

(3) 涂膜固化。管线内壁涂覆完成后需快速固化，如环境温度较高可自然固化，需在管体两端用薄膜密封。而工厂常用的方法是加热固化，温度一般在 70 ~ 80℃，固化时间需 30min 左右。

四、管道内涂耐磨防腐涂层

地下管道在输送新开采石油、天然气或污水等介质时，由于介质中会有一定砂粒和介质的腐蚀性，易发生磨损腐蚀，造成内涂层的划伤、破裂等。在管道内涂耐磨防腐涂层是预防管道磨损腐蚀的有效办法。

(一) 耐磨防腐涂层概述

耐磨涂层的主要类型包括高分子涂层、金属涂层以及氧化物、氮化物、碳化物的陶瓷涂层。高分子涂层又可以分为有机粘结剂型和无机粘结剂型两类。前者是采用一种粘结剂作为载体，把一种或多种固体增强粒子黏附在管道内表面，这种传统的粘结型固体润滑涂层是目前品种最多、应用最广的一类。通常采用的粘结剂有环氧树脂、酚醛树脂、聚酰胺树脂、聚酰亚胺树脂、聚氨酯等，采用二硫化钼、石墨、PTFE、金属氧化物、卤化物、硒化物软金属等作为固体润滑剂。后者是由具有固体润滑和耐磨性能的特种高分子工程涂料形成的涂层。用于涂料的不仅有溶液型涂料，还包括粉末型涂料，如聚乙烯粉末涂料、聚氨酯粉末涂料、环氧树脂粉末涂料以及聚氨酯 / 环氧树脂粉末涂料等。溶液型涂料采用的树脂与上述粘结剂树脂类似。

耐磨涂料所用树脂主要分为 3 类，即环氧树脂类、聚氨酯树脂类、有机硅树脂类及各自的改性物。在所有耐磨树脂中，环氧类耐磨树脂开发较多，聚氨酯类耐磨性最好，特别是弹性聚氨酯。通常采用的耐磨树脂有环氧树脂、醇酸树脂、酚醛树脂、聚酯树脂、聚酰胺树脂、聚酰亚胺树脂、聚苯并咪唑、聚苯硫醚、聚氨酯等。

(二) 环氧树脂系耐磨防腐涂层

溶剂型涂料中的有机溶剂消耗大量石油资源，易燃易爆，有一定的毒害性。随着国家环保法规的要求越来越严格，无溶剂涂料得到了快速发展。无溶剂涂料火灾隐患低，符合环保法规要求，施工周期短，单道施工能获得较厚涂层，防腐效果好。

采用合适的涂装工艺，可获得性能优异的防腐耐磨涂层。

有机高分子中加入固体增强粒子，使涂层的硬度及耐磨性提高。大多数有机粘结剂为高分子物质，它是形成涂层的成膜物质，而固体颗粒为增强相。由于颗粒的自重较大，在有机涂料或高分子液体中容易下沉，颗粒加入后涂料的黏度增大，颗粒难以雾化，因此对这种加入固体粒子的有机涂料内喷涂多采用无气喷涂，喷涂枪多采用螺旋离心式。

尽管采用固化剂、环氧树脂加固体颗粒分管输送的螺旋离心喷涂工艺可以在管内实施耐磨环氧树脂涂层制备，由于固体颗粒自重较大，在制备涂层固化过程中，即使管道是旋转的，但根据离心力，重力大的粒子离心力大，必然使固体颗粒沉积在涂层的底部较多。因此，涂层表面的环氧树脂较多。当涂层固化后，发现涂层底部由于大量固体颗粒存在而导致涂层黏结性降低；而涂层表面固体颗粒少，与纯环氧树脂涂层相似，达不到耐磨效果。

由于共混法制备 SiO_2/ 环氧树脂（EP）复合涂层存在自然沉降现象，导致 SiO_2 颗粒大多沉于涂层中底部，而涂层表层颗粒含量较少，使得复合涂层表面硬度、耐磨性得不到显著提高，并且随着沉降到涂层底部的颗粒体积分数增大，涂层底部起黏结作用的环氧树脂体积分数减小，引起涂层黏结强度下降，最终使共混法制备的 SiO_2/EP 复合涂层很难满足天然气输气管道防护涂层的实际需求。为此，需要对 SiO_2/EP 复合涂层结构进行梯度优化设计。

梯度优化设计的设想：首先，涂层与金属基材的界面处不应含有较多 SiO_2 颗粒。这是因为，如果界面处 SiO_2 含量较多，体积分数较大，起黏结作用的环氧树脂体积分数减少，容易降低涂层的黏结强度。其次，分布在复合涂层表层的颗粒粒径应较小。较小颗粒对涂层的增强作用类似于金属材料中的“细晶强化”，即当涂层遭受外力破坏时，小颗粒分布在涂层表层，外力可被更多的颗粒吸收，受力更均匀，应力集中较小；颗粒较小，其比表面积较大，颗粒与环氧树脂界面结合面积大，不利于裂纹扩展。虽然较大颗粒具有更高的耐磨性，但出于整个涂层体系性能考虑，较大颗粒分布在涂层表层会降低涂层韧性，导致涂层塑性变形能力变差，使得涂层在较低水平的变形量下就容易出现裂纹，并以片状或块状脱落。另外，考虑到涂层表面粗糙度的要求，分布在涂层表层的颗粒粒径不宜过大。最后，分布在复合涂层中部的颗粒粒径应较大。当受外力作用时，颗粒对涂层体系起到一定的负荷支撑作用，粒径越大，颗粒强度和刚度越高，负荷支撑作用越明显。所以，使较大颗粒分布在涂层表层和底层之间的中部区域，不仅可以负荷来自涂层表层的自重，还可以起到大骨架作用，支撑并稳固涂层体系。

在固化后的涂层稳态结构中，含量较多的小尺寸颗粒分布在涂层表层区域，含量较少的中度和大尺寸颗粒分布在涂层中部，而涂层底层依然为纯环氧树脂。涂层成分的这种梯度分布一方面提高涂层表面硬度和表面耐磨性，保证涂层外观较光滑平整；另一方面大尺寸颗粒在涂层中部起支撑和稳固涂层体系的作用，并且涂层与基体具有良好的黏结力。

当固化温度为室温（25℃）时，环氧树脂涂料黏度随时间变化不大。温度为40～70℃，环氧树脂涂料黏度随固化时间延长而线性增加；而且温度越高，环氧树脂固化反应越剧烈，黏度升高越显著。

(三) 无溶剂耐磨防腐涂层

1. 涂料配方

通过对无溶剂耐磨防腐涂料的成膜树脂、玻璃鳞片、防沉降剂、触变剂和活性稀释剂的优化，确定无溶剂环氧树脂涂料的基本配方。

2. 涂料的施工工艺

粉状填料的无溶剂涂料可采用高压无气喷涂、滚涂或灌涂等方式施工，片状填料的无溶剂涂料可采用抹涂、滚涂或灌涂等方式施工。玻璃鳞片涂料在刷涂过程中易混进空气并带走鳞片，因此玻璃鳞片涂料一般不宜采用刷涂施工。早期鳞片涂料黏度高，施工寿命短，喷涂后应用辊筒滚平，施工质量较难保证，近20年来该问题逐渐得到解决。目前，无溶剂环氧涂料的施工适用期已长达4h。偶联剂、触变剂、漂浮助剂的应用，使得一次喷涂厚度达到300μm而不流挂。由于涂料表面张力较小、喷涂后表面无须再进行滚平。喷涂工具的改进，如较常用的有Wiwa型与Graco型高压无气喷涂装置和Hotspray（热喷涂）型双组分喷涂装置，保证了无溶剂涂料的施工质量。

涂装前基材需进行表面处理，钢制管材经喷砂后可达国家标准Sa2.5级。最好的办法是先用环氧底漆打底，待涂料固化后再涂装无溶剂涂料，其厚度一般不低于300～400μm。对强腐蚀介质，涂层的厚度可加厚至1～3mm。

五、地下石油天然气输送管管外3PE防腐

(一)3PE防腐层简介

3PE防腐覆盖层系统是近几年开发的新型管道外防腐涂料层，目前深受国际管道界的重视，现已越来越多地应用于油、气、水金属管道的防腐工程上。3PE防腐技术综合了环氧涂层与挤压聚乙烯两种防腐层的优良性能，将环氧涂层的界面特性和耐化学特性与挤压聚乙烯防腐层的机械保护特性等优点结合起来，从而显著改善

了各自性能。其特点是机械强度高、耐磨损、耐腐蚀、耐热、耐冷。三层 PE 用于输出介质温度≤ 70℃的管道防腐，在寒冷地带也适用。因此，3PE 防腐层是理想的埋地管线外防护层。3PE 防腐层的全称为熔结环氧 / 挤塑聚乙烯结构防护层，其主要性能指标如下：

黏结剥离强度：> 200N/cm;

抗阴极剥离：6mm，R65℃，24d 或 48d;

热老化:（110℃，200d）MI 指数变化 9%，延伸率变化 33%，屈服强度变化 17%;

柔韧性：在 2.5° ~ 3° 弯曲无裂口；

冲击强度: –40℃时≥ 15N/mm，+80℃时> 5N/mm;

抗压痕：< 0.00lmm;

UV 稳定性：大于 10 年；

热浸泡剥离强度: >100N/cm（80℃，14d）;

毒性：涂覆中无危害人体的成分逸出。

与其他防腐层相比，3PE 防腐层具有如下优点。

1. 防腐性能好

由于聚乙烯具有高分子量、高力学性能、不吸水、抗老化等特点，是稳定性好的物质，因此其防腐层克服了石油沥青、煤焦油瓷漆防腐层耐温性差、机械强度低的缺点；同时，克服了单层环氧粉末防腐层吸水率高、不耐冲击、抗外界机械损伤能力差的不足。由于环氧底层的采用，该防腐层又克服了聚乙烯胶黏带和两层聚乙烯防腐层黏结性能差的缺陷。由于三层 PE 防腐层克服了上述各种防腐层的缺点，具有良好的物理化学性能、电绝缘性能、防水和耐化学侵蚀性能以及优良的强度、抗冲击等性能，它是当今防腐层中最理想的长效地下管道防腐方案。

2. 防腐产品质量稳定

3PE 防腐层的原材料均为合成材料，具有严格的规范和质量要求，使得原材料的内在质量可以得到有效控制。同时，3PE 防腐方案已形成严谨的标准体系，其涂覆工艺从预热、抛丸除锈到涂覆有完整的机械工艺，产品的检验、管端打磨都有标准规范，从而确保了产品质量稳定。

3. 环境污染小

在 3PE 防腐层的生产过程中，由于所用材料都是无污染环保型产品，无有害气体和物质排放，而且设置了预防噪声、粉末回收和除尘的装置。因此，该防腐层有利于环境保护，也能够保证施工人员的健康。

4. 造价日趋经济合理

国际 3PE 防腐层每平方米造价为 10 ~ 12 美元。我国在初期引进并吸收这种防腐结构时，每平方米造价为108～112元。随着材料的国产化、生产人员素质的提高，目前每平方米造价已降至75元。造价的降低使得该防腐层的优势更加明显，可大面积应用于石油天然气管道防腐。

(二)防腐层结构

3PE防腐层由3部分组成，即环氧树脂底层、中间聚合物涂层和外包聚乙烯表涂层。

在实际的涂覆过程中，3种防腐涂料应按照管道的运行温度和涂覆作业设备选择所组成的结构。

1. 环氧树脂底层

环氧树脂底层的主要作用是：形成连续的涂膜，与钢管表面直接粘接，具有很好的耐化学腐蚀性和抗阴极剥离性能；与中间层胶粘剂的活性基团反应形成化学黏结，保证整体防腐层在较高温度下具有良好的黏结性。

环氧树脂涂料作为底层或第一层，厚度为60～100μm，它具有良好的附着力、优良的抗阴极剥离性能和化学屏障特性、抗氧性，可与金属表面直接粘接在一起。过去，底层采用聚乙烯涂层，由于聚乙烯是一种非极性材料，它在金属表面的附着力极差，尤其在较高的温度条件下，聚乙烯涂层管的黏结力不足，抗阴极剥离性能更差。环氧树脂涂料克服了这一缺点，它不仅具有良好的抗化学性能，而且对金属表面和聚乙烯中间层的附着力很强。

虽然环氧树脂底漆和环氧粉末都可以用作3层防腐涂料的底层，但大多数厂家都喜欢环氧粉末，其原因如下：

(1)环氧粉末在涂施时不需要预先混合，不需要使用溶剂，用常规设备涂施就可以达到厚度要求。

(2)它在3层防腐系统中性能稳定，此外没有环境污染问题，喷过的涂料可以回收重复使用，使用率达95%。

(3)3层防腐涂料中的环氧粉末，虽然与单层防腐涂料中的环氧粉末相同，但它的性能已经做了改进：

①具有充分的柔韧性，可以现场弯曲，同时在膜较薄的情况下仍具有最大的抗化学性能和抗阴极剥离性能；

②呈半固化状态的环氧树脂底层能与中间层涂料发生化学反应；

③有良好的涂膜流动性和溶解黏度。

常用的环氧树脂底层涂料一般分为熔结环氧粉末、无溶剂环氧液或含有溶剂的环氧液。但是，在实际的涂施过程中，要想选择最佳的涂料，这不仅要考虑涂覆设备、管道直径、运行温度、所用的表面涂层以及管道涂覆速度等因素，而且还要考虑环氧树脂底漆的物理性质、使用效果和固化条件。

在使用设备、涂覆速度及温度、质量控制、涂料适用范围、固化温度、涂料黏结力和利用率等方面，3 种底层涂料都有很大区别。熔结环氧树脂底漆具有涂覆速度快、质量控制稳定、适用于各种口径的管道的特点，各项性能指标都优于无溶剂环氧液或含溶剂环氧液，同时它的密闭循环设备可使涂料的利用率高达 95%。

2. 聚合物中间层

聚合物中间层称为第二层，是由共聚物或三聚物组成的带有分支结构功能团的黏合剂。3 层防腐涂料中聚合物中间层使用目的是把环氧树脂底漆层和聚乙烯表层牢牢地结合在一起，形成统一的整体。环氧树脂为极性涂料，聚乙烯为非极性涂料，因此，聚合物中间层在结构上必须兼有极性和非极性功能，使两边具有良好的附着性能。3 层防腐涂料的中间层是一种用接枝单体改性的聚乙烯基聚合物。聚合物中的极性分子团能同底层涂料中的自由环氧分子团发生化学反应，而非极性分子团很容易与聚乙烯表层结合在一起，这样底层与表层就能很好地粘接在一起，并具有良好的耐剥离性及耐热水浸泡性能。聚合物中间层的涂覆应紧随环氧树脂底漆层之后进行，其间隔时间绝不能超过 15s，厚度应严格控制在 250 ~ 400 μ m。

3. 聚乙烯面层

聚乙烯面层的主要作用是起机械保护与防腐作用。有几种类型的聚乙烯可作为 3 层结构覆盖层系统的表层，最常用的有高、中、低等密度的聚乙烯或改性聚乙烯。无论选择哪一种表层材料，都要考虑所用涂料的性能和管线的运行温度。在实际应用中，各国根据工程的需要从性能和降低造价方面做了研究和改进。通常的外防护层是低密度或中密度的聚乙烯，适应温度范围广（40 ~ 85℃）。当使用温度高或有更高要求时，可选用耐温 90℃的高密度聚乙烯或耐温 110℃的改性聚丙烯。聚乙烯表层对潮气具有优良的屏障作用，可以保护环氧树脂底层及粘结剂层，抗机械损伤能力强，减少剥离，且阴极保护电流低。聚乙烯表层的作用是为整个涂层提供良好的抗冲击性能、很低的水渗透性和较好的耐温性。此外，其环境应力开裂的耐受力也很好。聚乙烯表层是用常规挤出机和涂施设备进行涂层施工，表层的厚度根据管线的直径或运行条件而定，一般应为 1.5 ~ 3mm。

（三）生产工艺

3 层结构覆盖层系统是按在线防腐设备进行组合设计的，3 层系统的涂覆应按技术规范程序进行。3 层结构覆盖层系统的预制生产线工艺流程如下：

进管及检验→钢管表面清洗及预热→钢管表面打砂除锈→除锈钢管质量检验→

钢管感应加热→FBE 喷涂→粘结剂挤出涂覆→PE 挤出、涂覆→冷却系统→管端预留处理→防腐涂层检验及标识→出管。

1. 钢管表面预处理

清除钢管表面油污和杂质，钢管表面干燥以后进行喷砂除锈，除锈质量达到 Sa2.5 级，锚纹深度为 50～70um。预处理后要检查钢管表面有无缺陷。检查合格后，用干燥空气吹净表面磨料。

2. 加热钢管

用电感应加热器加热管道，直到钢管的温度达 185～235℃。用红外线温度指示器测量钢管温度，因为钢管的涂覆温度主要取决于环氧树脂类型。根据厂家提供的数据在生产线上调试确定，取不同的温度测量也是为了比较不同温度对涂层的影响。

3. 喷涂熔结环氧树脂底漆

采用静电喷枪对钢管进行熔结环氧树脂底漆喷涂，平均膜厚 72μm。

4. 涂覆聚合物中间层

用常规卧式挤出机涂覆聚合物中间层，涂覆时必须在熔结环氧树脂胶化过程中进行，聚合物中间层挤出温度 190℃，平均膜厚 298um。

5. 覆盖聚乙烯层

采用纵向挤出或侧向缠绕工艺，挤出温度 240℃，管道前进速度为 3.14m/min，平均膜厚 1.88mm。在侧向缠绕时采用耐热硅橡胶辊挤压搭接部分的聚乙烯，确保粘接密实。

6. 采用循环水冷却法

缠绕上聚乙烯覆盖层之后，再对钢管冷却，使钢管温度不高于 60℃。注意：从涂覆熔结环氧树脂开始到防腐层冷却这段时间的间隔中，应保证熔结环氧树脂的固化。

目前，生产线上的 3 层涂覆设备是由计算机控制的，其设备对钢管进行自动处理和涂覆，按需要调节涂覆厚度，同时记录涂覆管段的涂覆状况以及漏涂检查。对涂覆过程、最终检查和试验结果等情况应进行综合分析。其中一些指标包括表面粗糙度和清洁度、有无漏涂、抗冲击性、黏结力、覆盖层厚度、伸缩性、横截面检测、固化、阴极剥离、抗压性、断裂的伸长度、覆盖层的电阻率、耐紫外线等技术参数，以此来观察和评价其质量特性，并经济有效地实现和控制管线的外防腐。

第四节　管道的化学镀

化学镀也称为自催化镀，是在无外加电流的条件下，借助合适的还原剂使溶液中的金属离子在具有自催化活性的表面被还原为金属状态并沉积的过程。这种方法是唯一能用来代替电镀的湿法镀膜法，其镀层对含硫介质，如石油介质防护性能好，特别是对管件、输送机械等表面防护具有独特优势。

一、化学镀的优缺点

化学镀具有如下优点：

(1) 可处理的基体材料广泛、除金属材料外，通过敏化、活化等前处理，化学镀可在非金属材料如塑料、尼龙、玻璃、陶瓷以及半导体材料表面上镀覆，而电镀法只能在导体表面上施镀，所以化学镀工艺是非金属表面金属化的常用方法，也是非导体材料电镀前做导电底层的方法。

(2) 镀层厚度均匀化学镀液的分散力接近 100%，无明显的边缘效应，几乎是基材 (工件) 形状的复制，因此特别适合形状复杂的工件、腔体件、深孔件、管件内壁等表面施镀，而电镀法因受电力线分布不均匀的限制很难做到。由于化学镀层厚度均匀又易于控制，表面光洁平整，一般均不需要镀后加工，适宜作为加工件超差的修复及选择性施镀。

(3) 工艺设备简单，不需要电源、输电系统及辅助电极，操作时只需把工件正确悬挂在镀液中即可。

(4) 化学镀镍磷合金具有高的硬度和好的耐磨性及耐腐蚀性，镀层有光亮或半光亮的外观、晶粒细、致密、孔隙率低，某些化学镀层还具有特殊的物理化学性能。

(5) 镀层与基体的结合力高，不易脱落。

虽然化学镀具有很多优点，但化学镀溶液的成本比电镀高，稳定性差，不易维护、调整和再生，且可沉积的金属及合金品种远少于电镀。

二、化学镀原理

化学镀的沉积过程不是通过界面上固 - 液两相间金属原子和离子的交换，而是液相离子 Mn^{+} 通过液相中的还原剂在金属或其他材料表面上的还原沉积。化学镀的关键是还原剂的选择和应用，最常用的还原剂是次磷酸盐和甲醛，近年来又逐渐采用硼氢化物以及氨基硼烷类和类衍生物等作为还原剂，以便室温操作和改变镀层性能。

在化学镀中，析出金属在自催化的表面不断成长。要镀的金属表面对某种还原剂的催化性如何，可以通过考察在该金属表面上还原剂的阳极极化特性来了解。在高 pH 时，镍可以被甲醛还原；但甲醛在镍上反应速率极慢。因此，以甲醛为还原剂，在铜上镀镍时速度极慢，此反应不能应用。

三、化学镀工艺

化学镀的工艺流程为：零件表面除油→除锈→化学镀→镀件清水洗→表面热水洗→表面钝化→烘干。

零件表面除油是采用添加一定表面活性剂的 4%NaOH 溶液对表面进行冲洗。若零件表面油污较重，可选用热碱冲洗，必要时用毛刷刷干净。除油后用清水冲干净。零件表面除锈是在加一定缓蚀剂的 10% 左右的 HCI 溶液进行，直至除锈干净为止，然后用清水冲洗干净。

化学镀关键是要调整化学镀池中的温度和 pH。对于中温化学镀，一般控制化学镀池中的温度在 65℃以上，在 85℃时较好。对于化学镀过程的 pH 变化，常用氨水调整 pH，使 pH 保持在 5 左右。

四、化学镀的质量检验

化学镀镍 - 磷镀层可改善管道的防腐蚀性能和提供耐磨性能，其结构、物理和化学性质取决于镀层的组成、化学镀镍槽液的化学成分、基材预处理和镀后热处理。一般而言，当镀层中磷含量增加到 8%（质量分数）以上时，防腐蚀性能将显著提高；而当镀层中磷含量少于 8%（质量分数）时，耐磨性能得到提高。但是，通过适当的热处理，将会大大提高磷含量镀层的显微硬度，从而提高镀层的耐磨性能。

化学镀镍的质量检测包括物理及化学成分检验。

（一）外观

按主要表面的外观可分为光亮、半光亮或无光泽；当用目视检查时，表面应均匀，不应有麻点、裂纹、起泡、分层或结瘤和其他会危害最终精饰（除非有其他要求）等缺陷。肉眼可见的起泡或裂纹以及由热处理引起的缺陷，应视为不合格品。

（二）表面粗糙度

如果需方规定了表面粗糙度，其测量方法应按规定进行。镀层的表面粗糙度一般不会优于镀前基体的表面粗糙度。

(三) 厚度

在标识部分所指定的镀层厚度是指其最小局部厚度。在需方没有特别指明的情况下，镀层的最小局部厚度应在工件重要表面（可以和直径 20mm 的球相切）的任何一点测量。

在不同使用条件下，镍 - 磷镀层应具有足够的耐磨性，这使得镀层有最小厚度的要求。在粗糙或多孔的工件表面，为了将基体材料对镍 - 磷镀层特性的影响减少到最小，镍 - 磷镀层应更厚一些。为了以最小的镍 - 磷镀层厚度获得最佳的耐磨性，基体材料的表面应平整和无气孔。表面粗糙度 $R_a \leqslant 0.2$pm 的基体材料可用于样板。

化学镀层厚度的测量方法主要有破坏性测试方法和非破坏性测试方法。

破坏性测试方法有显微镜法、库仑法和扫描电镜法。显微镜法根据规定的方法进行测试。库仑法可以用于测量化学镀镍 - 磷镀层的总厚度，铜和镍底层的厚度。该方法可以在工件的重要表面（可以和直径 20mm 的球相切）的任何一点测量。扫描电镜法可以用于测量化学镀镍 - 磷镀层及其底层的厚度。

非破坏性测试方法有 β 射线背散射法、X 射线光谱测定法、称量 - 镀覆 - 再称量法、磁性法。β 射线背散射法适用于测量铝基金属的镀层厚度以及全部镀层的厚度，不适于铜基体。称量 - 镀覆 - 再称量法是选用一个已知表面积的工件（或选用与已镀覆工件基材相同的试样，试样表面积已知），在镀覆前后分别称量工件或试样的质量，精确到 0.001g。要保证每次测量都是在室温下进行，并且工件或试样都是干燥的。

(四) 弯曲试验

将试样沿直径最小为 12mm 或试样厚度 4 倍的心轴绕 180° 用 4 倍的放大镜检查，有无脱皮、起泡现象。

(五) 硬度

如果需方要求提供硬度值，应按规定的方法测量。在热处理后测量，其结果应在需方规定的硬度值的 ±10% 以内。

(六) 镀层的耐蚀性

如果有要求，镀层的耐蚀性及其测试方法应根据标准来规定。醋酸盐雾试验以及铜加速盐雾试验等方法可以被指定为评估镀层抗点蚀能力的测定方法。

(七) 耐磨性

如果有要求，应由需方指定镀层耐磨性的要求，并指定用于检测镀层耐磨性是否达到要求的测试方法。

(八) 结合力

化学镀镍 - 磷镀层可以附着在有镀覆层和未经镀覆的金属上。根据需方的规定，镀层应能够通过一种或几种结合力的测试。

第九章　管道的腐蚀及防腐方法

第一节　腐蚀的危害

一、腐蚀现象

众所周知，材料、能源和信息是现代文明的 3 大支柱。腐蚀是材料研究重要组成部分。一般来说，材料在环境中服役时有 3 种基本失效形式，腐蚀是较重要的一种。另两种失效形式分别是磨损和断裂。

二、腐蚀危害

金属腐蚀现象遍及国民经济和国防建设各个领域，危害十分严重。

(一) 腐蚀会造成重大的经济损失

腐蚀的重要性首先来自经济方面，这是腐蚀学科最初发展的原动力。腐蚀给国民经济带来巨大损失，据估计，全世界每年因腐蚀报废的钢铁产品大约相当于年产量的 30%，假如其中的 2/3 可回炉再生，则约有 10% 的钢铁将由于腐蚀而一去不复返了。损失除材料本身的价值外，还应包括设备的造价；为控制腐蚀而采用的合金元素、防腐涂层、镀层、衬层等；为调节外部环境而加入的缓蚀剂、中和剂；进行电化学保护、监测试验费用等。

我国每年腐蚀造成的直接经济损失也十分惊人，据统计，腐蚀造成的直接经济损失占国民经济净产值的 3% ~ 4%，这和其他国家的数据相仿。

(二) 腐蚀易引发安全问题和环境危害

腐蚀极易造成设备的跑、冒、滴、漏，污染环境而引起公害，甚至发生中毒、火灾、爆炸等恶性事故。

(三) 自然资源的巨大消耗

地球储藏的可用矿藏中金属矿的储量是有限的，腐蚀使金属变成了无用的、无法回收的散碎氧化物等。例如，每年花费大量资源和能源生产的钢铁，有 40% 左右被腐蚀，而腐蚀后完全变成铁锈不能再利用的约为10%。按此计算，我国每年腐蚀掉的不能回收利用的钢铁达1000多万吨，大致相当于宝山钢铁厂一年的产量。因此，腐蚀会加速自然资源的损耗，这是不可逆转的。

腐蚀重要性的第三个领域为节约资源、能源、保护环境等。地球上矿产、能源资源有限而腐蚀浪费了大量宝贵资源。有人统计全世界金属资源日趋枯竭，即使按10倍现有储量再加上50%再生利用的乐观估计，可维持年代也不会很长。浪费材料的同时也是浪费了能源，因为从矿石中提炼金属需消耗大量能源。

地球上资源有限，珍惜资源是人类的战略任务，若腐蚀控制得好，可延长产品的使用寿命，从而节省大量的原材料和能源。

在“保护地球——我们赖以生存的环境”的呼声日益高涨的今天，对生态环境考虑已逐渐大于经济方面考虑。在21世纪走持续可发展道路的战略格局中，材料腐蚀和防护将占重要地位。

(四) 阻碍新技术的发展

一项新技术、新产品的产生过程，往往会遇到需要克服的腐蚀问题，只有解决了这些问题，新技术、新产品、新工业才得以发展。例如，不锈钢的发明和应用大大促进了硝酸和合成氨工业的发展。又如，当年美国的阿波罗空间计划中，氧化剂N_2O_4的储罐是用高强度钛合金制造的，这是通过应力腐蚀试验选出的。但在运行前的模拟试压(压力为规定值的1.5倍)中很快发生破裂，原因是应力腐蚀试验中使用的N_2O_4是不纯的，含有NO_2而模拟试压使用的N_2O_4纯度高，不含NO_2经分析研究加入0.6%NO之后才得以解决。美国著名的腐蚀学专家方坦纳认为，如果找不到解决方法，登月计划会推迟若干年。

在我国四川石油天然气开发初期，要是没有我国腐蚀工作者努力，及时解决钢材硫化氢应力开裂问题，我国天然气工业不会如此迅速发展。同样地，由于缺乏可靠技术(包括防腐蚀技术)，我国有一批含硫80%~90%的高硫化氢气田至今仍静静地埋在地下，无法开采利用。

当然，腐蚀如同其他许多现象一样，也是一把双刃剑，腐蚀现象也可以用来为人类造福。随着人们对腐蚀现象认识的不断深化，腐蚀不再是总与人类作对的捣乱者，有目的地利用腐蚀现象的代表性例子有：电池工业中，利用活泼金属腐蚀获得携带方便的能源；半导体工业中，利用腐蚀对材料表面进行间距只有0.1mm左右的精细蚀刻等。

第二节　腐蚀的类型

腐蚀的分类方法很多，根据文献报道，至少有 80 种腐蚀类型，而且由于金属材料的增加、腐蚀介质的更新，腐蚀类型还在增加。下面只简单介绍几种腐蚀的分类方法。

一、根据腐蚀机理分类

(一) 化学腐蚀

化学腐蚀指金属与腐蚀介质直接发生反应，在反应过程中没有电流产生。这类腐蚀过程是氧化还原的纯化学反应，带有价电子的金属原子直接与反应物分子相互作用。因此，金属转变为离子状态和介质中氧化剂组分的还原是在同时、同一位置发生的。最重要的化学腐蚀形式是气体腐蚀，如金属的氧化过程或金属在高温下与 SO、水蒸气等的化学作用等。

化学腐蚀的腐蚀产物在金属表面形成表面膜，表面膜的性质决定了化学腐蚀速度。如果膜的完整性、强度、塑性都较好，膜的膨胀系数与金属接近、膜与金属的亲和力较强，则有利于保护金属、降低腐蚀速度。化学腐蚀可分为以下几种情况。

1. 在干燥气体中的腐蚀

通常指金属在高温气体作用下的腐蚀。例如，轧钢时生成厚的氧化铁皮、燃气轮机叶片在工作状态下的腐蚀、用氧气切割和焊接管道时在金属表面产生的氧化皮等。

2. 在非电解质溶液中的腐蚀

指金属在某些有机液体（如苯、汽油）中的腐蚀。例如，Al 在 CCl_4、$CHCl_3$ 或 CH_3CH_2OH 中的腐蚀，镁和钛在 CH_3OH 中的腐蚀等。

(二) 电化学腐蚀

电化学腐蚀是最常见的腐蚀形式，自然条件下，如潮湿大气、海水、土壤、地下水以及化工、冶金生产中绝大多数介质中金属的腐蚀通常具有电化学性质。电化学腐蚀是指金属与电解质溶液（大多数为水溶液）发生了电化学反应而发生的腐蚀。其特点是，在腐蚀过程中同时存在两个相对独立的反应过程——阳极反应和阴极反应，并与流过金属内部的电子流和介质中定向迁移的离子联系在一起，即在反应过程中伴有电流产生。阳极反应是金属原子从金属转移到介质中并放出电子的过程，即氧化过程。阴极反应是介质中的氧化剂得到电子发生还原反应的过程。

（三）物理腐蚀

物理腐蚀是指金属由于单纯的物理溶解作用引起的破坏。熔融金属中的腐蚀就是固态金属与熔融液态金属（如铅、钵、钠、汞等）相接触引起的金属溶解或开裂。这种腐蚀是由于物理溶解作用形成合金，或液态金属渗入晶界造成的。如存放熔融锌的钢容器 Fe 在高温下被液态 Zn 熔解，容器变薄。

（四）生物腐蚀

生物腐蚀是指金属表面在某些微生物生命活动或其产物的影响下所发生的腐蚀。这类腐蚀很难单独进行，但它能为化学腐蚀、电化学腐蚀创造必要的条件，促进金属的腐蚀。微生物进行生命代谢活动时会产生各种化学物质，如含硫细菌在有氧条件下能使硫或硫化物氧化，反应最终将产生硫酸，这种细菌代谢活动所产生的酸会造成水泵等机械设备的严重腐蚀。

二、根据金属腐蚀的破坏形式（腐蚀形态）分类

（一）全面腐蚀

全面腐蚀是腐蚀分布在整个金属表面上，可能是均匀的也可能是不均匀的，它使金属含量减少，金属变薄，强度降低。全面腐蚀的阴阳极是微观变化的。

（二）局部腐蚀

局部腐蚀是发生在金属表面局部某一区域，其他部位几乎未破坏。局部腐蚀的阴阳极是截然分开的，通常是阳极区表面积很小，阴极区表面积很大，可以进行宏观检测。局部腐蚀的破坏形态较多，对金属结构的危害性也比全面腐蚀大得多。主要有以下几种类型。

1. 电偶腐蚀

两种电极电势不同的金属或合金相在电解质溶液中接触时，即可发现电势较低的金属腐蚀加速，而电势较高的金属腐蚀反而减慢（得到了保护）。这种在一定条件下（如电解质溶液或大气）产生的电化学腐蚀，即一种金属或合金由于同电极电势较高的另一种金属接触而引起腐蚀速度增大的现象，称为电偶腐蚀或双金属腐蚀，也叫作接触腐蚀。

2. 点蚀

点蚀又称孔蚀，金属表面上极为个别的区域被腐蚀成一些小而深的圆孔，而且

蚀孔的深度一般大于孔的直径，严重的点蚀可以将设备蚀穿。蚀孔的分布情况是不一样的，有些孤立地存在，有些则紧凑在一起。在蚀孔的上部往往有腐蚀产物覆盖。点蚀是不锈钢和铝合金在海水中典型的腐蚀方式。

3. 缝隙腐蚀

金属构件一般都采用铆接、焊接或螺钉连接等方式进行装配，在连接部位就可能出现缝隙。缝隙内金属在腐蚀介质中发生强烈的选择性破坏，使金属结构过早地损坏。缝隙腐蚀在各类电解质溶液中都会发生，钝化金属如不锈钢、铝合金、铁等对缝隙腐蚀的敏感性最大。

4. 晶间腐蚀

腐蚀破坏沿着金属晶粒的边界发展，使晶粒之间失去结合力，金属外形在变化不大时即可严重丧失其机械性能。

5. 剥蚀

剥蚀又称剥层腐蚀。这类腐蚀在表面的个别点上产生，随后在表面下进一步扩展，并沿着与表面平行的晶界进行。由于腐蚀产物的体积比原金属体积大，从而导致金属鼓胀或分层剥落。某些合金、不锈钢的型材或板材表面和涂金属保护层的金属表面可能发生这类腐蚀。

6. 选择性腐蚀

多元合金在腐蚀介质中某组分优先溶解，从而造成其他组分富集在合金表面上。黄铜脱锌便是这类腐蚀典型的实例。由于锌优先腐蚀，合金表面上富集铜而呈红色。

7. 丝状腐蚀

丝状腐蚀是有涂层金属产品上常见的一类大气腐蚀。如在镀镍的钢板上、在镀铬或搪瓷的钢件上都曾发现这种腐蚀。而在清漆或瓷漆下面的金属上这类腐蚀发展得更为严重。因多数发生在漆膜下面，因此也称为膜下腐蚀。

（三）应力作用下的腐蚀

应力作用下的腐蚀为材料在应力和腐蚀环境协同作用下发生的开裂及断裂失效现象。主要分为如下几类：应力腐蚀断裂、氢脆和氢致开裂、腐蚀疲劳、磨损腐蚀、空泡腐蚀、微振腐蚀。

统计调查结果表明，在所有腐蚀中腐蚀疲劳、全面腐蚀和应力腐蚀引起的破坏事故所占比例较高，分别为 23%、22% 和 19%，其他十余种形式腐蚀合计 36%。由于应力腐蚀和氢脆的突发性，其危害性最大，常常造成灾难性事故，在实际生产和应用中应引起足够的重视。

第三节　腐蚀的原理及过程

一、腐蚀原电池的形成条件和作用过程

对于地下管道，腐蚀原电池根据电极大小可分为微电池和宏电池，两种腐蚀原电池的作用是同时存在的。从腐蚀的表面形式看，微电池作用时具有腐蚀坑点较浅、分布均匀的特征，而在宏电池作用下引起的腐蚀则具有较深的斑点、局部溃疡或穿孔的特征，其危害性更大。但不论哪一种腐蚀原电池，其形成的条件都是有电解质溶液相接触、金属的不同部位或两种金属间存在电极电位差、两极之间互相连通。

腐蚀原电池的作用过程由下述3个过程组成：

(1) 阳极过程：金属溶解，以离子形式转入溶液，并把当量电子留在金属上。

(2) 电子转移：在电路中电子由阳极流入阴极。

(3) 阴极过程：由阳极流过来的电子被溶液中能吸收电子的氧化剂接受，其本身被还原。

二、自然条件下的金属腐蚀过程

(一) 大气腐蚀

暴露在大气中的管道金属表面，由于水和氧等的作用所产生的破坏称为大气腐蚀。大气腐蚀是电化学腐蚀的一种特殊形式，是在金属表面处于薄层的电解质溶液中进行的腐蚀的过程，腐蚀过程既服从电化学腐蚀的一般规律，又具有大气腐蚀的特点。

当金属表面形成水膜以后，由于水膜中往往溶解有一定量的 SO_2 和 CO_2 等，因此，水就相当于电解质溶液。由于在金属表面存在其他电化学性质的不均匀性，于是就形成许多微电池，开始进行电化学腐蚀。其过程如下。

1. 阴极过程

由于水膜比较薄，空气中的氧很容易到达金属表面，所以阴极主要是氧的去极化反应。当液膜稍厚些时，氧到达金属表面有一个扩散过程，因此这时的整个腐蚀过程就受到氧扩散的控制。

2. 阳极过程

微电池的阳极反应是金属失去电子的氧化溶解过程。

由于阳极产生的电子不断被阴极反应消耗，因此腐蚀过程不断继续下去。大气中金属的腐蚀行为和耐蚀性受大气条件、金属成分、表面形状、朝向、水滴的流动

情况、工作条件等因素的影响而有很大的不同。影响大气腐蚀的自然因素除污染物外，主要是气候条件，在没有湿气的情况下，很多污染物几乎没有腐蚀效应，但相对湿度超过 80%，腐蚀速度会迅速上升。故敷设在地沟或潮湿环境的架空管道表面极易腐蚀。

由于大气环境随着温度、湿度及污染情况等发生明显的变化，因而世界上各地的大气腐蚀速度有很大的差异。根据不同大气环境对金属腐蚀的影响，可将大气分成工业大气、农村大气、城市大气、海洋大气和北极大气。

（二）土壤腐蚀

土壤是由各种颗粒状的矿物质、有机物质、水分、空气和微生物组成的多相的、有生物活性和粒子导电性的多孔的毛细管胶体体系。土壤腐蚀是指地下金属构筑物在土壤介质作用下引起的破坏，基本上属于电化学腐蚀。因为土壤是多相物质组成的复杂混合物，颗粒间充满空气、水和各种盐类，使土壤具由电解质的特征。因此，地下管道裸露的金属在土壤中构成了腐蚀电池。土壤腐蚀电池大致可分为微腐蚀电池和宏腐蚀电池两类。

1. 阳极过程

以土壤中铁的腐蚀为例。腐蚀开始时，金属铁失去电子进入电解质溶液中生成水和铁离子。在酸性土壤中，相当于铁离子以溶解状态存在于土壤中。

2. 阴极过程

阴极主要是氧的去极化作用。

阴极过程中氧气向金属表面的扩散速率是控制腐蚀速率的主要因素。一般认为，在土壤腐蚀中，物理化学因素的影响比液体腐蚀中大。因为，控制管道腐蚀过程的主要是氧的去极化，即氧与电子结合生成氢氧根离子，所以对氧的流动渗透有很大影响的土壤结构和湿度在某种程度上决定了土壤腐蚀性。例如，土壤透气性不同所形成的宏腐蚀电池是地下金属管道发生剧烈腐蚀的主要原因。

影响埋地管道腐蚀速度的因素是多方面的，主要取定于土壤的性质，而表征土壤性质指标的各种参数均会对管道金属的腐蚀产生影响，如土壤 pH、氧化还原电位、土壤电阻率、含盐种类和数量、含水率、孔隙度、有机质含量、湿度、细菌、杂散电流等多种因素有关。

（三）土壤中细菌的腐蚀

土壤中氧是阴极过程的氧化剂。细菌在特定的条件下参与金属的腐蚀过程，不同种类细菌在腐蚀行为和条件也各不相同。但在某些缺氧的土壤中仍发现严重的腐蚀，这就是因为有细菌参与了腐蚀的过程。当土壤中含有硫酸盐时，在缺氧的情况下，一种厌氧性细菌——硫酸盐还原细菌就会繁殖起来。在它们的代谢过程中需要氢或者某些还原物质，将硫酸盐还原成硫化物，利用反应的能量而繁殖。

而细菌本身就是利用这个反应的能量繁殖的。埋藏在土壤中的钢铁管道表面，由于腐蚀，在阴极上有氢产生（原子态氢），如果它附在金属表面，不能成为气体逸出，则它的存在就会造成阴极极化而使腐蚀缓慢下来，甚至停止进行。

当有硫酸盐还原菌活动时，在铁表面的腐蚀产物是黑色的，并发出 H_2S 的臭味。细菌的腐蚀过程中所起的作用很复杂，除上述由于细菌的存在改善了去极化条件，从而加快金属腐蚀速度外，还有一些细菌是依靠管道防腐蚀涂层——石油沥青作为它的养料，将石油沥青“吃掉”，造成防腐层破坏而使金属腐蚀。另外，一些细菌将土壤中的某些有机物转化为盐类或酸类，与金属作用而引起腐蚀。

（四）H_2S 腐蚀

由于管道所传输的介质常含有 H_2S，所以它造成的腐蚀是不能被忽视的。

腐蚀产物还有其他的硫化铁。硫离子有效地使阴极反应所析出的氢原子不易化合成氢分子逸出。

（五）埋地管道的应力腐蚀

近年来，埋地管道的应力腐蚀引起国内外极大地关注。在阴极保护状态下的埋地管道，其应力腐蚀破坏大多起始于管道的外表面，最常见的是防腐层剥离部位。现场调查发现，在剥离层下面存在碳酸钠或碳酸氢钠，这就最容易引发 SCC 环境。阴极反应会引起碱性物质在管道表面聚集，经过防腐层的空隙或缺陷进入管道表面，在管道表面发生反应。

腐蚀体系的应力源于管道承受的外载、残余应力及腐蚀产物，三者叠加，净应力便是应力腐蚀断裂过程的推动力。

第四节　管道的防腐

一、管道的防腐蚀主要方法

(1) 选用耐腐材料，如不锈钢、塑料等。

(2) 金属防腐层，如镀锌、喷铝等。

(3) 涂层

① 油漆类，如油脂漆、醇酸树脂漆、酚醛树脂漆、过氯乙烯漆、硝基漆等；

② 有机化合物材料，如沥青、塑料、树脂等；

③ 无机化合物材料，如玻璃、珐琅、水泥等。

(4) 电保护法

① 阴极保护，外加电流、牺牲阳极；

② 电蚀防止法，排流保护。

二、防腐蚀材料的基本要求及性能

用涂料均匀致密地涂敷在经除锈的金属管道表面，使其与腐蚀性介质隔绝，这是管道防腐蚀最基本的方法之一。其防腐蚀原理是高电阻的涂层将管道金属与腐蚀介质隔离，切断电化学腐蚀电池的道路，从而阻止管道金属腐蚀。埋地管道的外防腐蚀涂层应具有下列基本要求：

(1) 良好的电绝缘性

① 防腐蚀层相对两面之间一定面积的电阻不应小于 $10000\Omega \cdot m^2$；

② 耐击穿电压强度不得低于电火花检测仪检测的电压标准。

(2) 防腐蚀层应具有一定的耐阴极剥离强度的能力。

(3) 足够的机械强度：① 有一定的抗冲击强度，以防止由于搬运和土壤压力而造成损伤；② 有良好的抗弯曲性，以确保管道施工时受弯曲而不致损坏；③ 有较好的耐磨性，以防止由于土壤摩擦而损伤；④ 针入度达到足够的指标，以确保涂层可抵抗较集中的负荷；⑤ 与管道有良好的黏结性。

(4) 有良好的稳定性：① 耐大气老化性能好；② 化学稳定性好；③ 耐水性好，吸水率小；④ 有足够的耐热性，确保其在使用温度下不变形、不流淌、不加快老化速度；⑤ 耐低温性能好，确保其在堆放、拉运和施工时不龟裂、不脱落。

(5) 防腐层破损后易于修补。

(6) 抗微生物性能好。

三、防腐蚀层材料选择因素

(1) 黏结力、抗老化性能、化学稳定性能是否优良；

(2) 施工工艺的先进性；

(3) 管道的地理位置和地势情况，包括城市、山区、沼泽、河流等；

(4) 管道通过地区的土壤或回填类型；

(5) 管道运行的温度和施工过程中的环境温度；

(6) 装卸要求和储存条件;

(7) 防腐蚀层的费用，包括材料、涂敷、修补以及防护损坏等费用。

四、防腐蚀层综合性能评价

(1) 用防腐蚀层面电阻评价防腐蚀层质量等级。

(2) 用阴极保护所需的保护电流密度对防腐蚀层质量作评价。

由于不存在绝对完好无损的管道防腐蚀层，所以管道防腐蚀的最佳方案是将防腐蚀层与阴极保护相结合。这是因为在防腐蚀层破损或有针孔的情况下，依据电化学原理将会形成腐蚀电池，致使腐蚀比无防腐蚀层时要集中，使局部腐蚀加剧造成穿孔。采用阴极保护技术正好可以弥补其不足。反过来看，阴极保护的电流密度又可以反映出防腐蚀层质量的优劣。防腐蚀层质量越好，保护电流密度越小。

五、钢管表面质量处理

钢管在运输、保管等过程中，由于受环境等方面的影响会造成钢管的表面锈蚀，这种锈蚀的严重程度是不同的。在涂喷管道防腐涂料之前，必须对管道做全面的内外表面的除锈的处理，这样可以提高钢铁本身的防腐蚀能力，增加钢铁与涂膜之间的黏附力，延长涂膜的耐久性，有利于涂层的流平和装饰，以期最大限度地发挥涂料的特性，顺利进行涂装作业，保证涂膜质量优良。

为了提高油漆防腐层的附着力和防护效果，在涂刷油漆前应清除钢结构表面的锈层、油垢和其他杂质。表面清除后 8 ~ 10h 内需涂刷防锈漆，防止再锈蚀。常用的处理方法有手工、机械和化学三种。同一钢管经不同的表面处理方法，涂以相同的底漆和面漆，结果涂层的损坏期和程度有明显的差异。

(一) 手工除锈

手工除锈方法首先用敲锈榔头等敲击式手动工具除掉钢结构物表面上的厚锈和焊接飞溅物，然后使用钢丝刷、铲刀、砂布等在金属表面打磨，除掉表面上所有松动的氧化皮、疏松的锈和疏松的旧涂层，直至露出金属光泽。手工除锈劳动强度大、效率低、质量差。

(二) 机械除锈

钢管除锈工艺流程：检查→除油→清洗→干燥→除锈→去尘→质量检查等。施工前应对钢管进行逐根检查，对有扭曲、裂纹和其他损伤的管道，或管口处有变形的管道都要剔除，并观察管道的锈蚀状况。如果钢管外壁被油脂污染，应先除油。

少量的油污可用擦拭方法去除，管内有油污用浸泡等方法除油。当涂料对管外表面处理要求不高时，可采用钢丝刷除锈。若对表面处理等级要求较高，则应用喷射法除锈。

1. 动力工具除锈

这种方法效率高、质量稳定，主要用管内扫管机和管外壁除锈机进行除锈作业。

管内扫管机用于除去管道内表面的锈层、氧化皮等，可使用圆盘状钢丝刷，钢丝刷的直径可根据不同的清扫管径进行更换。清扫管长可达 12m，钢丝刷通过软轴以电动机驱动。

钢丝轮除锈生产线的作业方式：钢管→上管台→滚轮→螺旋传动台→钢丝轮除锈机→螺旋传动台→滚轮→下管台。上、下管台有一定的倾斜度，使钢管可按倾斜角自动滚动。钢丝轮在电动机的带动下旋转，钢管通过螺旋传动器的传动，在钢丝轮上面螺旋前进，同时在钢丝轮的高速磨刷的作用下其表面的锈层与污物被清理干净。为避免污染环境，将该除锈机放在密闭的箱体内。由于钢丝轮除锈只能清除浮锈和松动的氧化皮，对于附着牢固的氧化皮则清除不掉，且锚纹深度不大，故只适用于要求不高的表面处理施工。钢管的螺旋前进速度与螺旋传动台主动轮轴线同钢管运动方向的夹角为 α。当 α 角度大时，钢管直线前进速度加快，周向转动速度减慢，从而使部分管段没有经过钢丝轮的除锈，会产生漏除。所以，调整和控制 α 角对保证除锈质量、提高除锈效率很重要。

2. 喷（抛）射磨料除锈

喷砂除锈是指用压缩空气将磨料高速喷射到金属表面，依靠磨料的冲击和研磨作用，将金属表面的铁锈和其他污物清除。喷砂设备主要由压风机、油水分离器、除水器、喷砂机等组成。

抛丸法是利用高速旋转的叶轮，将进入叶轮腔体内的磨料在离心力作用下由开口处以 45°~50° 的角度定向抛出，射向被除锈的金属表面。

磨料的种类很多，按其材质、形状和粒度可分为不同类型和规格。常用的金属磨料有铸钢丸、铸铁丸、铸钢砂、铸铁砂和钢丝段。非金属磨料包括天然矿物磨料（如石英砂、金刚砂、燧石等）和人造矿物磨料（如熔渣、炉渣等）。当钢表面有较多的油和油脂时，在喷砂前应除去钢表面可见油、油脂和积垢。

喷砂除锈后的钢表面应在未受污染前就进行涂装，若涂装前钢表面已受污染，应重新进行清理。由于钢材本身的某些缺陷，如气泡、裂缝、夹渣和分层等，当表面处理后可发现，喷砂除锈后应按规定对这些缺陷做必要的修补。

第五节　管道的外壁防腐

一、常用防腐涂层材料

埋地管道外壁防腐蚀层的种类较多。20世纪50年代以前，国外地下长输管道主要采用石油沥青和煤焦油沥青作为外壁防腐蚀层，在防腐预制厂或现场机械连贯涂敷施工。20世纪50年代至60年代，市场上陆续出现了一些性能很好的塑料防腐材料，如塑料粘胶带、热塑涂层、粉末融结涂层等。20世纪70年代以来，由于管道向极地、海洋、冻土、沼泽、沙漠等严酷环境延伸，对防腐蚀层性能提出了更严格的要求。因此，在管道防腐材料研究中，都着眼于发展复合材料或复合结构。强调防腐蚀层要具有良好的介电性能、物理性能、稳定的化学性能和较宽的温度适应性能等，达到防腐、绝缘、保温、增加强度等多种功能，逐步形成石油沥青、煤焦油瓷漆、聚烯烃、环氧树脂等高分子聚合物的防腐材料系列。

二、常用外壁防腐蚀层材料选择

埋地管道防腐蚀层的选择首先要讲究实用，确保管道防腐绝缘，达到延长使用寿命的目的，然后考虑防腐蚀层的价格。因为防腐费用仅占管道总费用的3%～5%，否则可能因小失大，使管道受到损害，甚至发生严重事故以及造成更大的经济损失。要比较它们的最终使用经济效益，包括防腐蚀层性能好坏，使用寿命、价格、补伤费用、管沟回填费用、敷管速度、阴极保护费用，阴极保护对外部埋地装置的干扰和环境污染。

沥青防腐蚀层的单价低于其他防腐，但因沥青防腐蚀层强度低，管道在运输、堆放、焊管中损伤多，补伤费用高。据国外估计，补伤工作占整个现场涂敷工作（补口加补伤）的40%左右。所花补伤费用相当于石油沥青防腐蚀层价格提高7%左右，若按我国情况可能还要更高，因此若考虑补伤费用，石油沥青防腐蚀层单价与环氧煤沥青、胶带价格差不多。

综上所述，由于技术方面的理由，不能排除任何一种防腐蚀层的使用。在选择某项具体工程的防腐涂层时，首先要弄清该工程的环境条件，包括土壤条件、施工条件、运行条件等，由此确定对涂层性能的要求，在满足性能要求的基础上再考虑涂层施工的简便性、可行性和经济性，最后在优先满足占主导地位的环境因素这一基础上做一定程度的折中，制定一个综合权衡的方案。

在通过多石地段或河流穿越等地段时，需选用机械强度较高的涂层，在这方面熔结环氧粉末和挤压聚乙烯占有优势。在氯化物盐渍土壤地段首先应考虑耐Cl^-的涂层，在这方面熔结环氧粉末、挤压聚乙烯及煤焦油瓷漆占优势。在通过沼泽地段时，除考虑长期耐水性外，还应看含盐成分。在有水的情况下，阴离子的侵蚀是严重的，应全面考虑涂层耐化学性。在通过碳酸盐型土壤时，应首先考虑耐 CO_2 的涂层，在这方面石油沥青和胶粘带占有优势。在运行温度高的条件下，首先应考虑选用熔结环氧粉末涂层。

三、管外涂层的常用喷涂方法

涂料的施工方法很多，每种方法都有其特点和一定的适应范围。正确选用合理的涂装方法对保证防腐层质量是非常重要的。涂装方法有手工刷涂、机械喷涂、淋涂和滚涂等。机械喷涂是金属管道常用的方法，可分为空气喷涂、高压无空气喷涂、静电喷涂和粉末喷涂。就涂装技术而言，管道外防腐层的施工技术大体上分为以下四种。

（1）热浇涂同时缠绕内外缠带：主要用在沥青类防腐层；

（2）静电或粉末喷涂：主要用于熔结环氧粉末和熔结聚乙烯粉末防腐层；

（3）纵向挤出或侧向挤出缠绕法：主要用于易成膜的聚烯烃类防腐层；

（4）冷缠防腐胶带：主要用于聚烯烃胶粘带或改性沥青石油缠带。

以上的涂敷技术均具备成熟的施工工艺和方法。目前，长距离的埋地管道的防腐层施工技术都向工厂预制化发展，这样可以建立起先进的、完全自动化控制的、在线自动监测的连续性作业线。不同类型的防腐层，其钢管表面处理、预热、管道传递、管端敷带、冷却、厚度检测、真空检漏及管端保护等工序都是相同的。不同的是各类防腐蚀层的涂敷工艺不同，而涂敷工艺主要取决于材料的特征。

四、三层 PE 防腐层的涂敷

（一）三层 PE 在管道预制厂生产工艺

三层 PE 在管道预制厂生产工艺如下。

（1）钢管表面预处理。清除表面油污和杂质，然后采用喷（抛）丸法进行表面预处理。预处理时先预热管道至 40 ~ 60℃，除锈质量达 Sa2（1/2）级，锚纹深度为 50 ~ 75μm。预处理后要检查管道表面有无缺陷，清理焊渣与毛刺等，将表面清扫干净。钢管表面温度必须高于露点 3℃，表面干燥无水汽，防止在涂敷前生锈及二次污染。管道两端应粘贴掩蔽带。

（2）试生产。在生产前选用试验管段，在生产线上依次调节预热温度及防腐层的厚度，各项参数指标均达到要求方可生产。

(3) 加热钢管。用无污染热源（如感应加热）对钢管加热至合适的涂敷温度（200～300℃）。涂敷温度主要取决于环氧树脂的类型，可依厂家提供的数据在作业线上调试确定。

(4) 采用静电熔结环氧层。

(5) 涂敷粘结剂。采用挤出缠绕或喷涂工艺，粘结剂与聚乙烯防护层共挤出，涂敷时必须在环氧粉末胶化过程中进行。

(6) 包覆聚乙烯层。采用纵向挤出或侧向缠绕工艺，直径大于500mm的管道用侧向缠绕法。在侧向缠绕时采用耐热硅橡胶辊碾压搭接部分的聚乙烯及焊缝两侧的聚乙烯，以保证黏结密实。

(7) 用循环水冷淋。PE层包覆后用水冷却，使钢管温度不高于60℃。注意从涂敷FBE底层开始至防腐层开始冷却这段时间间隔应保证FBE涂层固化完成。

(8) 管端处理及保护。防腐层涂敷完毕，除去管端部的PE，管端预留100～500mm，且PE端面应形成小于或等于45°的倒角。对裸露段的钢管表面涂刷防锈可焊涂料。

现场施工也可采用可移动的预制厂作业线，涂敷的整套设备是可移动的设备，设施运到现场后，按次序排列，连上通用设备即可使用。生产线全部自动化，包括外清洗部分。涂覆生产线（从管道收集、除尘、加热、喷涂、冷却到管端处理及自动检测针孔等）通过几个可编程控制器（PLC）来控制整个工艺，包括管体温度、PE温度控制、PE挤出压力、各个区域输送速度的控制等。

在表面喷砂清理之后，主管线和支管线用溶剂型环氧树脂进行内部涂敷。该涂敷层应具有不小于65mm厚的干膜，以减少气体输送过程中的摩阻损失，提高输量。同时，在储存、施工和运行期间也可减缓管道的腐蚀。

（二）三层PE的质量保证实现途径

三层PE的质量保证是通过下述几方面实现的。

(1) 控制所用原料，如喷（抛）射除锈的金属磨料、FBE环氧粉末、粘结剂、聚乙烯等原料的质量；

(2) 涂敷生产线的控制和维护；

(3) 涂敷生产过程中在线的质量控制，如管道清洁度、涂敷前的管温、开机时每层的厚度、涂敷的连续性、粘结剂的温度和厚度等；

(4) 产品线下实验室的质量控制，即对三层PE防腐层按有关标准进行性能检测。

第六节　管道的内壁防腐

一、内壁的防腐方法

(1) 选用耐蚀材料制管，如不锈钢等；

(2) 涂层，如塑料等；

(3) 在输送天然气中添加缓蚀剂。

管道的防腐蚀方法各有特点，在探讨各种防腐蚀对策和采取适当措施时，应视管道在不同环境中的施工条件，因地制宜地选择防腐蚀设备、材料，从技术经济、管理诸多因素综合平衡考虑。实践证明，管道防腐蚀工程质量的优劣，不只是一项防腐蚀技术的作用，而是多种防腐蚀措施的综合结果。同时，对具体的防腐蚀方案、施工工艺以及防腐蚀工程管理制定实施细则，建立防腐蚀工程系统管理程序和归口体系，做到防腐蚀工程必须由具有一定防腐蚀施工经验的专业队伍施工。加强工程管理人员的防腐蚀专业培训工作，完善和补充防腐蚀工程的各项规章制度，协调防腐蚀科研、设计、施工 3 方面的工作，形成科研、设计、施工、质量监督、生产管理一体化的运行机制，将管道防腐蚀工程作为一个系统工程来规划和管理。

二、管道内涂层

内涂层技术发展迅速。其主要原因是它能够提高输送能力，同时具有防腐蚀、防漏、保证输送介质纯度、节约动力、降低维修费用等优点。

(一) 管道内壁涂层的性能要求

对于内涂层在管道储存，即运行过程中要有良好的耐腐蚀性能，不吸水，能承受水压试验和输送介质的压力，同时要承受压力的反复变化。能承受管道搬运及施工时的冲击。要求涂膜在现场弯管作业中产生裂痕不会造成粘接性破坏，而且运转后也要充分紧固地黏着在管道上。要具有较高的硬度，至少能够承受进入管道内的沙子、腐蚀生成物和通清管器等所造成的磨损、能耐压缩机润滑油、醇类、汽油等的腐蚀。焊接管道时，内涂层被烧掉的宽度应尽量小，同时能耐外涂敷时所加的热。摩擦系数要小。

(二) 常用内涂层涂料

符合要求的内壁涂层材料也多达几十种。常用的有以下几种。

1. 液体环氧涂料

这种材料强度高，附着力大，耐磨耐腐蚀，还能承受压力的变化。适用于高压输气管道和非饮用水管道的内壁防腐。

2. 环氧煤焦油涂料

这种材料对盐、酸、碱、水都有较好的抗腐蚀能力，在美国用得较多。

3. 酚醛树脂涂料

酚醛树脂也是一种较好的内涂层材料，机械性能高，耐化学腐蚀，耐热温度高，在日本用得较多。

4. 粉末涂料

该涂料主要有环氧树脂和热塑性的聚乙烯。前者多用于油气管道，后者多用于输水管道。

内涂层可以保证内壁腐蚀，保证输送的高质量，可以节约管材和施工费用，所以在国外及国内都早已得到广泛应用。

三、内涂层施工方法及步骤

管道内涂层施工工艺可分为单根工厂预喷涂和现场管道整体喷涂两大类。工程预制的特点是质量容易控制，可采用现代化的手段，预制周期短，产量高，能满足日益增长的市场需要。因此是管道内涂层制造的主要方式。

(一) 工厂预制技术

工厂喷涂工艺流程：脱脂除锈→热水洗→预热→喷涂→固化→后加热→检查→做标记。

主要的方法有机械喷涂、硫化床法和静电喷涂法。机械喷涂主要有高压无空气喷涂，主要设备有移动式和悬挂式两种。移动式管内喷涂是将喷嘴安装在一个小车上，喷枪有数个喷嘴，在小车上轴向行走时，喷枪按一定速度旋转，管道固定不动。悬挂式把数个喷嘴安装在一根悬臂导杆上。导杆梁带动喷枪移动，有的是喷枪转动，有的是管道转动。这种方法由于喷嘴有一定的长度，且须与管壁有一定的距离，因此受到管径的限制，且只能单管工作。硫化床法设备简单，操作容易，将所喷管道加热至300℃以上，然后放置在施涂装置的夹具之间，构成粉末流动和空气流动回路。钢管一定的速度旋转，位于出口处的旋风机将粉末涂料与空气按一定比例吸入，粉末附着在管道内壁上形成涂层。静电喷涂法是目前最先进也是应用最广的一种方法。其基本原理是高压静电感应吸附。喷枪与高压负极相连，管道接地，这样就在管道与喷枪之间形成强大的静电场。工作时在强电场的作用下和抽气装置的吸引下，带有电荷的涂料从喷嘴出发立即受到管道内壁的吸附，很快就被吸附在管道内表面上。

(二) 现场整体涂敷技术

现场涂敷主要步骤是冲洗、除锈、清洗、磷化、干燥、内涂装、现场衬里。内涂装主要是用两个涂管塞推涂料，控制一个稳定的电压，使组合的涂管塞有一个平稳的、均匀前进的速度。

第七节　管道的阴极保护

金属在电解质溶液中，由于表面存在电化学不均匀性，会形成无数的腐蚀原电池。如果我们给金属通以阴极电流，使金属表面全部处于阴极状态，就可控制表面上阳极区金属的电子释放，从根本上防止了金属的腐蚀。按照保护技术的不同，又可分为外加电流阴极保护法和牺牲阳极保护法两类。

一、外加电流阴极保护法

外加电流的阴极保护法是将被保护金属与直流电源的负极相连成为阴极，利用外加阴极电流进行阴极极化，以减轻或防止金属腐蚀。此时，被保护的金属接在直流电源负极上，而在电源正极则接辅助阳极。

用金属导线将管道接在直流电源负极，将辅助阳极接到电源正极。管道实施阴极保护时，有外加电子流入管道表面，当外加电子来不及与电解质溶液中的某些物质起作用时，导致阴极表面金属电极电位朝负方向移动，即产生阴极极化，这时，微阳极区金属释放电子的能力就受到阻碍。施加的电流越大，电子集聚就会越多，金属表面的电极电位就越负，微阳极区释放电子的能力就越弱。换句话说，就是腐蚀电池二级间的电位差变小，阳极电流越来越小，当金属表面阴极极化到一定值时，阴、阳电极达到等电位，腐蚀原电池的作用就被迫停止，此时外加电流等于阴极电流。这就是阴极保护的基本原理。

一座阴极保护站由电源设备和站外设施两部分组成。电源设备是由提供保护电流的直流电源设备及其附属设施（如交、直流配电系统等）构成。站外设施包括通电点装置、阳极地床、架空阳极线杆（或埋地电缆）、检测装置、均压线、绝缘法兰和其他保证管道对地绝缘的设施。站外设施是阴极保护站必不可少的组成部分，缺少其中任何一个部分都将使阴极保护站停止工作，或使管道不能达到完全的阴极保护。

直流电源要安全可靠，长期稳定安全运行，电压连续可调，输出阻抗与管道及阳极地床回路要相匹配，电源容量合适并有适当富裕；在环境温度变化较大时，能正常运行；操作维护简单，价格合理。

二、阴极保护参数

（一）自然腐蚀电位

无论是采用牺牲阳极还是采用强制电流阴极保护，被保护构筑物的自然腐蚀电位都是一个极为重要的参数。它体现了构筑物本身的活性，决定了阴极保护所需要电流的大小，同时又是阴极保护准则中重要的参数。

（二）保护电位

保护电位为“进入保护电位范围所必需达到的腐蚀电位的临界值”。保护电位是阴极保护的关键参数，它标志了阴极极化的程度，是监视和控制阴极保护效果的重要标志。为使腐蚀过程停止，金属经阴极极化后必须达到的电位称为最小保护电位，也就是腐蚀原点池阳极的起始电位。根据实验测得碳钢在土壤及海水中的最小保护电位为 -0.85V（CSE）左右。

（三）保护电流的密度

保护电流密度的定义：从恒定在保护电位范围内某一电位的电极表面上流入或者流出的电流密度。因保护电流密度不是一个固定的数值，所以一般不用它作为阴极保护的控制参数。只有无法测定电位时，才把保护电流密度作为控制参数。

三、牺牲阳极保护法

采用比保护金属电位更负的金属材料作为保护金属连接，以防止金属腐蚀，这种方法叫作牺牲阳极保护法。与被保护金属连接的金属材料，由于具有更负的电极电位，在输出电流过程中，不断溶解而遭受腐蚀，故称为牺牲阳极。

牺牲阳极保护系统可看作发生在腐蚀的金属表面上短路的双电极腐蚀电池中，加入一个电位更负的第三电极所构成的三电极腐蚀系统。在这个系统中，当加入第三电极，电位比起始电位和自腐蚀电位要负很多，故被保护的金属表面上的腐蚀电池的两极都为阴极，因此受到保护，腐蚀停止。牺牲阳极保护系统可以看作在发生腐蚀的金属表面上短路的双电极腐蚀电池中，加入一个电位更负的第三电极所构成的三电极腐蚀系统，在知道了腐蚀表面阴、阳极组分的极化曲线，以及它们的面积比之后，就可以对于给定系统绘出腐蚀极化曲线图。

第八节　防腐设施的运行与管理

为了延长管道使用寿命，实现连续、长期的安全运行，防腐设施的运行与管理是很重要的。针对埋地管道腐蚀控制的特殊性，防腐设施的运行管理工作主要包括两个方面的内容：一是管道防腐状态（含防腐层）评价，二是阴极保护检测及运行维护。

一、管道防腐状态评价

管道防腐蚀状态评价包括防腐层检漏和管道腐蚀调查。

（一）防腐层检漏

防腐层漏敷，出现针孔、破损等都属于质量缺陷，因此管道管理部门规定每年对所辖的管道进行防腐层检漏，找出缺陷，并对缺陷部位进行维修。

采用电子管道防腐层检漏仪可以迅速、准确地查找埋地管道防腐层漏点，其工作原理是以电磁理论为基础。

埋地管道周围的土壤被人为地形成了一个磁场，致使该地区的电磁场发生了变化，这时通过管道对此电磁场的影响就可以找到并查明管线的走向。同时，根据所接收到的信号的强弱，确定管道防腐层漏点。

（二）管道腐蚀调查

埋地管道建成投产后，随着时间的推移，管道受防腐蚀材料的老化、施工质量、土壤环境等诸多因素的影响，会逐渐出现腐蚀，甚至产生穿孔泄漏事故。所以有必要定期对管道的腐蚀状况进行调查，作出宏观判断，找出薄弱环节，及时进行维修。

管道腐蚀的调查方式主要通过查阅技术档案、走访知情人员及探坑检查。

探坑检查是了解管道损坏的情况最基本而又最直接的方法。通过探坑将地下管道暴露出来，进行直接观察和有关样品的分析检测，可以了解防腐层的保护效果、破坏情况，钢管的腐蚀状态、钢管的腐蚀速度，以此判定钢管的使用寿命，需要进行怎样的修理及保护措施，以及探明腐蚀原因、规律及重点区域，如土壤变化剧烈的区域，阴极保护电位骤降或达不到保护的区域，杂散电流干扰区域以及主要穿跨越段落等。

管道腐蚀调查的内容包括：① 收集管道的技术资料及管道建成后的腐蚀损坏、维修资料；② 腐蚀环境调查；③ 防腐层状况调查；④ 管道腐蚀情况调查；⑤ 阴极保护情况调查。

二、阴极保护监测及运行维护

阴极保护是保证地下金属管道不受土壤腐蚀，延长管道使用寿命的主要措施之一，因此在使用中必须精心维护和管理。

一些地区的保护站已实现无须人的值守，而是在控制中心进行遥测和遥控，保护站的监测在人工调整好后，自动恒定电位。仅需每个月或者更长时间派人去检查、维护阴极保护站。检测系统是根据阴极保护系统的工作情况一般每隔 1 ~ 3km 安装一个检测点。在特殊点视设计要求决定是否设置。用人检测阴极保护系统工作情况，一般是一个月进行一次。长输油管道阴极保护系统的人工检测是很费力的，尤其是当管道处在荒山野岭，这种工作劳动强度大，花费时间多，很不经济。

管道阴极保护站建成投产一段时间后，出现在规定的通电电位下，电源输出电流增大，管道保护距离缩小，严重时使整个保护管段达不到保护电位，或者在牺牲阳极保护中，各牺牲阳极组输出电流较大，其总和已超过管道所需的保护电流，但管道电位仍达不到规定指标。发生这种情况主要是由于非保护地下金属构筑物接入原保护管道系统造成的。这就是通常所说的阴极保护管道漏电现象。由于漏电点只可能发生在保护管道和非保护管道的交叉点，或者保护管道装有绝缘法兰处，所以查找漏电点就是查找保护管道和非保护管道的电气连接点和判断绝缘法兰是否漏电。管道的防腐及其设施的运行与管理是保证输送管道安全、长期和有效输送的保证。埋地管道常常长达数百甚至上千公里，翻山跨河，穿越沼泽和沙漠，铺设于变化十分复杂的环境中，遭受着各种腐蚀介质的侵袭，故一旦发生腐蚀其损失很大，所以做好管道的防腐工作是十分重要的。

第十章　埋地管道腐蚀与阴极防护

第一节　腐蚀与防护概述

一、腐蚀定义

广义的腐蚀定义为材料在环境的作用下引起的功能失效。

金属及其合金的腐蚀主要是由化学、电化学引起的破坏，有时伴随有机械、物理或生物作用，不包含化学变化的纯机械破坏不属于腐蚀范畴。目前，广泛接受的材料腐蚀定义是：材料因受环境介质的化学作用而破坏的现象。

二、埋地输气管道外壁的土壤腐蚀

(一) 土壤腐蚀的原因

(1) 土壤是固态、液态、气态三相物质组成的混合体，土壤中的水溶解有离子导电的盐类，使土壤具有电解质特征，因而碳钢、低合金钢在土壤中将会发生电化学腐蚀。

(2) 由于工业和民用直流电有意或无意排入或漏泄至大地，当这些杂散电流流过埋地的碳钢、低合金钢构筑物时，在电流流出点发生电解，产生电解腐蚀。

(3) 土壤中细菌作用引起细菌腐蚀。

(二) 土壤性质对腐蚀过程的影响

(1) 含盐量对腐蚀的影响。氯离子和硫酸根离子含量越大，土壤腐蚀性越强。

(2) 在一定范围内，含水量越高，腐蚀性越强。

(3) 土壤含氧量差异越大，氧浓差腐蚀越大。

(4) 土壤电阻率越低，腐蚀性越强。

(三) 土壤腐蚀的特点

(1) 由于土壤性质及其结构的不均匀性，不仅在小块土壤中能形成腐蚀原电池，而且通过不同土壤地带的埋地管道会形成宏电池腐蚀，其腐蚀原电池可达数十千米远。

(2) 除酸性土壤外，大多数裸钢腐蚀的主要形式是氧浓差腐蚀。

(3) 腐蚀速度比在一般水溶液中慢，特别是受土壤电阻率的影响，有时土壤电阻率的大小成为腐蚀速度的主要控制因素。

(四) 土壤中的细菌腐蚀

在透气性差的环境中，当土壤中含有硫酸盐时（一般都有），硫酸盐还原菌（一种厌氧性细菌）在缺氧的条件下繁殖，在它们的代谢过程中需要氢或某些还原物质，将硫酸盐还原成硫化物，利用反应的能量而繁殖。

由于硫酸盐及其他 H^+ 的存在，金属在土壤腐蚀过程中阴极反应会产生原子态氢，在土壤中它附着在金属表面不能形成连续气泡逸出，造成阴极极化使腐蚀速度明显下降。但硫酸盐还原菌的存在恰好给原子态氢找到了出路，把 SO_4^{2-} 还原成 S^2，再与 Fe^{2+} 化合成黑色的 FeS 沉积物，硫酸盐还原菌起到了去极化剂的作用，使腐蚀速度加快。

细菌参加阴极反应过程加速了金属腐蚀，当土壤 pH 在 5 ~ 9、温度为 25 ~ 30℃时，最有利于细菌繁殖；在 pH 为 6.2 ~ 7.9 的沼泽地和洼地中，细菌活动最激烈，当 pH 超过 9 时，硫酸盐还原菌的活动受到抑制。

(五) 输气钢质管道的应力腐蚀

在天然气工业发展较早的美国、加拿大、俄罗斯等国，曾经发生压气站下游 30km 内的管道外壁产生应力开裂事故。经深入调查发现，高强度钢在输送温度超过 60℃时，在某些条件下，产生应力开裂现象。最常见的是防腐层剥离部位，在剥离层下聚积 $NaCO_3$ 或 $NaHCO_3$ 溶液，有时有 $NaHCO_3$ 晶体，这是诱发高强度钢发生应力开裂的环境。阴极反应生成的 OH^- 和 CO_2 反应生成 CO_3^{2-} 和 HCO_3^-，再与 Na^+ 发生反应生成 Na_2CO_3 或 $NaHCO_3$，在温度超过 60℃时，高强度钢在内压、残余应力及腐蚀产物三者综合作用下，净应力便是应力腐蚀开裂过程的推动力。为防止应力开裂，在美国就明确规定：当管道运行压力和条件有利于产生应力腐蚀开裂时，为使管道实现阴极保护，所用的电极电位要注意不能只比 −0.85V 略负一点点。德国则明确规定，输送温度在 60℃以上时，管道最小保护电位为 −0.95V ；对于聚氨酯和煤焦油涂层，在 300h 后，每 100g 涂层材料的 CO_2 释放量 48h 内不允许大于 3mg。所有这些规定都是为防止高强度钢管在使用过程中出现阴极保护产生的应力开裂问题。

从相关资料获悉，目前发现的应力开裂管道多为石油沥青、煤焦油瓷漆、聚乙烯胶粘带防腐管道。这些防腐层涂敷前钢管的表面处理很不严格，都没有要求除去附着紧密的氧化皮。德国曼内斯曼研究所曾经进行了长期的防腐层实验室试验，得出的结论为：表面有氧化皮的钢管出现开裂，表面无氧化皮的钢管均未出现开裂，彻底的表面处理是防止应力开裂的有效手段。这项结论就解释了加拿大未发现熔结环氧粉末涂层钢管产生应力开裂的根本原因，因为熔结环氧粉末涂层要求涂敷前钢管表面必须除锈至 Sa2.5 级，氧化皮已基本除净。国内新建工程广泛采用的三层 PE，底层为熔结环氧粉末，所以钢管的表面处理也要求至少达到 Sa2.5 级，也不用太担心应力开裂问题。

（六）电偶腐蚀

在土壤中，电极电位不同的金属相互连接起来，由于电极电位差也产生电偶腐蚀，比钢的电极电位更正的铸铁、球墨铸铁、不锈钢、铜等都不能在土壤中与钢质管道电气直接连通。因为这些金属电极电位，将成为腐蚀电位的阴极，钢因电极电位负，而成为阳极不断消耗。阴极保护的第一个实例就是英国化学家戴维将铁焊在包有铜板的战舰上，铜板在海水中基本无腐蚀，而铁块则严重腐蚀；日常生活中常见的自来水管接头特别容易生锈就是电偶腐蚀的例子。除不同金属在土壤中存在电偶腐蚀外，钢管表面的热轧氧化皮与钢管之间也存在电极电位的差异，氧化皮电极电位较钢管为正，钢管成为氧化皮的腐蚀阳极，在强腐蚀性土壤中会造成严重腐蚀。另外，光亮的新管道和锈蚀的旧管道的电极电位也不相同，新管成为阳极比旧管腐蚀要快。在薄涂层条件下，由于薄涂层水汽渗透率高，绝缘电阻不高，有涂层处的电极电位比无涂层裸露部电极电位正，无涂层部位成为阳极，形成大阴极小阳极。这就是一些涂层管道腐蚀穿孔的速度比裸管更快的原因之一。

（七）杂散电流腐蚀

大地中的杂散电流通常有交流和直流两种，危害严重的是直流杂散电流。由直流电气化铁路、直流电解、外系统阴极保护等设施流入大地中的直流电流一旦通过土壤流入埋地钢质管道，在流出点将发生严重的电解腐蚀。钢铁溶解速度服从法拉第定律，大约为 10kg/（A·a），比较典型的例子是 20 世纪 70 年代在东北建成的油、气管道，在抚顺、鞍山地区，由矿山直流电气化铁道产生的直流干扰，管道敷设一年左右就腐蚀穿孔。与交流杂散电流的危害相比直流就小得多，在正半周只有 1% 的腐蚀是按阳极反应进行，其余 99% 的腐蚀或者是氧化原系统电容放电所致。

铁在交流电流密度达 $20A/m^2$ 时，腐蚀速率为 0.1mm/a。德国的研究结果表明，只有交流电流密度不小于 $50A/m^2$ 才会产生严重腐蚀。中国于 1973 年开始研究交流电流腐蚀，中国科学院福建物质结构研究所二部得出的结论是交流电流密度不小于 $30A/m^2$ 时，才会带来加速腐蚀，其腐蚀速度相当于直流电的 0.3% ~ 0.53%，阴极保护能明显减轻交流电流腐蚀。但当交流电流密度超过 50A/m^{2}时，即使阴极保护电位满足比 -0.85V 更负，照样存在明显的腐蚀。

三、碳钢、低合金钢土壤腐蚀控制

埋设于土壤中的钢质管道和设备，为减缓土壤腐蚀采用涂层防腐和阴极保护两种腐蚀控制措施。涂层防腐的原理就是使钢与电解质隔离，彻底防止电解质（土壤）对钢的电化学腐蚀。但现实情况是防腐层不可能完整，总是有着或多或少的破损，破损点的钢铁暴露在电解质中将遭受电化学腐蚀。根据钢铁在土壤中的极化曲线，对钢铁施加阴极电流，使金属的表面成为电化学电池的阴极而减缓金属的腐蚀。这就是阴极保护技术。对处于电解质中的碳钢、低合金钢的腐蚀控制，一般都采用涂层加阴极保护的办法控制腐蚀速度，达到延长使用寿命的目的：在直流杂散电流干扰的条件下，往往采取电隔离加电流保护；对于异种金属接触，一般应采取电隔离技术阻止电偶腐蚀的产生。

第二节　埋地钢质管道外防腐涂层

一、外防腐涂层的基本要求

对外防腐涂层的基本要求如下。

(1) 有效的电绝缘性。土壤腐蚀是一个电化学过程，涂层的作用是将金属与土壤 (电解质) 隔离阻断腐蚀电流流动，阻止腐蚀原电池的形成。为确保涂层防腐功能的实现，要求涂层具有高电阻并具有足够的介电强度保证高压电火花检漏能顺利进行。

(2) 有效的阻水屏障性。与水的吸附有助于增加阴极保护有效性的理论不同，水通过涂层迁移到金属表面会造成涂层鼓包并使涂层绝缘性能下降而促进腐蚀。

(3) 涂敷方法不会对管道性能产生不利影响。

(4) 涂敷于管道上的涂层缺陷最少。涂层缺陷处管道将会遭受电化学腐蚀。缺陷越多，涂层的完整性越差，涂层的防腐功能越弱，给阴极保护带来的压力越重。

(5) 与管道表面有良好的附着力。埋地管道要求受操作应力和土壤应力双重剪切，涂层与管道之间一旦黏结失效，地下水就可能侵入涂层与管道间的缝隙，由于涂层材料是高电阻率的绝缘体，阴极保护电流难以透过，阴极保护仅对破损点周围几个毫米的范围起到作用，更深的缝隙由于 IR 降太大，极化电流密度太小，不足以使钢的表面极化到 -0.85V 或者更负，也就是阴极保护被屏蔽了，不可能起到抑制电化学腐蚀的作用。在使用弹性胶粘剂的柔性聚乙烯涂层上，可以看到土壤应力作用下的典型皱纹。可是，另外一些涂层可能因为其他原因而失效，如熔结环氧的鼓包、土壤运动施加的作用导致煤焦油瓷漆的疲劳开裂。耐土壤应力的性能剪切力评价，不是由耐剥离性能评价。

(6) 能够阻止缺陷随时间的增加。防腐管埋入地下后，可以损害涂层的两个因素是土壤应力和土壤中的酸、碱、盐及其他的化工品。土壤应力可以使涂层减薄或开裂，因此必须评价涂层的硬度、耐磨性、拉伸强度、黏结剪切强度和剥离强度等性能。要考察涂层抗降解能力，应知道涂层耐化学药品、碳氧化合物、酸、碱浸泡的能力。只有这些性能都很好，才能保证涂层的缺陷不会随时间而增加。

(7) 经受正常搬运、储存和安装的能力。涂层经受损害的能力是其耐冲击性能、耐磨性、柔韧性的函数，管道涂层在搬运、安装、回填过程中将暨到很大的外力，不同涂层耐这些外力的能力相差很大，所以需要评价这些因素以确认涂层的耐损伤能力。存放期间紫外线对有机涂层有很大的破坏作用，如聚乙烯的光氧老化、环氧树脂的粉化。防腐管的存放时间可能长达5a，所以涂层材料必须考虑耐紫外线性能，如挤压聚乙烯专用料中添加抗氧剂、防老剂、紫外光吸收剂、紫外光屏蔽剂提高聚乙烯的耐紫外光性能，并必须考虑冷热交替变化。

(8) 维持涂层电阻不随时间变化。管道的涂层电阻取决于下列因素：

① 涂层材料的体积电阻率；

② 涂层厚度；

③ 吸水性；

④ 水汽渗透率；

⑤ 露铁点概率和大小；

⑥ 土壤电阻率；

⑦ 涂层剥离强度或附着力。

一般来说，涂层电阻实际是破损点的接地电阻，它决定了阴极保护电流密度，涂层电阻与阴极保护电流密度成反比。如果涂层因为吸水率高、水汽渗透率大（水汽渗透率与涂层厚度的平方成反比）或因开裂、脱落造成运行过程中涂层电阻逐渐减小，则会造成阴极保护电流逐年增加，甚至造成阴极保护的困难。

(9) 耐剥离性能。多数的管道均采用涂层加阴极保护控制土壤腐蚀，阴极保护的副作用是它能驱动水向涂层内渗透，且涂层破损点周围在阴极保护下涂层倾向于剥离，没有一种涂层完全能经受得住阴极剥离力引起的破坏。当破坏太大造成阴极保护电流密度超过一定的限度后，还会带来干扰问题，加快邻近地下金属构筑物的腐蚀。在控制负极化电位的同时，要求涂层的阴极剥离半径越小越好。

（10）易于修补。没有一种涂层在搬运、施工过程中能完全避免损伤，下沟回填前损伤处都应修补，现场修补一定要操作简便，修补后的涂层质量越接近涂敷厂的质量越好，不便修补的涂层不是好涂层。

（11）对环境无毒害作用。安全、环保、健康是当前提出的最响亮的口号，以人为本、保护环境是人类生存繁衍的需要。某些传统的涂层材料已被要求改进、限制甚至禁用，煤焦油瓷漆、石油沥青涂层逐步被塑料涂层取代，其中一个重要因素就是 HSE 问题。煤焦油瓷漆会挥发致癌物质且有毒；而石油沥青涂层怕深根作物，要求管道两侧 5m 范围内不允许种深根作物，对环境保护不利。

二、外防腐涂层选择

（一）管道使用年限

管道使用年限是选择防腐涂层的重要因素，尽可能避免在管道服役期内进行防腐涂层大修。

（二）自然条件

各种防腐涂层各自拥有优点，也同时存在不足，要满足一条长输管道不同的地形、地貌，不同的土质和腐蚀性能够长期有效地工作，现有的防腐涂层中并不是都具有此种优良品质，必须根据自然条件认真筛选。

（三）管道输送介质的温度

所选的防腐层材料必须能长期工作于输送介质最高温度条件下，不出现明显的损坏。

（四）施工、储存、运输期间的环境温度

所选的防腐涂层品种，能经受施工、储存、运输等环节的环境温度，否则会造成破损太多或无法施工。

（五）费用

经济性仍然是选择最佳涂层的重要因素。但经济性的重要性正在被安全和环境因素取代，对耐久性（而不是成本）的重视导致了三层 PE 的使用，这种变化被证明是更有效和长期经济效益最好。

(六) 人文条件

包括施工人员及管道沿线居民的素质。野蛮施工、人为破坏都会造成涂层的严重损坏，有的防腐材料（包括补口材料）还不得不考虑防盗问题。

(七) 业主已使用的涂层品种

任何涂层种类，都有其特殊的预制、施工、维护工艺，业主已使用过的涂层品种必然已建立了一套维护体系，如果采用另外的涂层体系，业主必须修改原有的维护体系。另外，涂层品种不同，所需的阴极保护电流密度会有显著差别，阴极保护站间距有所不同，阴极保护站输出电流量不相同。

三、埋地钢质管道常用外防腐涂层

(一) 石油沥青

用石油沥青做埋地钢质管道外防腐涂层，曾经在中国居垄断地位。石油沥青的防腐性能较好，材料来源充足、施工技术成熟。主要缺点：石油沥青低温时硬而脆，随着温度的升高硬度急剧下降；压痕硬度低，受到压力后极易产生冷流现象；机械强度低，吊装、运输、施工各环节稍有不慎极易损伤；随着输送介质温度升高，老化速度明显加快；抗植物根穿透性能差；不耐微生物腐蚀；熬制过程中对环境有一定程度的污染。因此，目前用量呈大幅下降之势。

(二) 煤焦油瓷漆

煤焦油瓷漆是由高温煤焦油分馏得到的重质馏分和煤沥青，添加煤粉和填料（如滑石粉）加热熬制而成，按石油现行行业标准，根据环球软化点、针入度、低温开裂三项指标的不同分为 A、B、C3 种牌号，按结构不同又分为 3 种级别防腐涂层，即普通级为一油一布，加强级为二油二布，特强级为三油三布。与石油沥青防腐层采用中碱玻璃布不同的是中间布采用无纺玻璃布；外缠带不是聚氯乙烯工业膜而是浸渍了煤焦油瓷漆的加厚无纺玻璃纤维毡；按 ISO 5256 标准分为 3 种级别，最小厚度分别为 3.0mm、4.0mm 及 6.0mm（国内标准为 2.4mm、3.2mm、4.0mm）。

煤焦油瓷漆在西方如同石油沥青，在苏联和中国一样是传统的埋地钢质管道外防腐材料，早期为纯煤焦油沥青，加强物为黄麻织品，为提高防腐层的热稳定性和机械强度，改进为煤焦油瓷漆。它具有优异的防腐性能、耐植物根系、耐细菌腐蚀；但与石油沥青一样，低温时硬而脆，随着温度升高硬度迅速下降、压痕硬度低、机械强度差，对操作工人和环境有一定的毒副作用。

（三）聚烯烃胶粘带

早期的聚烯烃胶粘带的致命弱点是对未作极化处理的黏结力低，基于使用过程中出现的问题，20 世纪 90 年代发展起来一批自粘性胶粘带、双面胶带等改进型产品，解决了背材的黏结问题，但聚烯烃胶粘带的致命弱点是耐土壤应力差。温度较高时发软、抗冲击耐划伤性能差等缺陷没有得到根本的改善，所以 20 世纪 80 年代中期起，聚烯烃胶粘带就很少用于长距离、中口径以上的管道防腐；由于聚烯烃胶粘带施工比较方便，目前广泛应用于涂层管道翻修、埋地三通、弯头以及不便于预制厂预测的短、小管道外防腐。

（四）熔结环氧粉末

单层熔结环氧粉末阴极剥离半径小、抗土壤应力好、原材料耗量少、成本相对便宜；但涂层薄而脆、水汽渗透率高，与挤压聚烯烃涂层相比较，机械强度低，运输、施工过程中极易产生贯穿性损伤。为提高熔结环氧粉末涂层的耐水性和耐磨性，美国 OBRIEN 公司推出了双层熔结环氧粉末涂层，内层还是原有的粉末环氧，外层添加了约 15% 聚烯烃的粉末环氧。

（五）聚烯烃

聚烯烃涂层是指采用挤压法和熔结法生产的聚乙烯涂层以及挤压法生产的聚丙烯涂层。聚乙烯和聚丙烯都是非极性材料，挤压法生产的聚烯烃涂层都有层粘结剂，熔结法生产的聚乙烯涂层是在聚乙烯粉末中添加了极化剂，否则与金属材料不粘。目前，两层聚乙烯的胶粘剂已改为性能更优良的共聚或接枝型硬质胶粘剂。聚乙烯防腐层按德国、法国和中国标准最高使用温度为 70℃；70℃ ~ 100℃输送温度的管道采用聚丙烯防腐涂层。聚乙烯的最高熔化温度为 131℃，聚丙烯的熔化温度达 170℃，所以聚丙烯的高温性能优于聚乙烯；但聚丙烯的低温性能远不如聚乙烯，其低温脆化温度在 -10℃ ~ 27℃，而聚乙烯的低温脆化温度随分子量的增加而降低，一般高密度聚乙烯的脆化温度低于 -70℃，低密度聚乙烯脆化温度低于 –50℃，根据这一特性，不是输送温度超过 70℃，尽可能采用聚乙烯而不用聚丙烯。

两层结构聚乙烯涂层具有抗冲击强度高、水汽渗透率低、耐细菌腐蚀、几乎无针孔等优异性能，但采用热熔胶等软质粘结剂的两层聚乙烯防腐管，埋地之前，随环境温度的变化，会出现聚乙烯涂层伸长与收缩的缺陷，且可能产生涂层脱落的弊病。20 世纪 70 年代，德国曼内斯曼研究所和巴斯夫化学工业公司合作研究 10

年，于20世纪80年代中期将熔结环氧粉末和两层聚乙烯结合起来，推出了著名的MAPEC结构，即3层聚乙烯和3层聚丙烯涂层。MAPEC结构既充分利用了环氧树脂对钢材表面的高黏结力，又充分发挥了外层聚烯烃的机械强度高、水汽渗透率低等优点，形成了一个比较完善的涂层结构，该涂层是目前欧洲首选涂层。中国于20世纪90年代中期从国外引进MAPEC结构，名称定义为挤压聚乙烯（或聚丙烯）3层结构防腐层，简称3层聚乙烯和3层聚丙烯，首先用于陕京输气管线全部和库鄯线绝大部分管道防腐，目前是中国石油系统新建长输管道首选涂层。

（六）环氧煤沥青

无溶剂环氧煤沥青，国外主要用于埋地钢质阀门、管件以及不便于在涂敷作业线上防腐的管道外涂层，主要优点是涂敷方便，涂层耐土壤应力和抗阴极剥离性能好；主要缺点是工效太低，固化时间太长，近年逐渐被无溶剂聚氨酯涂层代替。

环氧煤沥青用于管道外防腐，在国外是非常成熟的技术，除工效低外，不存在任何致命的质量问题；中国目前使用的环氧煤沥青多是溶剂型，针孔难以避免，再加玻纤布，问题就更多了，据我们掌握的工程实例，还没有一条新建管道采用环氧煤沥青防腐层的涂层电阻达到对防腐涂层的最低要求，所以国内停止使用溶剂型环氧煤沥青防腐的呼声不断，后来已将环氧煤沥青防腐层删除。

（七）外防腐涂层补口

常用的外防腐涂层基本上采用在专业的防腐厂预制，一根根涂敷好的防腐管在现场焊接起来，因此存在环焊缝补口问题。焊口、管接头和相配物必须采用与原有涂层相容的材料予以涂敷。设计部门应根据管道主体防腐层材料类型和管道使用要求、环境条件、施工条件以及经济性等方面的要求，选用相应的补丁及修补材料。防腐层补口及修补材料应与主体防腐层相容，并保证补口及修补处防腐层的完整性且满足施工工艺对防腐层补口及修补处的机械性能要求。

第三节　阴极保护基本知识

一、阴极保护原理

埋地钢质管道主要受浓差腐蚀，裸露部位总会出现阳极区和阴极区。在阳极区，腐蚀电流从钢铁表面流出，进入周围的土壤，钢表面遭遇腐蚀；在阴极区，腐蚀电流从周围土壤中流入钢的表面，该区域腐蚀速率极小。阴极保护就是为埋地钢质管道提供一个直流电源，使钢质管道的裸露部位都是电流的流入点。使其电位负移，调节电流量。实现整个管道成为阴极区，达到控制腐蚀的目的，这就是阴极保护技术。直流电源正极接辅助阳极（地床），负极接受保护的管道，直流电通过地床流入土壤中，再经过土壤流入裸露的埋地管道，最后通过电缆回到直流电源负极。要使得阴极保护强制性地流入原来流出腐蚀电流的阳极区，其驱动电压必须比原管道腐蚀电池的驱动电压高，否则不可能实现被保护管道的阴极保护；同理，原腐蚀电池的阴极区（自然电位较阳极区正）将得到比阳极区更多的阴极保护电流，使其电极电位负移得更多。

二、阴极保护的实际应用

向埋地钢质管道（含水下）提供阴极保护电流的方式有两种：一种是利用比钢铁更活泼（电极电位更负）的金属及其合金，与管道埋设于同一电解质体系中，利用异种金属组成的腐蚀电池达到阴极保护的目的，称为牺牲阳极法（活泼金属溶解）；另一种是提供一个直流电源，称为强制电流法，也叫外加电流法。

（一）牺牲阳极保护

埋地钢质管道常用的牺牲阳极有两大系列：一大系列为镁和铁基合金；另一大系列为锌和锌基合金。碳钢和低合金钢在土壤中的平均自然电位（相对硫酸铜参比电极）大约为 -0.55V，而铁阳极的开路电位为 −1.50 ~ 1.77V，锌阳极的开路电位约为 −1.1V。

在土壤中，牺牲阳极由于驱动电压低，通常提供的阴极保护电流较小，加上难以用断电法消除 IR 降带来的测试误差，给阴极保护电位的测量带来困难，所以德国标准明确指出："对于仅几千米长的，不易受到直流干扰或高压电影响，并且具有低保护电流密度（大约小于 10uA/m^2）的管道，和对于具有低保护电流密度的小容器，镁阳极可能比使用强制电流装置更加经济。对于几乎所有更长的管道和更大的容器，应优先选用强制电流。如果没有有效的电流供应，阴极保护采用牺牲阳极，如近海管道用的锌阳极。"

（二）强制电流阴极保护

牺牲阳极对管线钢的驱动电压低，输出电流有限，强制电流则不然，其输出电压能够根据需要大范围地调节，输出电流也可很方便地根据管道阴极保护需要量进行人工或自动调节，更适合于较长管道的阴极保护。强制电流阴极保护是采用一个直流电源（最常用的是恒电位仪和硅整流器），正极接辅助阳极，负极接管道。直流电源提供的直流电流，通过辅助阳极（地床）流入大地，再通过土壤流入管道回到电源负极。辅助阳极通常采用消耗率低的材料，使其使用寿命较长。为了充分发挥强制电流阴极保护站的保护范围，原则上辅助阳极形成地电位上升的影响区与被保护管道产生的地电位下降区不应重叠。因此，辅助阳极与被保护管的距离与土壤电阻率、入地电流、辅助阳极长度有关。

三、阴极保护准则

阴极保护的原理虽然简单，但必须采用简单易行的准则判定阴极保护的效果，其中最常用的是通过管地电位来判定管道是否达到采用阴极保护控制腐蚀速度的目的。在阴极保护电流作用下，管地电位将负移、负移至一定电位后腐蚀几乎停止，因此有一个最小保护电位的限定。

（1）正常情况下的阴极保护效果应达到下列指标之一或全部：

① 施加阴极保护后，使用铜 - 饱和硫酸铜参比电极（以下简称 CSE 参比电极）测得的极化电位至少达到 -850mV 或更负。测量电位时，必须考虑 IR 降（由于 I 和 R 所引起的偏差）的影响，以便对测量结果作出准确的评价。

②在阴极保护极化形成或衰减时，测得被保护管道或储罐表面与土壤接触的、稳定的参比电极之间的极化电位差不应小于 100mV。

（2）特殊情况的阴极保护，其保护效果应符合下列规定：

①介质中有硫酸盐还原菌时，测得的极化电位应达到 –950mV 或更负（相对于 CSE 参比电极）。被保护体埋置于干燥的或充气的高电阻率（大于 5000Ω·m）土壤中，测得的极化电位至少应达到 -750mV（相对于 CSE 参比电极）。

②当管道或储罐运行时，由于压力或其他因素可能会产生应力腐蚀开裂，此时阴极保护的极化电压应比 -850mV 更负一些（相对于 CSE 参比电极）。

（3）为避免被保护体防腐层产生阴极剥离，阴极保护电位不应过负。

目前，各发达国家的标准都没有最大保护电位值的明确规定，因为过负的阴极极化电位会产生放氢反应，对于薄涂层（厚度小于 1mm）而言，由于电渗透现象严重，为防止涂层鼓泡，最大保护电位比厚涂层的绝对值更小。

四、电隔离

阴极保护的目的是防止埋地或水下管道防腐层破损露铁点的电化学腐蚀，因此阴极保护电流绝大部分应用于露铁点的阴极极化。但是，往往与埋地钢质管道相连的工艺站场等都需要防雷、防静电接地；另外，油、气井等也是良好的接地体。如果施加阴极保护的管道不与这些接地体实行电隔离，大量的阴极保护电流将白白流失，甚至防腐层电阻很高（也就是破损点极少）的管道，阴极保护都可能是不经济的或者是不实际的。

电隔离的作用很大，除防止阴极保护电流非正常泄漏外，在防止钢套管对工作管的阴极保护屏蔽和防止异种金属相连而产生的电偶腐蚀，以及减轻直流杂散电流干扰方面也是一个重要手段。电隔离的方式很多，如用绝缘接头或绝缘法兰将受保护的管段与不受保护的管段电气分离；用绝缘支撑块将工作管与钢套管分离；用绝缘衬垫将管道与金属支撑架绝缘等。总之，用一切方法保证阴极保护系统的正常运行。

第四节　阴极保护设计

一、阴极保护的应用条件

阴极保护的应用条件如下：

(1) 被保护的构筑物在其整个长度应是导电的，且导电性应足够好。

(2) 被保护的构筑物应处于同一电解质体系中。

(3) 被保护的构筑物不应与有低接地电阻的设备电连通。

(4) 被保护管道或容器应具有绝缘防腐层。

二、油气生产设施阴极保护的必要性

长输管道和油气田外输管道必须采用阴极保护。油气田内的集输干线管道应采用阴极保护，其他管道和储罐宜采用阴极保护。对于储罐，分原油罐、成品油罐、清水罐及污水罐等多种罐，原则上储存有导电物质的钢质储，其内壁接触电解质的部位都应采用阴极保护。储罐底外壁，如果不采用沥青砂垫层，也应采用阴极保护；如果采用沥青砂垫层，就如前面所述的绝缘屏蔽层，阴极保护将是困难的，阴极保护电流难以穿过沥青砂垫层保护储罐底板外壁。

三、强制电流阴极保护设计

（一）阴极保护站计算

1. 保护半径计算

假设在整个阴极保护范围内阴极电流密度 J_s 为常数并和阴极保护电流需要量相当，且保护范围限定在 ΔV_L=0.3V 范围内，埋地钢质管道阴极保护站的保护半径主

要与平均阴极保护电流需要量和管道纵向电阻引起的保护——从通电点到末端的电压降 ΔV_L 有关，在有电隔离装置（如绝缘法兰、绝缘接头）或每隔一定距离在管道上布置一座阴极保护站时（有限长管道）。阴极保护半径按式（10-1）计算：

$$2L=\sqrt{\frac{8\Delta V_L}{\pi DRJ_s}} \tag{10-1}$$

式中：L——单侧保护长度（保护半径），m；

ΔV_L——最大保护电位与最小保护电位之差，V；

D——管道外径，m；

J_s——阴极保护电流密度，A/m^2；

R——单位长度管道纵向电阻，/m。

2. 阴极保护电流计算

阴极保护站的输出电流取决于阴极保护电流密度和该站需保护的管道面积，正常的输出电流量按式（10-2）计算：

$$I=J_s\pi DL \tag{10-2}$$

式中：I——保护电流，A。

在式（10-2）中没有考虑阴极保护电流的非正常漏失。比如，输送介质中有电介质造成绝缘法兰、绝缘接头的漏电；也没有考虑诸如锌接地电池、极化电池的漏电。绝缘接头与绝缘法兰因输送电介质造成的电流漏失量比较复杂，难以估计，但锌接地电池的内阻为 0.2～1.5Ω，两气东输工程东段阴极保护站所在的工艺站场锌接地电池实测漏失的阴极保护电流最大值为 2A。

由于阴极保护电流存在非正常漏失的可能，尤其是电隔离装置不是选用低压避雷器（放电管避雷器、低压氧化锌避雷器），而是采用锌接地电池，必须考虑阴极保护站仪器输出电流的富裕量，通常要加倍考虑备用电流；但也不能加大得太多，可控硅整流器（恒电位仪）输出电流太小（最大输出电流的 1/12），可能因导通角太小而不能工作。

（二）电源设备选择

强制电流阴极保护常用电源设备有硅整流器、恒电位仪、热电发生器、密闭循环发电机、太阳能电池等多种电源。采用强制电流阴极保护方式时，为了方便管理和解决供电问题，基本上采取阴极保护站与工艺站场合建的形式。当工艺站场间距太大，超过计算的阴极保护站站间距时，阴极保护站往往又与阀室合建。此时要获得可靠的交流电源非常困难，如果阀室还有自控仪表、通信设施用电，可以考虑统一供电。由于阴极保护站供电方式不同，强制电流阴极保护电源设备选型不同，有可靠交流电源的阴极保护站，优先选用恒位仪；交流电源可靠性差时，应优先选用既可交流供电，又可直流供电的恒电位仪；无交流电源的阴极保护站可供选择的电源根据气象条件、管输介质有多种选择。全年日照长的北方地区，可选择太阳能电池配合蓄电池供电；输送净化气或成品油管道的阴极保护站可选择密闭循环发电机或热电发生器等小型电源，其中热电发生器可以单独作为阴极保护电源，其他供电电源一般都与直流供电恒电电位仪配合工作。

四、阴极保护辅助设施

(一) 电隔离

阴极保护的作用是控制管道外壁防腐绝缘涂层破损点的电化学腐蚀，电隔离可以防止阴极保护电流非正常漏失；为防止金属套管对工作管的阴极保护的屏蔽，以及减少干扰，都必须采用电隔离措施。

1. 绝缘接头与绝缘法兰

电隔离的一个重要设施是管道安装绝缘接头或绝缘法兰，将本保护系统保护的管道和设备与未纳入本保护系统的管道与设备电气上隔离，防止阴极保护电流流入非本阴极保护系统。在油气管道阴极保护中，一般工艺站场有防雷、防静电或安全接地系统，输气管道截断阀室的放空管有防雷系统，为了防止阴极保护电流通过这些接地系统漏失，在工艺站场进、出口，截断阀室放空管放空阀后，均应安装绝缘接头或绝缘法兰。

绝缘法兰是在对焊法兰的基础上加装绝缘垫片、绝缘螺栓套等改装而成，这是因为绝缘螺栓套太薄，耐击穿电压不高；螺栓数量多，均匀固紧难度较大；绝缘法兰不允许埋地安装，近年在国内逐步淘汰。绝缘接头是绝缘法兰的换代产品，绝缘接头耐击穿电压高，无螺栓，允许埋地安装，总体性能优于绝缘法兰，从陕京输气管道建设开始，国内新建的重要油气管道全面推广使用绝缘接头，全面推广绝缘接头代替绝缘法兰的工作。

绝缘接头或绝缘法兰一般安装在下列位置：

(1) 管道与井、站、库的连接处。

(2) 管道与管道或设备的分界处。

(3) 干线管道与支线管道的连接处。

(4) 不同埋地金属（或材质）管道的连接处。

(5) 有防腐层的管道与裸管道的连接处。

(6) 两种形式阴极保护的分界处。

(7) 需接地的跨越管道两端。

(8) 有阴极保护与无阴极保护的分界处。

(9) 直流杂散电流干扰段两端；有时为排流更为方便，在直流杂散电流干扰段的区间内也安装绝缘接头，控制杂散电流在管道中的流动；交流干扰段不允许安装绝缘接头来控制干扰电压，绝缘接头的使用可能造成干扰电压的升高而不是降低。

2. 绝缘接头保护器

绝缘接头使其两端的管道或设备电气隔离，在雷电或邻近高压输电线短路的瞬间，由于两端干扰的程度不一致，可能造成两端存在很高的电位差，击穿绝缘接头内部的绝缘垫片，致使绝缘破坏，尤其是绝缘法兰的螺栓绝缘套和垫圈耐电压击穿强度低，当管道采用聚乙烯防腐层时，管道上积聚的高电压极可能击穿这些薄弱环节。对于采用石油沥青防腐的管道，由于潮湿土壤或地下水的作用，当管地电压差达到 1500V 左右时，防腐层将发生辉光放电，一般不会出现绝缘接头或绝缘法兰两端电压出现高于绝缘件的击穿电压的情况。

绝缘接头或绝缘法兰的阴极保护侧在很多情况下都与阴极保护设备相连的电缆，保护侧瞬间出现的高电位除有击穿绝缘件的危险外，还可能损坏阴极保护设备。因此，在阴极保护设计中应考虑绝缘接头或绝缘法兰两侧安装浪涌保护器。

3. 管墩、支架电隔离

为了防止钢质管道上的阴极保护电流非正常漏失，除管道应有外防腐绝缘层外，安放管道或设备的管墩、支架应与管道或设备之间衬垫坚固的绝缘隔离物，防止阴极保护电流通过管墩或支架时漏失。

4. 钢套管电隔离

采用钢套管保护输送管时可能出现绝缘屏蔽或金属屏蔽，为防止金属屏蔽，输送管绝不能发生与钢套管的短路事故。

(二) 电连续

进出工艺站场的管道，如果要实施阴极保护，由于要与站场实现电隔离，都要安装绝缘接头，为了使阴极保护电流不会中断，往往需要采用路接电缆将保护侧管道连接起来，保证阴极保护电流路过站场送到另一侧需要保护的管道上，跨接电缆的截面积一般采用 $16mm^2$ 铜芯电缆，其截面积的大小视跨接电缆的长度和流过电缆的阴极保护电流而定，其基本原则为电缆上的电压降应不大于 50mV；采用法兰连接的阀门或管道，为了降低法兰的接触电阻，在阴极保护系统中，一般应采用 $16mm^2$ 的铜芯电缆焊接到法兰两侧。

（三）测试桩

埋地管道的外腐蚀控制，必须通过一系列的电参数测试来了解控制技术的有效性，测试桩是必不可少的检测装置，一般测试桩为钢桩，为了防盗，近十年来一些工程采用水泥桩。测试桩内装有一条或多条与管道焊接上的电缆，按其功能，可分为下列测试桩。

1. 电位测试桩

一般相隔 1km 在管道上安装 1 个电位测试桩，在四级地区，可每隔 500m 安装 1 个电位测试桩，一般电位测试桩采用一根 $2m \times 2.5mm^2$ 的铜芯电缆用铝热焊焊在管道上，两根芯线各与管道焊接一次，两焊点的间距约为 50mm。

2. 电流测试桩

在需要测量沿管道流动的阴极保护电流的地方应安装电流测试桩，一般长输管道上每隔 5 ~ 8km 安装一个电流测试桩，大型河流穿越两岸也需要安装电流测试桩。电流测试桩内为两根 $2m \times 2.5mm^2$ 的铜芯电缆，相距 30m 与管道双焊点焊接，也就是每根铜芯电缆采用同电位测试桩电缆焊接的方式与管道焊接。由于电流测试桩用于管内电流的测量，采取测量管道上电流产生的电位差来计算管内电流，所以两根电缆在管道上焊点的间距一定要准确，一定要按设计上的要求施工，要求相距 30m 时，误差不要大于 300mm。

3. 绝缘接头测试桩

原则上绝缘接头安装处应设绝缘接头测试桩，用于检测绝缘接头绝缘性能，它是由一个电位测试桩加一个电流测试桩合成。绝缘接头测试桩内装三根 $2m \times 2.5mm^2$ 的铜芯电缆，其中两根按电流测试桩要求焊接到保护侧管道上，另一根电缆按电位测试桩方式焊接到非保护侧管道上。

4. 钢套管或交叉管道测试桩

在采用钢套管或与其他管道交叉为检查是否发生短路等故障，可设钢套管或交叉管道测试桩，该测试桩内装两根 $2m \times 2.5mm^2$ 的铜芯电缆，分别焊在输送管和钢套管上，或本工程管道与其交叉的其他管道上，检查是否发生了短路或产生了干扰影响。

（四）电缆与管道的焊接

测量电缆、阴极电缆、零位接阴电缆、跨接电缆等多种电缆要与输送管焊接，目前常用的焊接方式为铝热焊，也有采用铜焊或锡焊的方式，设计时应考虑焊接可能造成的应力集中。一般铝热焊的焊点应距离焊缝不小于 100mm；一个焊点的用药量不应超过15g；高强度钢焊前应将焊接处钢管预热至100℃左右。为了防止铝热焊用药量超过15g，在选择与管道焊接的电缆时，单根芯线的电缆截面不应大于16mm^2，当需要采用大截面电缆时，可采用多芯或多根电缆保证总的截面积，切不可在一个焊接处采用大药量焊接，以免损伤管道铜。

（五）均压线

同沟敷设的管道，按现行规定可实行联合阴极保护，也就是利用同一套阴极保护系统对同沟敷设管道进行跨接，跨接处由于跨接电缆上有电压降，通电点电位就有所差别，远离通电点后这种差别可能越来越大，原则上两管的电位差不应大于100mV，以此通过计算，每隔一定距离加一条均压线。一般情况下，从阴极保护站通电点起，到计算的保护末端，加6条左右均压线，已经足够满足要求；如果两条管道的传播常数相差不超过30%，加3条均压线已经足够。

第十一章　油气管道实时数据的采集与存储

第一节　实时数据采集

一、实时数据与中间数据库平台

(一) 数据的定义

油气管道运行业务数据是指油气管道运行过程中产生的反映管道运行状态的各类参数以及用于生产管理与优化运行所需要的各种数据。油气管道运行业务数据的范畴较为广泛，运用信息工程学的评价，它涉及油气管道这一对象的多个属性层面。典型的属性层面体现在两个方面：一是以站场仪器采集的管道运行压力，输送油气介质的流量与温度、站场工艺设备运行参数等为代表的过程数据，这一层面的数据具有一个共同的属性特点，那就是数据信息值随时间的变化性，即数据的实时性；二是管道基本属性数据（如管线分段、坐标、高程、管径、壁厚、管材等级、设计压力等管道设计与材质方面的数据）、管道运行维护与检修数据（如管道设备数据、水压试验、压力监测、泄漏检测、阴极保护、管线埋深等）、阶段运行统计数据（如关于分输计量、输量统计、站库库存、管输能耗等方面的日、月、季与年度统计分析信息）等用于管道运行管理的数据信息。此外，油气管道运行业务数据还包括管道周边地理信息（地形、地质、水文、气候等环境数据）、生产机构信息（维抢修队伍、所辖管理机构的管理信息）等与运行相关的其他数据层面。

随着信息技术的不断发展进步，数字化与信息化管理理念已经渗透到油气管道运行管理的各个层面。作为工业化与信息化融合的产物，油气管道运行业务数据概念的提出确定了油气管道在设计施工、生产运营、维护检修等多个环节与油气管道运行业务息息相关的数据范畴，在此数据范畴的基础上，可以通过开展全方位的数据应用，使油气管道行业的管理人员与技术人员能够准确全面地掌握管道运行状态，为其智能决策提供有效的支持。

与电力、制造业等行业的业务数据类似，油气管道运行业务数据是一个广义上的概念，它的产生是在我国油气产品输送体系不断优化完善的趋势下行业技术革新的必然产物。从严格意义上讲，油气管道运行业务数据不是一个简单的技术范畴，没有哪一项定义能够限定“油气管道运行业务数据”仅为某一类的数据范畴，作为反映国家重要能源基础设施的数据信息体系，油气管道运行业务数据的发展应用态势在很大程度上体现了油气管道生产运行管理的规范化水平，更是未来油气管道行业大数据理念的基础支撑与核心体系。

（二）数据的特点

油气管道运行业务数据作为一类特定的行业数据，其特点与制造业、运输业以及电力等行业都存在一定的相似性。归纳起来，油气管道运行业务数据有以下 3 个特点。

1. 数据类型的多样性

随着我国油气管道集中调控业务的不断深入，在生产指挥与管理决策方面，存在对管道运行业务数据及其他相关数据大量的分析应用需求。这直接导致了管道运行业务数据类型的多样性与复杂性。油气管道运行业务数据涉及多种类型的数据，按照数据应用功能分类，它可分为管道基本属性数据（包括管道从设计、施工到运行过程中产生的所有设备设施静态数据，如管道管材、管线分段、设计压力、站场设备基础数据等）、管道运行数据（指管道运行期间产生的各种数据，如管道运行压力、设备启停状态、输送介质的温度与流量等）、管道维检修数据（包括设备参数、水压试验、内外检测、阴极保护等）以及用于管道运行管理的决策支持数据（如运行管理统计分析数据、管道周边环境、维抢修队伍、所辖机构信息等内容）。

另外，按照信息存储形式进行数据分类，管道运行业务数据涉及结构化数据、半结构化数据以及非结构化数据等类型。其中，对于结构化数据，可理解为依照关系数据模型以数据二维表形式构建与存储的数据类型，如管道基础参数信息、设备台账数据、运行统计报表等具有关系数据模型的数据部分；对于半结构化数据，可理解为具有一定结构性的数据存储模式。与具有固定结构模型的结构化关系数据类型相比，半结构化数据是按照不同事务对象的各类属性来构建的数据结构模型。针对管道运行业务数据，这种模型通常体现为树状结构。它与结构化数据类型的二维关系表相比较有着较大的区别。例如，目前很多实时数据库产品中用于存储管道站场中泵、阀、压缩机等工艺设备运行状态的各类实时数据，就是采用这种半结构化的数据存储模式。而对于非结构化数据，可理解为数据非结构化的整体保存。主要是指其数据信息存在内容上的随机性，通常只能采用一种“二进制大对象”的数据存储模式。例如，管道站场工业电视系统中采集的视频监控数据以及地理信息系统中管道周边的遥感影像数据都是采用这类数据存储模式。

2. 数据体的总量大

随着大规模油气管网在我国的迅速形成，油气管道生产运行数据的增长速度已远超出了主观预期，这些数据对油气管网的科学规范管理发挥了愈加关键的作用。基于实时数据开展应用的数据采集与监视控制系统（Supervisory Control And Data Acquisition，SCADA）在长输油气管道远程集中调控业务中已经作为核心技术手段，得到了深入应用，并极大地推动了管道运行数据应用规模的飞速增长。如果以覆盖全国油气管道的规模化 SCADA 系统实时监控为例，由于远程控制现代化水平的不断提高，对诸如压力、流量和温度等重要运行参数的监测精度、频度和准确度都提出了更高要求，因此也就形成了对这些重要运行参数更进一步的海量数据采集与实时处理要求。当前，作为国家级的长输油气管道控制中心采集的管道运行实时数据已达到了数十万点，并且对关键数据采集响应速度甚至达到了毫秒级别，每年系统实时采集的数据总量已达到数十万亿字节，年归档存储的管道运行实时数据量也已达到万亿字节左右。此外，由于我国油气管网规模的快速增长，管道运行业务数据中管道设施静态数据、管道维检修数据、管道相关地理信息等其他数据也相应地出现了数据体量“指数级”的增长，使管道运行业务数据体量达到了海量数据的级别。

3. 数据的实时性

在前面关于“管道运行业务数据”的定义部分曾指出管道运行过程数据作为管道运行业务数据的主要数据层面具有随时间的动态变化性，即数据的实时性。作为管道运行业务数据的重要组成部分，管道运行过程数据构成了管道运行业务数据的主干部分，因此数据的实时性相应也就成为油气管道运行业务数据的一项主要特征。

基于信息技术中的实时数据库理论描述，数据的实时性特征主要体现在以下两个方面：一是数据采集与存储处理的实时性；二是数据应用与事务处理的实时性。当前，随着信息技术产业应用领域的不断拓展，基于数据信息的相关技术应用已从传统的商务与管理事务应用向现代非传统工程和时间关键型应用领域进行扩展。具体如 CIMS（计算机 / 现代集成制造系统）；管道介质输送、数据通信、语音交换、电力调度等网络管理；电子银行事务、电子数据交换与电子商务、股票证券交易；交通控制、雷达跟踪；武器制导、实时仿真、C31（指挥自动化技术系统）等。这些应用有着区别于传统数据信息应用不同的特点，除了针对大量共享数据和控制数据的维护任务，更为突出的是其应用活动有着很强的时效性，要求在规定的时刻或一定的时间内完成其处理，且所处理的数据也往往是“短暂”的，即有一定的时效性，过时则有新的数据产生，而依靠之前数据作出的决策及得到的推导也就失去了时效性。因此，这类数据应用不仅需要与传统应用相类似的数据库技术来实现数据共享及维护数据的一致性，更需要数据的实时处理技术来支持其事务与数据的定时限制。这就是数据的实时性特点。

由于管道运行数据具有上述的实时特性，因此将管道运行过程中这类随时间动态变化的数据类别定义为油气管道实时数据，并主要以油气管道实时数据的管理与应用技术作为本教材的叙述内容。

（三）数据的分类

在前面提到了管道运行业务数据种类的多样性特点，并且从数据功能和信息存储形式两个方面进行了不同维度的数据分类描述。基于不同维度的数据分类具有一定的片面性，因此下面将从数据管理与应用的总体层面，对管道运行业务数据提出综合性的数据分类。

1. 管道基础与维检修数据

管道基础与维检修数据是指管道及站场设施本体的众多属性数据以及针对管道设施的维修检测数据等内容，这类数据通常具有静态与周期性特点。其中，管道基础数据是指管道里程、站场设置（站场功能性属性与高程数据等）、设计输量、设计压力、管道管材、管线分段、站场配套设备参数、维抢修队伍配置、所辖行政管理机构信息等静态存在的数据，这类数据信息以相对稳定的形式存在，类似于信息专业术语的“主数据”概念，这类数据仅在管道改扩建工程后或机构调整时才发生局部的更新变化。而管道维检修数据是指管道日常维检修作业产生的相关数据信息，包括管道设施的维修保养与检定记录、管道内外检测得出的管道缺陷数据、阴极保护、水压试验数据等内容，这类数据通常具有周期性的规律与特征。

油气管道基础与维检修数据作为管道运行业务数据的一个重要组成部分，对管道生产运行管理与决策发挥了基础性的支撑作用。

2. 运行实时数据

油气管道运行实时数据是指管道运行期间产生的随时间变化的各种动态数据，如油气管道运行压力、介质温度、管输流量、设备启停信号等反映管道实时运行状态的各类运行数据，鉴于油气管道运行数据的实时特征，将其定义为油气管道运行实时数据。随着我国长输油气管网规模的不断拓展，油气管道集中调控业务更加依赖于管道运行实时数据的支撑作用。本教材后续章节介绍的基于油气管道运行实时数据的管道运行数据综合监视系统以及管道在线仿真系统、液体管道调控运行分析系统、油气管道能耗综合分析系统、天然气管道计量与运销平衡系统等信息化业务应用已经成为长输油气管道控制中心日常管理的重要技术支撑手段。

3. 空间与影像数据

油气管道空间与影像数据包括油气管道沿线的地理信息、卫星影像与遥感遥测数据、场站三维可视化与工业电视等非结构化数据。随着信息技术的飞速发展和油气管道集中调控业务的深入开展，基于油气管道应急抢险、安全生产运行、三维可视化业务培训等新增业务需求的不断提出，传统的数据支持体系已不能完全适应这些新增的业务需求，管道行业的技术管理人员已开始认识到空间与影像数据对油气管道安全与优化运行水平提升的重要性。这就为油气管道空间与影像数据的快速发展创造了条件。当前，在中国石油地理信息系统中的天然气与管道专题图、各油气管道场站的工业电视系统以及部分油气管道企业开展的场站三维可视化影像建模都属于基于管道空间与影像数据的规模化应用。

(四) 中间数据库平台

1. 中间数据库平台定义

中间数据库平台是位于生产控制网与办公网之间的一个功能复合型的实时 / 历史数据平台，在对多套油气管道 SCADA 系统采集的运行实时数据资源进行整合的同时，实现生产控制网与办公网之间的安全隔离。中间数据库平台实时采集并存储多套油气管道 SCADA 系统的运行实时数据，同时为众多位于办公网的上层应用系统提供安全、可靠的油气管道运行实时数据资源。在信息化应用体系框架中，中间数据库平台是面向生产和技术管理业务应用的一个资源共享、统一管理、分级权限、安全可靠的数据平台系统。

2. 中间数据库平台建设的目的与意义

随着我国长输油气管道集中调控业务的深入开展，为更好地为集中调控业务提供辅助决策支持，业务人员对油气管道运行实时数据的信息化应用需求日益强烈，并开展了多项基于油气管道运行实时数据的业务应用。诸如油气管道生产管理、能耗分析、运行仿真及方案优化等类型的应用系统，均对 SCADA 系统采集的管道运行数据提出了应用需求。由于油气管道 SCADA 系统单元通常是按照管道所属不同水力系统分别部署的，不同管道的运行数据只存储在各自的 SCADA 系统服务器中，如果这些应用系统都通过直接访问各个 SCADA 系统获取所需数据，则可能由于同时访问多套 SCADA 系统而影响其业务应用的数据读取效率，同时会增加其业务应用数据接口开发的复杂度。此外，多个业务应用对 SCADA 系统的直接访问不仅会增加 SCADA 系统的运行负荷，同时由于各上层应用系统通常位于防护级别比生产控制网低的办公网络，如果不采取隔离措施而直接访问 SCADA 系统，还会给 SCADA 系统带来病毒或木马攻击的风险。因此，中间数据库平台的建设目标，就是在保证油气管道 SCADA 系统安全性和稳定性的前提下，建立一个能够满足上层应用系统数据访问需求的统一业务数据平台。为此，中国石油开始了其所辖长输油气管道中间数据库平台的建设。该平台位于油气管道 SCADA 系统与各上层应用系统之间，通过平台中构建的网络安全隔离体系，实现各上层应用系统与油气管道 SCADA 系统之间的物理隔离，在保证 SCADA 系统安全的前提下，向位于办公网的各上层应用系统提供安全、可靠的油气管道运行实时数据资源，满足各上层应用系统对 SCADA 系统数据的访问需求。

二、数据筛选原则

中间数据库平台作为各上层应用系统获取油气管道 SCADA 系统实时采集数据的集成数据访问平台，通过采集 SCADA 系统中来自各油气管道的运行实时数据，并依据相应数据访问权限为各上层应用系统提供数据支持。

油气管道 SCADA 系统采集的数据种类众多，既涉及现场仪表、阀门、加热炉、压缩机等设备的实测点数据，以及二次计算数据、报警数据等实时反馈数据类型，同时包括调控中心向各个站场、阀室下发的控制命令数据，以及与各个站场、阀室之间的通信监测数据等。对于监控大型油气管网的 SCADA 系统，其采集的数据量多达数十万点甚至上百万点。而对于各上层应用系统而言，针对不同业务需求，通常只需要获取与其业务应用相关的各管道站场、阀室设备的实测点数据和部分计算数据，而与其业务应用无关的数据（如某些二次计算数据、控制命令以及通信监测数据等）则无须获取。因此，如果将调控中心 SCADA 系统中的全部采集数据都纳入中间数据库平台，而不考虑各上层应用系统是否需要，则必然会大量占用系统平台有限的存储空间，并影响系统平台的数据处理速度。因此，中间数据库平台应根据各上层应用系统的实际需求，制定合理的数据筛选原则，用以规范中间数据库平台的数据采集，进而在满足各上层应用系统数据应用需求的前提下，有效减少系统平台的数据存储量，保证系统平台的数据有效性。针对油气管道运行实时数据，常用的数据筛选原则表述如下。

（1）一般性数据筛选原则

① 模拟量输入（AI）点，包括中间计算值、累计量等，即站场仪表实际测量的全部模拟量数据点以及 SCADA 系统二次计算的中间值计算点均需上传。

② 开关量输入（DI）点，即站场仪表反馈的全部状态量数据点均需上传。

③ 所有的模拟量输出（AO）和数字量输出（DO）点，均不上传。

④ 站控状态的相关信息，如站控模式、就地、远控等数据点均不上传。

⑤ 实点报警数据（站场设备实际输出的报警数据点）和现场设备的综合报警数据均需上传，其他报警数据点均不上传。

⑥ 开关型阀门的开关状态与调节阀阀位状态点均需上传。

⑦ 现场运行类设备，如泵、加热炉等，其开关量部分的数据点需要上传运行状态数据。

⑧ 现场运行类设备的模拟量数据点均需上传。

⑨ 阴极保护系统数据，除阴极保护电压和阴极保护电流外，其他阴极保护系统数据均不上传。

(2) 在一般性数据筛选原则的基础上，下列模拟量输入点均不上传：

① 电动机 (轴承、三相绕组、冷热空气、壳体、定子) 的温度数据；

② 动力涡轮轴承的温度数据；

③ 压缩机轴承端的压力、温度数据；

④ 电动机和泵的振动数据；

⑤UPS 电池电压数据；

⑥ 压降速率数据；

⑦ 阀室太阳能的电池电压，电流、安时值、矩阵电流、环境温度等数据。

(3) 在一般性数据筛选原则的基础上，下列开关量输入点均不上传：

① 可燃气体报警相关数据、火灾报警相关数据；

② 站场的 PLC 机架数据、模块故障报警数据。

需要说明的是，上述常用的数据筛选原则仅作为适用于各上层应用系统数据应用的基础性规范，当各上层应用系统对中间数据库平台采集的数据有超出筛选范围的需求时，中间数据库平台应依据各上层应用系统的实际业务需求对筛选原则进行有针对性的调整，采集相应数据以满足各上层应用系统的数据应用需求。

三、数据采集方法

中间数据库平台针对不同的数据源支持多种数据采集方式。以 PI 数据库产品搭建的中间数据库平台为例，系统平台除了支持 PI 数据库产品自身提供的 PIAPI (应用程序开发接口)，还支持通过 OPC、ODBC、OLE DB 等多种工业标准通用数据通信协议进行数据采集，并且上述基于通用数据通信协议的采集方式还可与数据库产品的专用 API 接口混合应用。例如，中间数据库平台可通过 OPC 协议采集油气管道 SCADA 系统的运行实时数据，并通过 API 方式将采集到的数据存储到 PI 数据库中。

中间数据库平台对油气管道 SCADA 系统的数据采集实现，可采用数据采集硬件拓扑结构，其中主要组件的功能简述如下。

(一) 通信服务器

通信服务器是中间数据库平台与 SCADA 系统之间的接口服务器，用于实现中间数据库平台与SCADA系统之间的数据采集接口。从拓扑结构上看，通信服务器下端连接着生产控制网，上端连接着中间数据库平台内网，从而实现数据从生产控制网到中间数据库平台内网的跨网传输。在数据接口软件部署方式上，可通过在通信服务器上集中部署SCADA系统OPC服务器端组件和中间数据库平台OPC客户端组件，通过OPC协议实现OPC客户端与OPC服务器端的数据同步对接，而OPC服务器和OPC客户端均以各自所属系统API的方式与各自系统进行数据同步，即数据从SCADA系统通过API方式进入OPC服务器，随后通过OPC协议同步到OPC客户端，之后再通过API方式存储至中间数据库平台。

（二）数据采集汇聚交换机

数据采集汇聚交换机用于将各油气管道SCADA系统中的管道运行实时数据通过通信服务器以网络汇聚的方式向中间数据库平台传送。

（三）数据采集防火墙

数据采集防火墙位于数据采集汇聚交换机和中心交换机之间，通过设置必要的访问控制策略，仅开放数据传输所需的网络地址与端口地址，实现数据从数据采集汇聚交换机到中心交换机的具有逻辑隔离的安全传输。

（四）中心交换机

中心交换机与数据采集防火墙相连，负责将来自各油气管道SCADA系统的运行实时数据传输至平台的内网实时数据库。

四、应急资源数据采集

油气管道输送和储存的介质为易燃、易爆、有毒的石油、天然气，属于高风险行业。油气泄漏可能引起火灾、爆炸和中毒等重大事故，需要及时、有效地抢险和救援，才能防止事故扩大，减少人员伤亡和财产损失。这就要求事先对危险源和危险目标及可能发生的事故类型及其危害情况进行预测和评估，充分考虑管道系统实际条件，使事故发生后能够及时、有效和有序地进行事故处理和救援。应急资源数据为应急决策提供参考，是油气管道事故应急预案编制的重要依据。通过应急资源数据采集，调查油气管道周边的人口分布信息及抢险救援力量，为人员疏散及抢维修工作的实施提供数据支持。

(一) 数据采集内容

1. 应急考察区

主要采集社会救援力量、敏感点或敏感目标，保证油气管道事故发生后能与当地政府、消防、公安以及医疗部门进行联络，寻求各方面的支援，由当地政府出面协助安定公众情绪，组织人员疏散；公安消防部门控制危险源，扑救火灾和维护现场，组织安全警戒；卫生部门进行医疗救护工作；交通运输部门组织人员、物资运输等。在各部门协调配合的支援下，可以使事故处理、抢险工作顺利进行。

2. 人口分布信息

人口分布信息的数据采集是以油气管道周边的街坊或自然村为调查对象。测量村委会的 X 坐标、Y 坐标及 Z 坐标，划分每个街坊或自然村的辖区范围，采集每个街坊或自然村的名称、常住人口及外来人口数量、联系人姓名及职务、应急联系电话等。人口分布信息的数据采集范围为油气管道中心线两侧各 300 米。

(二) 数据采集与处理

应急资源数据制作是一项外业与内业相互制约的工作，开展外业数据采集前必须做好充分的内业准备，外业数据采集工作又影响内业数据整理进度及数据质量。做好缜密的数据采集与处理方案设计是保证应急资源数据采集工作成功的基础。

1. 基础地理数据准备

在油气管道途经的地级市行政区划 1：2000 数字线划图上叠加数字正射影像图、油气管道中线坐标数据以及油气管道途经的地级市行政区划界线。在 ArcGIS 软件里将油气管道中线坐标连接成线，形成油气管道中心线。

2. 接图表制作

接图表是表示各图幅间相互位置的图表，数据打印以及检查接边都需要用到接图表。在 AutoCAD 软件中绘制接图表，生成图幅编号，再将 DWG 格式的接图表转换成 ArcGIS 软件可以直接利用的 SHP 格式，作为应急考察区数据采集图纸打印以及内业数据接边检查的参考。

由于人口分布信息的数据采集范围为油气管道中心线两侧各 300 米，图纸范围呈现带状分布，应急考察区数据采集图纸分幅形式不适合人口分布信息的数据采集，所以必须单独制作接图表。制作接图表之前必须展示人口分布信息的数据采集范围，根据油气管道中心线，利用 ArcGIS 软件的空间分析功能，建立人口分布信息的数据采集范围，然后根据数据采集范围内的街坊或自然村分布情况，制定针对性强的接图表。

3. 打印数据采集图纸

检查数字线划图要素显示是否清晰，油气管道途经的地级市行政区划界线、人口分布信息数据采集范围的样式是否容易分辨，数据分幅显示是否美观等。在ArcGIS软件中根据图幅编号对数据进行批量打印，作为应急资源数据采集的基础图纸，打印完成后必须仔细检查图纸的打印质量及遗漏情况。

4. 外业数据采集

应急资源数据采集工作开始之前必须对作业人员进行技术交底，理顺数据采集工作流程，理解数据采集技术规定。外业数据采集一般2人一组，数据采集调绘人员要带好相关工作证件、外业采集表、相机、红黑签字笔及夹板。

应急考察区数据采集过程中，数据采集人员应该根据自己分到的图纸，结合应急考察区数据采集类别，在电脑上参照电子地图进行数据采集路线设计。做好充分的准备后开始实地调查采集，在图纸上标记应急考察区的位置以及编号，在外业采集表格上记录名称以及其他要求采集的信息，拍摄反映应急考察区周围环境的照片。

人口分布信息数据采集先在电子地图上查明采集范围内的街坊或自然村信息，以村委会为调查采集切入点，协调对该村人口信息比较了解的村长或其他工作人员辅助进行数据采集。

5. 内业数据整理

外业数据采集成果分为标注有信息点位置及编号的图纸、与图纸上编号对应的调查表信息以及与信息点一一对应的数码照片3部分。

内业数据整理就是要对这3部分外业采集数据进行编辑，使其成为符合要求的应急资源数据。根据数据采集类别利用ArcGIS软件新建SHP格式的点图层文件，在相应的点图层文件中添加应急资源数据信息点，并且录入对应的编号。把外业采集表格中的信息录入Excel表格中，再把照相机里的数码照片导入电脑。

根据点图层与Excel表格中相同的编号，利用ArcGIS软件的属性链接功能，把Excel表格中的信息链接到SHP格式的点图层文件中，并且提取每个信息点的坐标，然后用批量重命名工具把数码照片重命名为相应信息点的名称，利用ArcGIS软件的超链接功能对照片进行超链接。

6. 成果数据检查

内业数据整理完成后必须检查点图层中的信息点位置、Excel表格中的属性数据以及各数据类别中的照片与信息点的对应关系。结合数字线划图以及数字正射影像图在ArcGIS平台中对应急资源数据进行系统性检查，判断照片有没有链接错误，属性信息记录是否规范以及信息点位置是否正确等。

第二节　实时数据压缩存储

一、概述

实时数据的压缩存储，是指将中间数据库平台采集的油气管道运行实时数据存储到数据库磁盘文件中成为历史数据时进行的数据压缩处理机制。中间数据库平台通常由实时数据库和历史数据库两部分构成。其中，实时数据库为内存数据库，在线实时采集并存储油气管道各站场、阀室等现场产生的运行实时数据。当数据发生更新或到了数据归档周期点时，通过归档进程，将实时数据库中的数据转存至历史数据库的磁盘文件中，进而形成历史数据。

目前，由于我国长输油气管道里程的跨越式发展，国家级控制中心的实时数据采集点已达到数十万点规模。同时，由于我国自动化技术水平的不断提升，数据采集间隔已达到毫秒级，油气管道 SCADA 系统中的运行实时数据的采集已达到海量化程度。因此，为了有效降低对中间数据库平台有限磁盘空间的存储压力，同时为了快速、有效地管理历史数据，提高历史数据的磁盘存取效率，对海量油气管道运行实时数据的存储，需要在一定精度指标下尽量减少数据存储量，为此在将运行实时数据归档到历史数据库的过程中，需要对数据进行合理的压缩存储。

由于油气管道运行实时数据在多数情况下是呈线性变化的，因此允许根据某些条件进行判断并将符合条件的数据忽略掉，不进行存储，这就是对油气管道运行实时数据进行压缩存储的基本原理，即丢弃在重现数据历史曲线时不是必需的数据值而仅存储必需的数据值。在对油气管道运行实时数据的实际应用中，对于被丢弃的数据值，可以在需要时通过线性插值等计算方法对其推衍恢复，从而在不降低或不明显降低数据质量的前提下，大幅提高数据存储效率，有效节约磁盘存储空间。

二、实时数据库

(一) 实时数据库的定义

数据库（Data Base，DB）是指存储在计算机内有组织的、可共享的数据集合。具体地说，数据库中的数据按一定的数据模型组织、描述和存储，它具有较小的冗余度、较高的数据独立性和易扩展性，可为各种用户共享。

数据库系统（Data Base System，DBS）是指由数据库、硬件、软件和各类人员构成的完整计算机应用系统。其中，硬件是指构成计算机系统的各种物理设备，如存储所需的外部设备、服务器等；软件主要包括操作系统、各种宿主语言、应用程序以及数据库管理系统；数据库是数据库系统的核心和管理对象，由数据库管理系统统一管理，数据的插入、修改和检索均要通过数据库管理系统进行；各类人员主要包括系统分析人员、设计人员、应用程序员和数据库管理员等。

数据库管理系统（Data Base Management System，DBMS）是指管理和控制数据库的软件。DBMS 是为保证数据库的安全性和完整性，在操作系统的基础上建立的对数据库进行统一管理和控制的软件。DBMS 是数据库系统的核心，任意时刻均可支持应用程序或用户采用合适的方法建立，修改和访问数据库，并且隐藏了数据库存储和维护细节，使用户不需要考虑数据存储布局和物理位置而方便地处理数据。当前主流的 ORACLE、SQLServer、My SQL、ACCESS 等产品均有自己的数据库管理系统，即数据库管理系统软件。

实时数据库（Real Time Data Base，RTDB）作为数据库系统发展进化过程中产生的一个分支，是数据库技术与实时处理技术相结合的产物。为了满足实时应用要求，实时数据库系统是将数据库能力和实时处理技术集成在一起发展而成的一种数据库类型，即其事务和数据都具有实时性。因此，实时数据库多指具有实时数据处理能力的数据库管理系统。

实时数据库管理系统与传统的数据库管理系统在组成结构方面相似，但在各部件的功能、特性及使用策略与技术上有所不同。

实时数据库管理系统主要包括以下 4 部分：

（1）实时数据存储管理：用于实时数据的存储，是整个系统的核心。

（2）实时资源管理：包括 CPU（中央处理器）管理、缓冲区管理、实时数据管理及实时 I/O（输入 / 输出）调度。其中，实时数据管理包括实时数据操作、实时恢复管理和实时日志管理；实时 I/O 调度则为考虑定时限制的磁盘调度算法。

（3）实时事务管理：实时事务的产生、执行、结束的整个生存期。通过优先调度算法实时并发控制算法实现 CPU 管理与实时数据操作。

（4）实时应用程序：具有定时限制的数据库任务，实时事务的产生源。

（二）实时数据库的主要特征

实时数据库系统作为对某一事务与系统的客观反映，表示了事务与系统的当前状态，只有数据与实际情况相吻合时，数据才有意义。因此，实时数据库系统在具有海量数据处理，在线压缩存储以及系统容错性、稳定性与鲁棒性等特征的基础上，其重要特性就是实时性，包括数据实时性和事务实时性。

1. 数据实时性

实时数据库系统中的一个数据对象由当前值、采集时间和采集频率 3 个分量组成。数据实时性主要体现在两个方面：一是数据值随采集点的状态变化而快速变化；二是数据值具有时效性。数据实时性与数据采集时间、采集频率有关，也受数据来源、取数方式的影响与制约。

数据实时性作为实时数据库系统设计的主要指标之一，要求系统必须高效、实时，稳定、可靠地完成数据响应与处理操作。特别是在工业控制领域，实时响应速度一般需要达到秒级。在保证响应速度的基础上，对于数据处理的稳定性，也要求系统能够承受海量瞬时数据的压力，并保证系统不会宕机。因此，在数据实时性方面，实时数据库系统不仅要维护数据库内部数值的正确性、容错性，还需要维护内部数据与外部实际在响应时间上的一致性。

2. 事务实时性

实时数据库系统的事务实时性是指数据库系统进行联机事务处理的即时性特征。事务处理的方式可分为事件触发方式与定时触发方式。其中，事件触发是指事件一旦发生，即可以立刻获得调度，并且可以得到立即处理，这种方式的优点是事件可得到及时的响应，缺点是由于需要长期启用监控进程，比较消耗系统资源；而定时触发则是指事件在设定的时间范围内获得调度权，由于这一方式只需要在时间队列锁定计划任务，因此对资源的占用相对较少。事件触发方式和定时触发方式作为实时数据库系统事务处理的两种方式，互补存在，体现了事务处理的实时性。此外，实时事务具有许多不同于传统数据库事务的特性，如结构复杂性、功能替代性、结果补偿性、语义相关性和执行依赖性等。

(1) 结构复杂性：实时事务结构复杂性主要体现在事务嵌套结构上，特别是在分布式应用环境中，一个事务会分出若干子事务（或原子事务）执行。

(2) 功能替代性：是指一个事务设计为一组功能等价的子事务，系统通过多种算法来保证事务执行成功。当一个事务的任一子事务能够执行成功时，该事务就可以完成。

(3) 结果补偿性：是指事务中断时补偿结果所造成的影响。实时数据库的事务中断不能进行传统意义上的“回滚”操作，需要一种补偿活动抵消事务造成的影响，这种补偿活动由事务来完成。

(4) 语义相关性：是指事务执行时具有相互之间的内在关联。实时事务之间存在多种关系，如结构关系、数据关系、行为（通信）关系、时间关系等。语义相关性决定了事务的调度次序、执行依赖关系、数据共享，同步执行、时序相关性和带时限的时序相关性，是实时事务本质性的特征。

(5) 执行依赖性：是指一个事务的执行取决于另一个事务能否执行，如嵌套的父子事务之间的依赖等。

（三）实时数据库与关系数据库

尽管在前面介绍了数据库、实时数据库相关的概念与特征，但很多时候人们会将实时数据库与关系数据库混为一谈。特别是对非 IT 人员或用户，一提到数据库，首先想到的是 Oracle、SQL Server 等关系型数据库产品，这与关系数据库广泛应用于企事业单位的信息化管理、统计分析等有关。实际上，实时数据库与关系数据库都属于数据库系统，只不过实时数据库是采用实时数据模型建立起来的，而关系数据库则是采用关系模型建立起来的。在工业生产领域，实时数据库以工业控制应用为主，关系数据库以信息化管理应用为主，二者代表了数据库发展的不同应用方向，各有其特点与优劣，而在未来数据库发展方向上二者更加趋向于集成应用。

实时数据库与关系数据库的主要区别：实时数据库用于处理不断更新快速变化的数据及具有时间限制的事务处理，其主要目标是使尽量多的事务在规定的时间要求内完成，而不是公平地分配系统资源，从而使所有事务都能得以执行；而关系数据库系统旨在处理永久、稳定的数据，强调维护数据的完整性、一致性，其性能目标是高系统吞吐量和低代价，但对处理的定时限制没有严格要求。

（四）工业实时数据库

实时数据库兴起于 20 世纪 80 年代中期，由于现代工业尤其是制造业的快速发展，产生了对过程控制数据大量采集与存储的需求，而关系数据库由于难以满足对数据容量和处理时效的要求，因此产生了满足工业监控要求的实时数据库软件应用需求。20 世纪 90 年代，正是由于工业生产规模日趋庞大、设备更新换代、市场竞争等因素，使工业控制软硬件系统在国外得到了迅速普及，同时电子技术、计算机技术和自动化技术的发展使从单个设备控制向全厂控制的转变成为可能。为了提高企业生产管理水平、产品质量和企业利润，以企业生产和综合管理为目标的大型应用系统或软件（如工厂综合自动化系统、过程仿真系统、先进控制系统等）相继出现，而建立生产数据集成、监控和管理平台是这些系统发挥作用的基础。因此，为了完成企业对底层多类型、多协议的自控系统集中管理，实现生产数据的集成与共享，出现了工业实时数据库系统。

工业实时数据库是指整合各自动化系统，实现实时数据集成和共享的工业级实时 / 历史数据库产品。它是介于底层集散系统与上层信息化应用系统之间，连接底层数据与上层应用系统，支撑企业实现工业信息化融合的系统产品。工业实时数据库不同于嵌入式工控组态软件的实时数据库，工业实时数据库是独立的、专业化的实时数据库系统，具有大容量实时数据集成，压缩存储、高效检索与处理等特点，为企业信息化建设提供一种开放式、松耦合，高数据粒度的数据集成与共享服务。

目前，工业实时数据库已广泛应用于我国电力、石油、化工、钢铁等流程工业领域，并逐步向航天、交通、建筑等非流程控制领域发展。由于国外厂商对实时数据库技术的研究起步较早，产品成熟稳定，因此国外相关数据库产品在我国实时数据库应用领域仍占有主要的市场份额。随着工业4.0、“互联网＋”等概念在我国的兴起以及国家对实时数据库研究支持力度的不断加大，国产实时数据库产品异军突起，产生了许多有代表性的产品，如openPlant、Agilor、ESPiSYS、海迅实时数据库等，具有自主知识产权的产品打破了国外同类产品的市场垄断地位，成为我国实时数据库市场的生力军。

三、数据压缩存储分类

实时数据的压缩存储分类表现为两种不同的形式：一是从压缩后的数据是否可以被完全恢复为原始数据的角度来看，在压缩算法的实现上分为无损压缩和有损压缩；二是从数据的压缩时机来划分，根据数据是在采集存储过程中还是在已存储后进行压缩，数据压缩又可分为在线压缩（也称实时压缩）和离线压缩。

四、数据压缩存储方法

油气管道中间数据库平台主要采用的数据压缩算法有例外压缩算法和旋转门压缩算法（SDT Compression Algorithm）。这两种压缩算法均为有损压缩。

在实际应用中，中间数据库平台从SCADA系统采集到某一运行实时数据新的数据值后，会分别对该新数据值和原当前值进行例外压缩和旋转门压缩。首先，对该新数据值进行例外压缩以确定其是否可作为新的当前值。如果该新数据值可以作为新的当前值，则对原当前值进行旋转门压缩以确定是否对原当前值进行存储。由于是边采集数据边进行数据的压缩存储，因此中间数据库平台所采用的数据压缩存储方法属于实时压缩的范畴。

（一）例外压缩算法

中间数据库平台采用的是例外压缩算法，其实质是从数据值和数据采集时间两个维度对数据进行例外测试，如果某一数据值通过了例外测试，则存储该数据值及其前一个数据值，否则不对该数据值进行存储。存储前一个数据值的目的是在对数据进行重现时能够更好地重现数据的原有历史曲线。

（二）旋转门压缩算法

旋转门压缩算法是针对缓慢变化数据的压缩算法，主要针对浮点数据类型数据。对经旋转门压缩的数据进行数据恢复时，可以通过插值方法恢复其在数据压缩过程中被舍弃的数据点，从而实现数据的“解压缩”。旋转门压缩算法计算量少，中间需要保存的变量也少，但其对数据的压缩效果很好，是一种优秀的压缩算法。这种算法有多种实现方式，其中以美国 OSI 软件公司在其 PI 数据库系统中使用的旋转门压缩算法较为典型。该算法涉及的乘除操作较少，压缩效率较高，是 OSI 公司 PI 系统的核心压缩算法。

第三节 实时数据异常处理

中间数据库平台的异常数据处理，是针对数据采集过程中出现的异常数据进行监测和处理，以保证中间数据库平台的数据质量。

一、异常数据类型

中间数据库平台的异常数据主要包括无效数据值和无效数据采集点。

（一）无效数据值

无效数据值可分为以下 3 种情况。

（1）超出管道参数实际范围的无效数据值

超出管道参数实际范围的无效数据值是指数据采集点的数据值超出该管道参数的合理取值区间，即超出其实际的运行范围。在管道建设设计规范中，管道各类参数的数据值都具有设定的合理数值区间，即运行范围。例如，若某管道设计温度为 -40～120℃，最大设计压力为 10MPa，则当中间数据库中的管道温度数据采集点数值偏离 -40～120℃范围很大或压力数据采集点数值大于 10MPa 数倍之多时，相应数据值将被视为无效数据值。

（2）超出仪表量程范围的无效数据值

管道运行数据通常由现场安装的仪表进行采集。超出仪表量程范围的无效数据值是指当管道运行数据采集点的数据值超出采集仪表的量程范围时，相应数据值将被视为无效数据值。例如，对于管输流量数据，由于流量表的量程下限不会小于 0，因此，当流量数据采集点的数据值为负值时，该数据即为超出仪表量程范围的无效数据值。

(3) 因数据异常中断而产生的无效数据值

因数据异常中断而产生的无效数据值通常是指由于数据通信意外中断以及数据接口故障等原因而导致数据值异常的情况，这类无效数据值在中间数据库平台存储时，通常表现为 10 TimeOut 等非正常标记值。

上述无效数据值的产生通常由两方面原因导致：一是当数据采集仪器、仪表发生故障时，设备由于开路产生的异常数据或故障数据；二是由于通信中断、数据接口故障等原因导致数据传输中断而产生的异常数据。这些异常数据会对基于管道运行数据的趋势分析、系统仿真、数据审计等数据应用带来较大的数据干扰，如不采取处理措施，将会为业务应用的效果与质量带来严重影响。

(二) 无效数据采集点

无效数据采集点是指在中间数据库平台中存在的没有 SCADA 系统数据源的数据采集点。此类数据采集点的产生通常是由于管道站场自动化系统的变更调整及改造工程，导致部分数据采集点在 SCADA 系统中发生数据点标识的变化，而在中间数据库平台未进行相应同步调整处理所致。无效数据采集点的表现特征为其数值长期为“bad”或“out of server”等非正常的标记值。这类数据采集点的存在不仅会浪费系统有限的存储空间，而且还会导致基于这些数据点的业务系统无法继续正常应用。

二、数据异常处理

中间数据库平台应提供异常数据处理功能，该功能可实现对采集到的无效数据值和无效数据采集点进行实时监测。当系统监测到数据异常时，应及时产生报警信息并形成日志记录，同时采用异常数据处理程序对监测到的异常数据进行相应处理，即异常数据处理程序通过分析判定异常数据的类型及成因，然后通过预先设定的数据处理策略，针对不同的异常数据类型及异常数据处理要求，采取特定的方法对异常数据进行相应处理。常用的异常数据处理方法包括标记法、删除法、历史数据替代法、插值拟合法等，具体如下：

(1) 异常数据处理方法中的标记法，是通过对异常数据添加特殊标记将其与正常数据区分开。例如，在系统中将异常数据的数据品质标记为“bad”，使其能够与正常数据相区分。

(2) 异常数据处理方法中的删除法，是将异常数据从系统中直接删除。

(3) 异常数据处理方法中的历史数据替代法，是选择数据采集点的某一历史数据值（如选择时间戳与异常数据值时间戳最接近的历史数据值）替代异常数据值。

(4) 异常数据处理方法中的插值拟合法，实际上包括插值法和拟合法两种方法。插值法和拟合法的相同之处在于二者都是通过数据采集点的正常值构建其历史数据曲线，并在历史数据曲线中选取时间戳与异常数据值时间戳相同的数据值替代异常数据值。插值法和拟合法的不同之处在于，插值法用于构建历史数据曲线的所有数据值均在曲线上，而拟合法用于构建历史数据曲线的各个数据值不一定全部落在曲线上。

异常数据处理程序应具有较强的灵活性和可扩展性，可方便地对规则器进行编辑，并依据实际情况增加或修改规则。

第四节　SAN 架构数据库硬件存储技术

在中间数据库平台中，对管道运行实时数据的物理存储系统通常采用磁盘存储阵列的形式予以构建。本书第三章曾介绍了中间数据库平台的磁盘存储阵列与数据库服务器之间的连接是通过 SAN 架构的服务器存储部署方式来实现的，下面将简要介绍 DAS、NAS、SAN 这 3 种常见硬件存储技术的主要特点，并在此基础上有针对性地介绍基于 SAN 架构的数据库硬件存储技术。

一、硬件存储技术

当前信息技术领域常见的服务器与存储硬件的连接主要有 3 种形式，即直连式存储（Direct Attached Storage，DAS）、网络存储（Network Atta-ched Storage，NAS）和存储域网络（Storage Area Network，SAN）。

DAS 是存储设备直接与主机设备连接的存储方式，是一种常用的存储方式。在这种存储方式中，存储设备通过专用电缆（如光纤接口或 SCSI 接口电缆）直接连接到服务器，输入 / 输出（I.O）请求直接由服务器发送到存储设备。DAS 的特点是依赖于服务器等主机设备，其本身是硬件的堆叠，不带有任何存储操作系统。

NAS 是一种将存储设备直接接入网络的部署方式。这些设备都分配有 IP 地址，客户机通过数据网关服务器的方式对其进行存取访问。在某些情况下，客户机甚至可以不需要任何中间介质直接访问这些设备。NAS 产品从结构上讲就是一台精简的主机设备，同普通计算机类似，每台 NAS 产品都拥有专有的处理器（CPU）系统来协调控制整个存储系统的正常运行，并配备一定数量的内存、较为简单的接口、预置软件系统（包括预置操作系统和管理软件）等，同时支持 TCP/IP、IPX/SPX、

NetBEUI 等主流的网络通信协议，允许通过网络管理程序对网络上的资源进行集中化管理操作，如数据库备份和恢复、归档管理、在线索引、媒体管理、网站浏览器支持等。

SAN 存储域网络是指一台或多台存储设备通过专用的存储网络与单台服务器或服务器集群相连接的部署方式。在 SAN 存储域网络中，服务器作为存储网络的接入点，使用专用的交换机（如光纤交换机）作为存储网络的核心连接设备，用以实现与存储设备的物理连接。

二、SAN 存储域网络

SAN 存储域网络由 3 个基本组件构成：接口（SCSI、光纤通道等）、连接设备（交换机、网关、路由器、集线器等）和通信控制协议（IP 和 SCSI 等）。通过上述组件将存储设备与服务器连接构成 SAN 存储架构。目前，主流的 SAN 存储架构多采用光纤集线器、光纤路由器、光纤交换机等连接设备将磁盘阵列、虚拟带库等存储设备与服务器连接起来的方式，这种方式提供了一个专用的、高可靠性的基于光通道的存储网络，并允许独立地增加存储容量，使得管理及集中控制更加简化。同时，光纤接口能够提供多达 10 公里的连接长度，因而容易实现远距离存储。

相比于 DAS 和 NAS，SAN 存储域网络的优势主要表现在以下方面。

（1）SAN 存储域网络的可扩展性使服务器能够连接多达数百个存储设备，而单台服务器能够独立连接的存储设备通常只有十几个。

（2）SAN 存储域网络的性能不受以太网流量或本地磁盘访问量的制约。

（3）SAN 存储域网络的数据能够被区域划分，且处于相同 SAN 存储域网络中的不同数据分区相互隔离。

（4）SAN 存储域网络系统不需要重新启动就能添加新的磁盘、更换磁盘或配置 RAID 组。

（5）当一个系统需要更多的存储资源时，SAN 存储域网络能够动态分配资源。

三、SAN 存储实现

（一）SAN 存储域网络设计参数

SAN 存储域网络设计基本参数包括以下方面。

（1）可用性：存储的数据必须可被应用访问到。

（2）性能：系统应具备可接受的、可预测的、一致的 I/O 响应时间。

（3）效率：系统不会浪费任何资源（端口、带宽、存储、电源）。

(4) 灵活性：系统允许对数据路径进行优化，以有效利用容量。

(5) 可扩展性：系统允许随时按需增加连接和容量。

(6) 可服务性：系统的可服务性指能够加快故障排除和问题解决。

(7) 可靠性：在 SAN 存储域网络中应具备冗余设计，确保系统的可靠性。

(8) 可管理性：能够实现优化传输和存储管理。

(9) 成本：在保证性能的前提下实现费用最低。

(二) 中间数据库平台的 SAN 存储域网络设计

针对油气管道中间数据库平台，为了确保能够给各上层应用系统提供连续稳定的实时数据支持，通常对平台的 SAN 存储域网络采取多项冗余保护的部署策略，以有效提升系统的稳定性与可靠性。

中间数据库平台的 SAN 存储域网络采用冗余架构搭建光传输网络。其中，平台的实时数据库与镜像数据库服务器系统采用主备冗余的群集部署，群集中各服务器主机均采用冗余的光纤双通道通过主备冗余的交换机连接磁盘阵列。这种多重冗余部署方式的最大优点在于，能够在保证 SAN 存储域网络保持原有存储性能的基础上，进一步避免单点故障，从而有效保证中间数据库平台数据存储的安全性与可靠性。

第五节　数据安全技术

中间数据库平台位于油气管道 SCADA 系统所在的生产控制网与各上层应用系统所在的办公网之间，通过三层网络、两级防护的网络架构和相应的网络安全防护措施，实现 SCADA 系统与上层应用系统之间的安全隔离，这是中间数据库平台采用的数据安全技术之一。此外，中间数据库平台的数据安全技术还包括通过数据同步接口程序实现平台的外网镜像数据库与内网实时数据库的数据同步，以及通过灾备系统确保对各上层应用系统提供连续的数据支持等内容。

一、安全隔离技术

(一) 中间数据库平台的安全防护

中间数据库平台建设的目的是向位于办公网的各上层应用系统提供数据支持，同时保障各油气管道 SCADA 系统安全、稳定地运行，避免因上层应用系统的直接访问而可能给 SCADA 系统带来潜在的网络攻击和病毒入侵风险。为实现这一目的，采用“内网实时数据库—单向物理隔离装置—外网镜像数据库”的结构模式构建中间数据库平台的整个系统平台。在这一架构中，内网实时数据库在网络上与生产控制网连通，用于采集 SCADA 系统的运行实时数据；外网镜像数据库是内网实时数据库的镜像系统，在网络上与办公网连通，用于向各上层应用系统提供数据支持；在内网实时数据库与外网镜像数据库之间部署单向物理隔离装置，使数据只能从内网实时数据库向外网镜像数据库进行单向传输，不能逆向传输，从而有效地避免网络攻击和病毒经由中间数据库平台向 SCADA 系统的入侵。

此外，在“内网实时数据库—单向物理隔离装置—外网镜像数据库”这一结构模式中，中间数据库平台的网络系统划分为 3 个区域：生产控制网、中间数据库平台内网、办公网（中间数据库平台外网）。在向上层应用系统提供数据支持的同时，为保障 SCADA 系统和中间数据库平台的安全和稳定运行，需要在中间数据库平台内网与生产控制网之间，以及中间数据库平台内网与中间数据库平台外网（办公网）之间采取可靠的安全防护措施。

（二）中间数据库平台与生产控制网之间的安全隔离

中间数据库平台通过通信服务器采集油气管道 SCADA 系统的运行实时数据。通信服务器在物理上通过配置各自独立的双网卡及路由模式分别连接中间数据库平台内网和生产控制网，并保证各个网段的独立性，使中间数据库平台内网与生产控制网之间的通信链路相互独立且逻辑上隔离。同时，通过在通信服务器与实时数据库服务器之间部署硬件网络防火墙，并设置如下安全策略，实现生产控制网与中间数据库平台内网之间的安全隔离，防止网络攻击病毒对生产控制网的入侵，具体如下：

（1）限制中间数据库平台内网与通信服务器之间的访问端口，只开放对数据通信必要的内部端口，其余端口全部禁止访问。

（2）限制访问通信服务器的 IP 地址，只允许中间数据库平台指定的 IP 地址对通信服务器进行访问，其余 IP 地址全部禁止访问。

（3）硬件网络防火墙对网络数据包进行检测和过滤，以实现对网络攻击的有效预防。

（三）中间数据库平台与办公网之间的安全隔离

在中间数据库平台内网实时数据库与外网镜像数据库之间（中间数据库平台内网与办公网之间），通过部署单向物理隔离装置实现数据从内网实时数据库向外网镜像数据库的安全单向传输。同硬件网络防火墙相比较，单向物理隔离装置具有更高的网络安全性，其主要特点如下：

(1) 只能由内网向外网发起网络连接请求。

(2) 只允许数据由内网向外网发送。

(3) 外网无法主动访问内网。

(4) 外网的数据无法进入内网。

通过部署单向物理隔离装置，能够实现中间数据库平台内网对办公网的安全隔离，有效地避免网络攻击和病毒经由中间数据库平台向 SCADA 系统的入侵，从根本上杜绝办公网可能对生产控制网带来的潜在安全隐患，保障生产控制网的安全。

二、数据同步技术

在中间数据库平台“内网实时数据库—单向物理隔离装置—外网镜像数据库”的结构模式中，内网实时数据库从 SCADA 系统接收管道运行实时数据，之后通过内网实时数据库与外网镜像数据库之间的数据同步接口程序将接收到的数据穿过单向物理隔离装置及时同步到外网镜像数据库，并由外网镜像数据库通过 OPC、ODBC、OLE DB 等数据接口将数据提供给各上层应用系统。

中间数据库平台内网实时数据库到外网镜像数据库的数据同步可以用数据同步传输流程图表示。

在中间数据库平台内网端，数据同步接口程序通过协议转换将内网实时数据库的运行实时数据转换为单向物理隔离装置允许通过的格式，并将转换后的数据穿过单向物理隔离装置发送至中间数据库平台外网。在中间数据库平台外网端，数据同步接口程序通过对应的协议转换从接收到的数据中解析出运行实时数据，并将数据同步至外网镜像数据库。

数据同步接口程序主要实现以下功能。

(1) 中间数据库平台内网端的协议转换与数据发送

中间数据库平台内网端的数据同步接口程序主要实现两个功能：一是通过协议转换将实时数据库从 SCADA 系统采集到的运行实时数据打包为单向物理隔离装置允许通过的格式；二是将数据包穿过单向物理隔离装置传输到外网镜像数据库。

(2) 中间数据库平台外网端的数据接收与解析

中间数据库平台外网端的数据同步接口程序主要完成两个工作：一是接收内网端发送过来的数据包；二是从数据包中解析出运行实时数据并写入镜像数据库。

三、异地备灾技术

中间数据库平台的“异地灾备”，是指在调控中心的主控中心和备控中心各建立一套中间数据库平台，即平台的一主一备模式。主控中心中间数据库平台从主控中心 SCADA 系统采集数据，备控中心中间数据库平台（灾备系统）从备控中心 SCADA 系统采集数据。当主控中心中间数据库平台无法工作时，启用备控中心中间数据库平台，以保障对各上层应用系统提供连续的数据支持。相比于主控中心中间数据库平台，备控中心中间数据库平台的特点是规模小、结构简单、易于实现，主要表现在以下方面。

（1）主控中心中间数据库平台由内网实时服务器群集和外网镜像服务器群集构成，结构较为复杂，实现的复杂度较高。备控中心中间数据库平台规模较小，结构较为简单，可只由一个服务器群集构成。

（2）主控中心中间数据库平台为了提供全面、系统、完善的功能，需要采集所有符合数据筛选原则的管道运行实时数据，其数据采集量巨大。备控中心中间数据库平台只需在必要时能够提供正常的数据访问支持即可，因此只需要采集各上层应用系统确认有应用需求的管道运行实时数据，其数据采集量远远小于前者。

（3）主控中心中间数据库平台采用多个通信服务器分别对各个 SCADA 系统的管道运行实时数据进行采集。备控中心中间数据库平台可仅采用由两台服务器主机构成的通信服务器群集，同时采集多套 SCADA 系统的管道运行实时数据。

（4）主控中心中间数据库平台采用单向物理隔离装置和硬件网络防火墙进行双重网络安全隔离，以确保平台的安全运行。备控中心中间数据库平台由于只在突发情况下才启用，从经济上考虑，可仅采用硬件网络防火墙进行网络安全隔离。因此，相比较而言，主控中心中间数据库平台具有更高的网络安全性能。

第十二章　天然气管道完整性管理

第一节　天然气管道完整性管理内容与数据

一、天然气管道完整性管理内容

天然气管道完整性管理是对所有影响管道完整性的因素进行综合的、一体化的管理，是一个动态的过程，管道完整性的实质和内涵体现在以下方面。

(1) 管道始终处于安全可靠的工作状态;

(2) 管道在物理上和功能上是完整的;

(3) 不断采取措施防止管道事故的发生;

(4) 完整性管理贯穿管道的设计、采办、预制、施工、运营、延寿、弃置等各阶段，通过完整性的传递与保持，实现天然气管道全生命周期的安全运行。

天然气管道完整性管理环节与内容主要包括数据采集与整合、高后果区识别、风险评价、完整性检测与评价、维修与维护及效能评价等。

二、天然气管道完整性管理数据

天然气管道完整性管理数据主要包括管道 GIS 数据、图形特征数据、属性数据与评价数据等，基于天然气完整性管理数据库可开展高后果区识别、风险评价、完整性评价、效能评估等环节的完整性管理。完整性管理数据涉及设计、采办、施工、投产、检测 / 监测、评价、运行与维护管理等方面。

根据完整性管理数据的用途一般可分为:

(1) 管道地理信息系统数据，基于管道位置、环境、功能信息数据，实现空间地理特征与管道特征的结合。

(2) 外腐蚀直接评估数据，包括但不限于外防腐层特征、土壤环境、外腐蚀检测与评价数据。

(3) 内腐蚀直接评估数据，包括但不限于管径、壁厚、材质、路由、高程、气质组分、内腐蚀检测 / 监测及工况运行数据等。

(4) 风险评价数据，包括但不限于定性风险评估、定量风险评价及高风险区域特征数据等。

(5) 安全评价数据，包括但不限于管径、壁厚、管材力学性能参数、操作压力、压力波动、检测 / 监测、地质灾害及事故数据等。

在对多种渠道获取的各类数据进行分析的基础上，可通过制定统一的参照系，利用人工方式或图解方式，对完整性管理数据进行整合，如可参照内检测器里程轮的行进距离数据，结合外加电流阴极保护测试桩位置进行缺陷数据的准确定位。另外，可通过人工整合的方式实现潜在影响区域范围在管道测绘图或管道航拍照片上的叠加，以及采用图解的方式实现风险评价各项数据项与管道信息系统（Management Information System，MIS）/ 管道地理信息系统 GIS 的图形叠加，实现管道高风险区域或具体危险位置的标识与图示。

第二节 天然气管道高后果区识别

一、天然气管道高后果区识别分级与基本要求

(一) 识别分级

根据出现管道安全事故，对周围公共区域以及生态环境带来影响范围大小，具体将长输天然气管道高后果区分成了 3 个等级。随着等级的提升，说明后果影响越来越严重。管道高后果区的识别与所处地区等级划分有着密切的关系。地区等级划分标准如下。

(1) 针对一级一类地区。划分标准为人为活动较少或者无永久性人员居住区段。

(2) 一级二类地区。划分标准为居民户数小于 15 户的区段。

(3) 二级地区。划分标准为居民户数在 15 ~ 100 户范围内的区段。

(4) 三级地区。划分标准为居民户数大于 100 户的区段，包括市郊居住区、商业区、工业区、规划发展区以及无法满足四级地区条件的人口稠密区。

(5) 四级地区。划分标准为四层及四层以上楼房 (不计地下室层数) 普遍集中、交通频繁、地下设施多的区段。

(二) 识别分级基本要求

长输天然气管道高后果区识别分级的基本要求如下。

(1) 在开展识别工作的过程中，应由对管道沿线情况较为熟悉的一线工作人员开展，负责参与识别的工作人员应事先进行专业的培训。

(2) 完成对识别统计结果的准确记录，并按照统一的格式进行记录填写。

（3）当识别出的高后果区的区段相互重合，或者不同的区段相隔在50m以内时，应直接视为一个高后果区段进行管理。

（4）当输油管道附近地形有着比较大的起伏变化，在识别时，可以根据实际的地形地貌条件、地下管涵等，判断泄漏油品可能的流动方向，并对表1中的1级、3级管径距离进行调整。

（5）在识别过程中，如果发现输气管道长期低于最大允许操作压力运行，在计算潜在影响半径时，应按照最大操作压力进行计算。

二、天然气管道高后果区识别流程

（一）整理、收集材料数据

在正式开展识别工作前，应对管道及管道周围的信息资料进行整理收集。相关资料信息主要包括以下几种。

（1）输气管道的基本参数信息，如管道的运行年限、管径、管材等。

（2）输气管道的设计报告与竣工资料信息。

（3）整个管道通行带的遥感或航拍影像图信息。

（4）输气管道跨越、阀室等设施信息。

（5）管道关键段人口统计信息。

（6）输气管道安全隐患信息以及管道相关施工作业信息。

（二）开展识别工作

在实际进行管道识别时，为了提升识别效率与识别准确性，离不开地理信息系统的帮助。利用该系统强大的功能，可以针对一些关键内容，如管线分布以及周边区域环境信息等，实现统一矢量化处理，让信息呈现更加具象化。如可以使其相关的信息以电子地图的形式展现出来，形成一个可视化的系统。在该系统中，既包含空间信息，也包含对应的天然气管道属性信息。最后以此为依据，完成对管道的空间查询、定位和分析。最终确定管道沿线的高后果区域，了解管线周围的人口分布密度等。最后，结合上述分析成果，制作管道高后果区情况汇总表。

（三）复核检查

对长输天然气管道而言，由于距离较长，因此途经区域也比较多，沿线面临的地形地貌环境比较复杂。在不同的区段，管线有着很大的落差。仅仅依靠管道位置影像图，很难保证识别的全面性。为了解决这一问题，还需要立足现场，加强对管道的复核。特别是针对一些关键区域的管线，必须到现场进行复核分析，从而及时发现存在的不足或者错误之处，做好修整改善，促使高后果区情况汇总表信息更加完善，能够真实地反映管线周边信息。

(四) 编制报告

在对管道高后果区完成识别后，根据修改完善后的高后果区汇总表编制报告。要求包括基本情况概述、最终的识别结果展示以及结果分析及建议，从而确保报告的完整性。

三、天然气管道高后果区管理

根据天然气管道高后果区识别与评分排序结果，应及时制订相应的风险评估或风险评价计划，通过实施风险评估或风险评价确定相对高风险管段。

由于对潜在影响区域半径内的特定场所、建构筑物、人数的确定主要通过人工方式完成，因此需要对天然气管道管理人员和巡护人员进行培训，正确理解天然气管道高后果区的定义和分析方法，统一高后果区评分标准，从而使高后果区评分结果排序符合现场实际。

已识别出的天然气管道高后果区，应定期复核或根据环境状况变化进行再次识别。

第三节　天然气管道风险评价

天然气管道风险评价是指用系统分析方法来识别管道运行过程中潜在的危险、确定发生事故的概率和事故的后果。在天然气管道完整性管理中，风险分析和风险评价是进行完整性管理的必要步骤。其目标是对天然气管道完整性评估和事故减缓活动进行优先排序，通过事故减缓措施效果评价，确定对识别危险的有效减缓措施。

一、管道危险因素分类

国际管道研究委员会（Pipeline Research Council International，PRCI）根据天然气管道事故统计将潜在危险划分为内腐蚀、外腐蚀、应力腐蚀开裂、制管、焊接 / 制造、设备、第三方 / 机械损坏、误操作、天气 / 外力 9 种类型，并确定了相应的危险因素。

潜在危险因素识别时应考虑同一管段上同时发生的多个危险，如出现腐蚀的部位又受到第三方损坏。如果管道的运行方式改变，运行压力出现明显波动，还应将天然气管道的疲劳破坏作为一个附加因素来考虑。

二、天然气管道风险评价方法

天然气管道可采用一种或几种符合完整性管理程序目标的风险评价方法。目前可采用的风险评价方法分为定性、半定量、定量3种，包括专家评估法、相对评价法、情景评价法和概率评价法等。

（一）专家评估法

专家评估法是指可利用相关的专家或顾问，结合从技术文献中获取的信息，对每种危险提出能说明事故可能性及后果的相对评价。可采用专家评估法分析每个管段，提出相对的可能性和后果评价结论，计算相对风险。

专家评估法的特点如下：

（1）定性分析为主；

（2）所需数据最少，以专家经验为主；

（3）对管段事故发生频率和结果分别按高低次序排序或分级，最后综合起来对管段的风险进行排序；

（4）可对管段风险筛选、排序；

（5）通过专家讨论、打分、排序来实施。

（二）相对评价法

相对评价法依靠管道具体经验和较多的数据，以及针对历史上对管道运行造成影响的已知危险风险模型的研究。这种相对的或以数据为基础的方法所采用的模型，能识别与过去管道运行有关的重大危险和后果，并给以权重。由于是将风险结果与相同模型产生的结果相比较，所以把这种方法称为相对风险法。它能为完整性管理决策过程提供风险排序。这种模型利用运算法则，为重大危险及其后果分配权重值，并提供足够的数据对它们进行评价。与专家风险评估法相比，相对评价法比较复杂，要求更具体的管道系统数据。

相对评价法的特点如下：

（1）半定量分析方法；

（2）所需数据较少，以专家经验为主；

（3）对管段事故发生频率和结果分别按高低次序打分，分值代表了不同频率或后果发生的相对关系，最后综合起来得到管段相对的风险值；

(4) 可对管段风险筛选、排序;

(5) 通过专家打分，根据打分结果排序。

(三) 情景评价法

情景评价法所建立的模型，能描述系列事件中的一个事件和事件的风险等级，能说明这类事件的可能性和后果，这种方法通常需要构建事件树、决策树和事故树。

情景评价法的特点如下:

(1) 定量分析为主;

(2) 通常用在成本分析和风险决策中;

(3) 所需数据较多;

(4) 设置特定的事件情景，然后确定该事件情景下的风险值。

(四) 概率评价法

概率评价法最为复杂，数据需求量最大，与经认可的风险概率相对比得出风险评价的结论。

概率评价法的特点如下:

(1) 定量评价方法;

(2) 根据管道历史数据分别计算管段事故发生的概率(或频率)、事故发生的后果大小(通常用伤亡率或经济损失率来表示)，然后计算风险值，风险值通常用个人风险、社会风险或经济损失来表示;

(3) 所需数据较多，计算复杂;

(4) 可用于风险排序、确定检测周期。

三、管道风险评价流程

管道风险评价由管道风险因素识别、数据收集与综合、管道风险计算、风险排序、风险控制(管道风险减缓措施)组成，风险评价流程是一个不断反馈和循环迭代的过程，风险评价的流程说明了风险评价的主要流向。

(一) 评价范围

(1) 确定将开展风险评价管道的自然界限;

(2) 现场调查与收集管道沿线人口、构筑物分布情况;

(3) 按照介质组分、工况条件、进分气点位置、管道条件、环境条件进行管道分段。

（二）管段危险因素辨识

（1）辨识各管段的危险因素，如内腐蚀、外腐蚀、应力腐蚀开裂、与制管相关的缺陷、焊接/制造缺陷、设备因素、第三方/机械损坏、误操作、天气/外力因素、疲劳破坏等；

（2）各管段风险评价数据收集与分析，包括但不限于设计、施工、运行、检测、维护与管理等。

（三）概率/频率估计

（1）根据所收集的数据对管段可能发生事故的可能性进行计算，确定其发生频率；

（2）可以将概率/频率分为“高—中—低”或“高—中高—中—中低—低”等级；

（3）概率/频率估计可以使用专家估计、相对打分法，或使用历史事故数据、操作数据及行业内统计数据，也可使用逻辑推理的方法或事件树分析、故障树分析等可靠性分析方法。

（四）后果评估

（1）针对主要失效模式与危险因素，对评价管段可能发生事故的后果进行计算，确定发生后果大小；

（2）后果可分为“高—中—低”或“高—中高—中—中低—低”等级。

（五）风险值计算及评估

（1）计算特定管段上每个单个危险因素的风险值；

（2）单个危险因素的风险值等于频率/概率与后果的乘积；

（3）评价管段的风险值等于所有单个危险因素风险值之和；

（4）将管段按照风险的高低进行排序；

（5）根据风险评价判据，确定需要降低风险的管段。

（六）风险控制

（1）根据风险计算结果采用相应的风险控制方法，降低管段风险值到可接受的程度；

（2）可以通过降低事故发生频率和降低事故发生后果达到降低管段风险值的目的；

(3) 制定风险控制策略时应结合管道风险评价判据和管理目标进行风险成本分析。

天然气管道完成风险评价后，应当制定天然气管道完整性管理方案，进行完整性评价，合理确定检测方法及其时间间隔。

第四节 天然气管道完整性检测技术

检测是天然气管道完整性管理的重要环节，检测技术的水平决定了完整性评价数据的准确性。管道完整性检测主要包括管道内检测、外检测。

一、管道内检测技术

管道内检测技术是将各种无损检测设备加载到清管器上，将非智能清管器改为有信息采集、处理、存储等功能的智能型管道缺陷检测器，以管道输送介质为行进动力，通过清管器在管道内的运行，对管道进行在线无损检测，达到连续检测管道缺陷的目的。

目前，检测管壁金属损失的方法主要有漏磁检测（Magnetic Fluxleakage Testing, MFL）与超声波检测（Ultrasonic Testing，UT）。

(一) 漏磁检测

漏磁检测器通过清管器上携带的永磁体磁化管壁并达到饱和，磁体的两极与被测物体形成封闭的磁场，如果被测物体内介质均匀分布，无空隙、无内外缺陷，理想状态下认为没有磁通从管壁外通过。若存在缺陷或其他特征物 (焊缝、三通、弯头、阀门等) 时，会使得附近的磁场发生畸变并有磁通泄漏出管壁，漏磁通被传感器测得并存储，通过泄漏磁场的强度及相关信息来判断缺陷的尺寸和位置。

漏磁检测特点如下：

(1) 间接测量，可以用复杂的解释手段进行分析；

(2) 用大量的传感器区分内部缺陷和外部缺陷；

(3) 测量的最大管壁厚度受限于磁饱和磁场要求；

(4) 信号受缺陷长宽比的影响很大，轴向的细长不规则缺陷不容易被检出；

(5) 检测结果受管道所使用钢材性能影响；

(6) 检测结果受管壁应力影响；

(7) 设备的检测性能不受管壁中运输物质的影响——既适用于气体运输管道，

也适用于液体运输管道；

(8) 需要进行适当的管道清管（相对于超声波检测设备必须干净）。

可检测缺陷类型包括外部缺陷、内部缺陷、焊接缺陷、硬点、焊缝、冷加工缺陷、凹槽和变形、弯曲、三通、法兰、阀门、套管、钢衬块、支管、修复区、胀裂区域（金属腐蚀相关）以及管壁金属的加强区。

(二) 超声波检测

超声波检测设备通过所带的传感器向垂直于管道表面的方向发送超声波信号。管壁内表面和外表面的超声反射信号也都被传感器接收，通过超声波在管道内外壁的传播时间差以及传播速度就可以确定管壁的厚度。传感器安装在一个支架上，它可以均匀地检测整个管壁。在超声波从传感器发出并从管壁反射返回的过程中，为了提高超声波传播效率，整个超声波检测过程需要使用液体对传感器和管壁进行耦合。

超声波检测特点如下：

(1) 采用直接线性测厚的方法，检测结果准确可靠；

(2) 可以区分管道内壁、外壁以及中部的缺陷，特别适于裂纹缺陷的检测；

(3) 对很多缺陷的检测都比漏磁法敏感；

(4) 可检测的厚度最大值没有要求，可以检测很厚的管壁；

(5) 有最小检测厚度的限制，如果管壁厚度太小则不能测量，因为超声脉冲要持续一定的时间；

(6) 不受材料性能的影响；

(7) 只能在均质液体中运行；

(8) 通常超声波检测设备对管壁需要比漏磁检测设备更高的清洁度；

(9) 检测结果准确，尤其是检测缺陷的深度和长度，得到的结果适于最大许用压力评价；

(10) 检测结果易于解释和理解，因为它直接对管壁厚度进行测量。

可检测的缺陷类型包括外部腐蚀、内部腐蚀、焊接缺陷、凹坑和变形、弯曲（冷弯曲、锻造弯曲、热弯曲）、焊接附加件和套筒、法兰、阀门、夹层、裂纹、气孔、夹杂物、纵向沟槽、无缝管道管壁厚度的变化等。

(三) 几何尺寸测量

几何尺寸测量设备（有时也称为测径仪）利用机械臂或电磁的方法测量管道的内径，寻找管壁上面的凹痕和其他变形以及环形焊缝和壁厚的变化。在一些形状中，它还可以测量管道的弯曲程度。具有在气体和液体管道中都可以稳定运行，对整个管道进行检查及不受管道中小尺寸杂物的影响等特性。

（四）XYZ 测绘

测绘设备的运行是基于惯性航行中所使用的 IMU 陀螺仪和加速计原理，通过 XYZ 方向角度变化和速度变化来获取数据。

（五）检测方法选择

若管道缺陷以检测裂纹为主，则检测器考虑选择超声波检测器；以体积型腐蚀缺陷为主，则应考虑漏滋检测器。

二、管道外检测技术

目前，应用较广泛的外检测技术有多频管中电流测试（Pipeline Current Mapper, PCM）、皮尔逊检测（Pearson）、直流电位梯度测试（Direct Current Voltage Gradient, DCVG）、密间隔电位测量（Close Interval Potential Survey，CIPS）等。

（一）PCM 检测

仪器的发送机给管道施加近似直流的 4Hz 电流和 128Hz/640Hz 的定位电流，便携式接收机能准确探测到这种经管道传送的特殊信号，并跟踪和采集该信号，输入计算机，便能测绘出管道上各处的电流强度。由于电流强度随着距离的增加而衰减，在管径、管材、土壤环境不变的情况下，管道的防腐层的绝缘性越好，施加在管道上的电流损失就越少，衰减就越小。如果管道防腐层损坏，如老化、脱落，绝缘性就差，管道上电流损失就越严重，衰减就越大。通过这种对管道电流损失的分析，从而实现对管道防腐层不开挖检测评估。

检测时沿管道中发送机发送检测信号在地面上沿管道记录各个检测点的电流值及管道埋深，用专门的分析软件，经过数据处理，便可以计算出防腐层的绝缘电阻及图形结果。计算出的绝缘电阻通过与行业标准对比即可判断沿管道各个管段防腐层的状态级别，得到的图形结果可以直接显示破损点的位置。

（二）Pearson 检测

当一个交流信号加在金属管道上时，在防护层破损点便会有电流泄漏入土壤中，这样在管道破损裸露点和土壤之间就会形成电位差，且在接近破损点的部位电位差最大，用仪器在埋设管道的地面上检测到这种电位异常，即可发现管道防腐层破损点，这种检测方法称为 Pearson 检测法。检测时，先将交变信号源连接到管道上，两位检测人员带上接收信号检测设备，相隔 6 ~ 8m，在管道上方进行检测。

Pearson 方法具有准确率高，适合油田集输管道及城市管网防腐层漏点的检测等优点。但其缺点是抗干扰能力差；需要探管机及接收机配合使用，受发送功率的限制最多可检测 5km；只能检测到管道的漏点，不能对防腐层进行评级；检测结果很难用图表形式表示，缺陷的发现需要熟练的操作技术。

（三）DCVG 检测

在施加了阴极保护的埋地管道上，电流经过土壤介质流入管道防腐层破损而裸露的钢管处，会在管道防腐层破损处的地面上形成一个电压梯度场。根据土壤电阻率的不同，电压梯度场的范围将在十几米到几十米的范围变化。对于较大的涂层缺陷，电流流动会产生 200 ~ 500mV 的电压梯度，缺陷较小时，一般在 50 ~ 200mV 之间。电压梯度主要在离电场中心较近的 0.9 ~ 18m 区域。

DCVG 检测技术通过两个接地电极和高灵敏度毫伏表，检测管道防腐层破损而产生的电压梯度，从而判断管道破损点的位置和大小。

管道防腐层缺陷面积的大小可通过 IR 降的计算获得，IR 降的值越大，阴极保护的程度越低。因此，管道防腐层破损面积越大，IR 降的值越大。

（四）CIPS 检测

在阴极保护运行过程中，由于多种因素都能引起阴极保护失效，如防腐层大面积破损引起保护电位低于标准规定值、杂散电流干扰引起的管道腐蚀加剧等。

密间隔电位测量是评价阴极保护系统是否达到有效保护的方法之一，原理是在有阴极保护系统的管道上通过测量管道的管地电位沿管道的变化（一般每隔 1 ~ 5m 测量一个点）来分析判断防腐层的状况和阴极保护是否有效。

第五节　天然气管道完整性评价

天然气管道完整性评价包括内检测、试压评价、直接评估等。内检测评价通过采用管道内检测技术进行管道评价，基于管道内部和外部的腐蚀或损伤情况检测结果，确定管道中可能存在的缺陷或安全隐患，建立管道完整的基础数据库，评价管道完整性的状况，并对管道的安全运行与维护提出建议和维修决策；试压评价法针对不能应用内检测器实施检测的管道，通过采用强度试验和严密性试验确定某一时期管道安全运行的操作压力水平，可以有效检查管道建设、运行阶段管段材料缺陷、腐蚀缺陷等情况；直接评估法主要针对管道内、外腐蚀缺陷，一般采用预评估、间接检测、直接检测与再评估步骤，综合天然气管道的物理特征、运行历史情况直接评估管道的完整性情况。

一、试压评价

管道试压评价是一种可行的管道完整性验证方法。这种完整性评价方法包括强度试验和严密性试验两种。试验压力、试压持续时间和试验介质应满足相应要求。

(1) 位于1级1类地区内的管道，如果最大操作压力下的环向应力大于0.72倍规定的最小屈服强度SMYS，应进行静水压试验，试验压力应达到设计压力的1.25倍。

(2) 位于1级2类地区内的管道，如果最大操作压力下的环向应力等于或小于72%SMYS，应用空气或气体试压，试验压力为最大操作压力的1.1倍；或进行静水压试验，试验压力至少为最大操作压力的1.1倍。

(3) 位于2类地区内的干线，应采用空气试压至最大操作压力的1.25倍；或使用静水压试验，试验压力至少为最大操作压力的1.25倍。

(4) 位于3类或4类地区内的干线，进行静水压试验压力最低应不低于最大操作压力的1.5倍。如果管道是首次试压，存在下列情况时可用空气试压至最大操作压力的1.1倍。

① 管道埋深处的地温为0℃或更低，或完成静水压试验前将降至此温度；

② 质量合格的试压用水不足。

(5) 具备全部下列各项条件，在3级或4级地区可使用空气试压：

① 对于3级地区，试压的最高环向应力小于50%；对于4级地区，试压的最高环向应力小于40%。

② 干线所要操作的最大压力不超过现场最大试验压力的80%。

③ 所试压的管道是新管道，纵向焊缝系数E为1.0。

(6) 1级1类地区采用0.8强度设计系数管道的每个试验段，试验压力在低点处产生的环向应力不应大于管材标准规定的最小屈服强度的1.05倍；其他地区等级管道的每个试压段，试验压力在低点处产生的环向应力不应大于管材标准规定的最小屈服强度的95%。水质应为无腐蚀性洁净水。试压宜在环境温度为5℃以上进行，低于5℃时应采取防冻措施。注水宜连续，并应采取措施排除管道内的气体。水试压合格后，应将管段内积水清扫干净。

(7) 1级1类地区采用0.8强度设计系数的管道，强度试验结束后宜进行管道膨胀变形检测。对膨胀变形量超过 1% 管道外径的应进行开挖检查；对超过 1.5% 管道外径的应进行换管，换管长度不应小于 1.5 倍的管道外径。

(8) 强度试验的稳压时间不应少于 4h。

(9) 严密性试验应在强度试验合格后进行，线路管道和阀室严密性试验可用水或气体做试验介质，宜与强度试验介质相同，输气站的严密性试验应采用空气或其他不易燃和无毒的气体做试验介质，严密性试验压力应以稳压 24h 不泄漏为合格。

二、直接评估

针对干气、湿气输送管道的内、外腐蚀缺陷可采用内腐蚀直接评估与外腐蚀直接评估，确定无法开展在线检测水压试验管道的完整性水平，一般包括预评估、间接检测、直接检测、再评估 4 个步骤与环节。

(一) 干气管道内腐蚀直接评估

干气管道内腐蚀直接评估（Internal Corrosion Direct Assessment Methodology for Pipe-lines Carryings Normally Dry Natural Gas，DG-ICDA）的基础是对管道中最先积聚水或其他电解质溶液的管段进行详尽检查，并允许以此推理该部位下游一定长度管道的完整性。如果最可能出现积聚水的一段管道内没有发生腐蚀，那么在相同运行条件下，出现聚集水可能性较小的其他管段就不太可能发生腐蚀。DG-ICDA 需要多种现场检查和管内评估数据，包括管道物理特征和运行历史参数。

1. 预评估

收集与管道相关的基本历史和当前运行数据，确定 DG-ICDA 是否可行，并定义 ICDA 的区域。收集到的可用数据来自设计和建设资料、运行和维护历史、台账和腐蚀检查记录、气质分析报告及前期完整性评估或维护活动的检测报告等。

2. 间接检测

间接检测包括多相流预测、管道海拔剖面的建立及识别内腐蚀可能出现的部位，关键参数的计算与分析包括管道沿线各节点的压力、天然气压缩因子、气体密度、管道倾角与临界倾角。

3. 直接检测

直接检测包括对内腐蚀发生管段的开挖、直接检测，评估管道是否存在金属损失和相应的腐蚀程度。

4. 再评估

对 DG-ICDA 各评估阶段结果进行有效性分析，合理确定再评估的间隔周期。

(二) 湿气管道内腐蚀直接评估

湿气管道内腐蚀直接评估（Internal Corrosion Direct Assessment Methodology for Pipe-lines Carryings Normally Wet Natural Gas，WG-ICDA）是一个结构化的过程，用来评价可预见的湿气管道内腐蚀的影响。

1. 预评估

预评估主要的工作是收集和整理关于管道内腐蚀评价的所有运行数据。这个过程需要确定 WG-ICDA 方法在管道上是否可行，并合理确定评价的区域。需要收集的数据包括设计和施工记录(如地形、路线、材料、设计压力、温度、结构)、操作和维护历史、流速、腐蚀调查记录、气质 (气体和液体) 分析报告、之前或现行的完整性检测报告。

2. 间接检测

通过采用 De Waard & Milliams Model、Norsok Model 与 Top-of-Line Model 等模型预测管道内不同区域的整体腐蚀程度，确定腐蚀严重次序。

3. 直接检测

采用无损检测方法对管道内表面进行直接检测，确定管道内壁的缺陷和金属损失量。将直接检测结果与间接检测结果相结合，重新选择评价位置。

4. 再评估

再评估过程主要对 WG-ICDA 评估过程的有效性进行分析，并制定有针对性的缓解措施，建立腐蚀控制和管道维护策略，合理确定相应的再评价周期。

(三) 外腐蚀直接评估

外腐蚀直接评估（External Corrosion Direct Assessment，ECDA）是结合天然气管道外检测方法，通过开展预评估、间接检测、直接检测与再评估确定天然气管道外腐蚀程度与完整性水平。

1. 预评估

基于完整性管理数据的收集与整合，预评估阶段确定天然气管道外腐蚀直接评估（ECDA）方法的可行性，并划分 ECDA 评估区域与管段。

2. 间接检测

进行多频管中电流测试、皮尔逊检测（Pearson）、直流电位梯度测试、密间隔电位测量等间接检测方法与设备的有效性分析，开展涂层缺陷 / 异常、管道外腐蚀已发生或可能区域的地表检测，当管道沿线环境变化明显时，常需要使用两种或两种以上的间接检测方法与设备。

3. 直接检测

根据间接检测结果确定优先次序，在最有可能发生腐蚀的区域进行开挖和现场数据收集，对损伤涂层和腐蚀缺陷进行检测，评价天然气管道的剩余强度与严重性，分析外腐蚀形成的根本原因。

4. 再评估

对天然气管道的外腐蚀直接评估方法的有效性进行评估，在此基础上确定再次开展外腐蚀直接评估的时间间隔。

第六节　天然气管道缺陷修复

一、维修计划

天然气管道缺陷修复应按照管道内外检测、试压、直接评估以及适应性评价中发现的危险缺陷的严重程度，确定缺陷点维修的先后顺序时间表，维修计划应从发现缺陷时开始。

(1) 立即响应——危险迹象表明缺陷处于失效点；

(2) 计划响应——危险迹象表明缺陷很严重，但不处于失效点；

(3) 进行监测——危险迹象表明在下次检测之前，缺陷不会造成事故。

根据内检测的检测结果显示的危险缺陷特征，管道公司应迅速检查，立即对危险缺陷的检测结果进行响应。响应计划（检查和评价）应包括实施方法和响应时间。

二、维修方法

常用的管道维修方法包括：

(1) 换管；

(2) 打磨；

(3) 钢制修补套筒；

(4) 玻璃纤维修补套筒（复合材料纤维缠带）；

(5) 焊接维修 / 堆焊 / 打补丁；

(6) 环氧钢壳修复；

(7) 临时抢修 / 夹具。

第七节　天然气管道完整性管理效能评价

通过开展天然气管道完整性管理效能评价不仅可以确定完整性管理计划的目标完成情况，而且可分析管道完整性管理的实施对提升管道安全性和完整性的有效性。效能评价可针对管道的某一段实施，也可针对整个管道系统开展，还可以对多个管道系统的完整性管理系统效能进行比较。

一、效能测试类型

(一) 过程或措施测试

测试天然气管道风险预防与减缓、管道维护与维修完整性管理活动，评价完整性管理措施实施的效果与水平等级，该项测试在完整性管理活动中间过程进行，考量完整性管理活动是否按计划执行，以及其达到预期计划要求的情况。

(二) 操作测试

对天然气管道系统实施完整性管理程序后的响应情况进行测试，分析完整性管理活动是否能保证管道系统的结构与功能完整。如在实施了第三方破坏保护后，管道是否很好地免遭第三方破坏，还是根本无效。

(三) 失效测试

失效测试包括管道不同尺寸孔径的泄漏、破裂测试，分析所辖管道失效事件的数量和影响范围，通过对比实施完整性管理前后的测试结果确定完整性管理的有效性。

二、效能评价方法

(一) 通过内部比较评价效能

管道运营者可以通过内部检查程序，在系统内部将管段与邻近管段或同一管道系统的不同区段进行比较获得数据，以评价事故预防和减缓措施的效能。识别系统内部不同管道（段）完整性管理程序中需要改进的地方。

效能指标涉及管道本体管理、自然与地质灾害管理、第三方破坏管理等方面。

(1) 投入与过程控制指标包括基础数据完备率、数据更新率、数据采集完成率、风险评价覆盖率、风险排查完成率、风险评价发现的高风险管段数、治理的高风险管段数等。

(2) 结果指标包括千公里事故率、千公里失效次数、千公里伤亡人数等。

(二) 通过外部比较评价效能

通过外部审核获得有用的评价数据，与外部其他管道公司或行业完整性管理最佳实践进行比较，分析完整性管理程序的效能。

三、审核与效能改进

天然气管道公司应不断对完整性管理的内容进行审核，分析其有效性以确保完整性管理是按照计划执行，并符合所有法规要求。效能评价报告应基于效能评价的结果，提出完整性管理系统的改进建议。效能评价应定期或不定期进行，效能测试和审核结果将作为以后风险评价考虑的因素。

第十三章　天然气管道运行的安全与管理

第一节　天然气管道输送新技术发展概况

随着天然气使用范围的进一步发展和计算机网路技术的迅速发展，国内外天然气输送系统在运用管理自动化、储存调峰技术、LNG 接收终端技术、安全预警技术、管道完整性管理以及应急处置管理等方面都有了很大的发展。

一、数字化运行管理技术

随着科学技术的进步，天然气储运技术在各个方面都有很大发展，新技术、新工艺不断涌现，输气管道的网络化与数字化是管道输送技术最重要的发展成就。

(一) 输气管道的网络化与优化运行

1. 天然气网络优化的概念

管网系统运行优化就是对给定的管网系统，在一定资源条件下、不同销售价格以及不同的用户要求前提下确定输配气方案，使得经营部门获得最大收益。因此，管网运行优化模型一般是将经营部门的收益作为函数，在满足资源、用户及工艺技术约束条件下，确定进 (分) 气点的流量和压力。

2. 管网优化运行的思路

由于管网系统的最优化是一类十分复杂的、有约束的非线性最优化问题，而且维数很大。因此，初期的研究工作都是在假定一些变量为已知的情况下求解问题中的部分变量。人们先后使用过的模型求解方法有直接搜索法、约束变尺度法、遗传算法等。随着相关学科的发展，优化理论也在不断地更新和完善。进化算法、人工神经网络、群体智能、蛙跳算法、混沌优化等新兴的优化方法也逐步应用于管网的优化中。

(二) 建立“数字管道”体系的管理模式

基于计算机技术、遥感技术、地理信息系统和全球定位技术建立数字化长输管道是近年来我国从事长输管道设计、施工、管理的技术人员一直在探索的一项管理活动。所谓“数字管道”，是对管道和管道沿线本身属性、相关环境与要素现象统一的数字化重现和认识。其核心思想是用数字化的手段来处理建设前期、建设过程和建设后运营的长输管道对环境的影响和周围环境对管道的作用所产生的后果，最大限度地利用资源，并使相关人员能够通过一定方式方便地获得他们所要了解的有关管道及周围环境的所有信息。其特点是嵌入地理数据和管道属性数据、运行数据、安全状态数据，实现集成化、多分辨率、三维和动态地对管道的描述，即“虚拟管道”。通俗地讲，就是用数字的方法将管道本身属性、管道周围环境及其变化及管道沿线环境的时空变化对管道建设和运营的影响、产生的后果装入电脑，实现网络的流通，并使之最大限度地为管道的前期论证、设计、建设、安全运营、可靠性评价、维护、培训以及管道技术的持续发展服务。目前，“数字管道”已在长输管道中开始进行研究与初步的应用。可以想象，数字管道的建立，将为全国建立管网的统一调度中心以及建立管道应急体系、紧急救援起支撑的作用。

1. “数字管道”体系的建立

管道工程管理及运营管理，仅靠传统的资料管理，已不能满足运行对资料动态的检索、分析、更新的需要，不能实现资料系统的动态应用。特别是在应急预案启动时，对当地的环境不能准确了解，可能影响突发事件的准确处置。采用地理信息系统实现“数字管道”的管理模式，是提高管道管理运行水平的需要，是信息化管理的必然趋势。

GIS（Geographic Information System）、GPS（Global Positioning System）和 RS（Remote sensing）的一体化技术，空间一致性匹配，系统统一性和协调性，标准空间统计单元的建立，成为实现管道数字化的最主要的技术手段。其中，CIS 的应用是构成“数字管道”体系的基础，而管道属性数据、运行数据、安全状态数据的及时传输更新并实现计算分析功能则是构成“数字管道”体系的关键。数字管道是一个庞大的计算机技术系统与软件应用系统的集合，是将众多相对独立的数字化技术的应用集成化，整合成一个庞大的以数据库为基础、数据共享和相互联系的数字化体系。它与一般的地理信息系统和专业的管理信息系统相比较，具有数字化、共享海量数据库、可视化、良好的兼容性、共享性和开放性的显著特点。

2. “数字管道”体系的实现方式

（1）“数字管道”体系实现的技术基础。现代高精度遥感技术可以分辨 0.8m 以上的物体，结合航空红外摄影，可以取得管道沿线周围环境的变迁、植物生长、土壤湿度、水土流失、管道泄漏等数据。高清晰度卫星遥感图像每 3 天收集 1 次，具有时相新、更新快的特点，利用遥感资料可以监视管道附近的人为活动对管道运行可能带来的影响。

GIS、卫星遥感、航空红外摄影、SCADA 监控操作系统都在 GIS 的坐标基础上综合起来，工程建设中的设计、材料、施工数据也可以纳入其中。这样当我们要分析管道不正常的状态或分析它的整体性风险时，就可以把管道内在的操作因素和所有的外部环境因素综合起来考虑，所以说，针对管道专门的 GIS 系统是建立数字管道体系、强化风险管理的有力工具。

目前在管道建设中，我们已经使用了卫星遥感技术进行选线，采用数字航空摄影测量技术建立管道沿线的数字地形模型等。为保证管道能够安全、可靠、平稳、高效地运行，我国新近建成的长输管道中，采用了以工业计算机为核心的监控和数据采集系统，进行全线自动监控。对 SCADA 自动化控制系统进行了广泛应用。这些都为数字管道系统建立了必要的基础。

(2)“数字管道”的内容。数字管道的内容主要包括管道属性特征、管道运行数据、管道安全状态数据、一般地物特征辨认、地理变化信息、地形数据计算等。

① 管道属性特征，主要包括：管道材质、直径，管材壁厚，管道焊接施工数据，设计压力、温度，防腐层特性，阴极保护形式，管道位置坐标，场站位置、间距、功能、地域归属行政区划（省、市、县、乡、村等）。

② 管道运行数据，主要包括输送介质类型、化学成分、组分、杂质含量以及占比、压力、温度、流量、各站场目前的运行方式等。

③ 管道安全状态数据，主要包括监控装置的运行状态、历次检测数据，如管道外防腐层的老化破损状况与分布、管道壁厚检测数据以及变化趋势、管道内检测隐患数据以及隐患分布状况、阴极保护电位及分布、管道其他风险检测、监测状况等。

④ 一般地物特征辨认，主要包括居民、商业用楼房及公共建筑，农场建筑和谷仓，公路与铁路，各种工厂，在管道附近的活动或目标。

⑤ 地理变化信息，主要包括附近新住房或工厂建设、最近滑坡迹象、最近发生的火灾迹象，洪水发生过后情况、出现的基础设施新的发展、管道附近威胁性活动等。

(3) 数据的基本用途。利用 GIS 数据可以用来计算地形特征，如高程、坡度、地表覆盖物（森林、耕地、高层住宅区面积、沼泽、水体等）、辨认排水道、辨认湿度，地下土壤及地质特征。

管道 GIS 和 RS 系统可以实时提供沿线人口密度、建筑物增长及其他人文环境的变化及增长数据，从而可以分析这种变化对管道安全运行的潜在风险，并根据有关规范进行有效的防范。

根据 RS 的资料更新和 GIS 的资料变化，可以通过专家系统计算断层移动、错位、滑坡迹象、泥石流现象以及其他不良工程地质出现对在建、在役管道的威胁并及早防范。

利用高清晰度遥感图像地形高程数据求积法，并与管道方位信息综合考虑，可以准确评估洪水风险，以及洪水一旦发生对管道整体性的威胁。

利用管道运行数据和管道安全状态数据可以实时计算、分析管道的潜在隐患在目前运行条件下可能导致的各种风险，同时为管道的维修、维护、更新提供决策参考。

(三) 管道仿真技术

1. 管道仿真技术概念

管道仿真就是利用计算机模拟技术对管道在各种工况下的气体瞬变状态及设备状态进行模拟，从而预测其在预期工况下实际的操作情况，为管道设计及运行管理提供依据。管道仿真技术能真实地再现管道内气体的流动规律，压力、气流分布和随时间变化的趋势，能为长输管道设计及运行管理提供管道工况分析工具。

2. 管道仿真技术运行方式

在实际应用中，管道仿真有离线仿真和在线仿真两种方式。仿真系统的数据和控制命令由操作人员给定，在线仿真由管道的 SCADA 系统提供实时数据，作为仿真系统边界条件，计算结果与 SCADA 系统的另一部分数据进行比较，从而分析判断管道运行工况。在线仿真软件功能全面，使用灵活，是运行管理人员分析、掌握、监视管道运行的强有力的工具。

3. 管道仿真技术的作用

管道仿真软件的作用主要有 3 个方面：一是用于管道的优化设计、方案优选；二是用于运行操作人员培训；三是用于管道的在线运营管理。

二、相关输送技术

(一) 天然气计量特别是热值计量技术的发展

1. 气体超声波流量计

气体超声波流量计具有精度高、量程范围宽、无压力损失以及无运动部件又可双向测量等优点，适用于大口径管道。我国西气东输管道工程中已经应用了这种流量计，这在国内大口径输气管道计量系统中尚无先例。

2. 科氏力天然气质量流量与密度计

该仪表由 U 形探头和传感器组成，通过探测振动管上承受的科氏力来计算质量流量，是继超声波流量计之后天然气计量仪表发展的一个新热点，适用于计量未净化气或湿气、乙烯和二氧化碳等特殊气体，特别适用于缺乏安装直管段空间、天然气组分或密度发生变化、贸易交接计量或工艺控制等场合。科氏质量流量计将成为汽车加气站的主要计量仪表，目前全世界已有2万多台用于气体计量。

3. 天然气的热值计量

近年来，热值（发热值）计量技术已在西欧和北美普遍应用，是当今天然气计量技术的一个发展方向。天然气热值计量比体积和质量计量更为科学和公平，由于天然气成分比较稳定，按热值计价可以体现优质优价。天然气热值的测定方法有直接测定法和间接计算法。近年来，天然气热值的直接测量技术发展较快，特别是在自动化、连续性、精确度等方面有很大提高。日本生产的一种在线式热值自动测试仪，热工结构简单，实现了自动连续测量，响应速度快，测量精度高，低热值时精度为 ±1.5%，高热值时精度为 ±1.0%。

(二) 压缩机增压技术

压缩机组是输气站的核心设备。根据经验法则，在一个大型天然气管网中，压缩机消耗掉其输送天然气的3%~5%用于驱动天然气在管网中的流动，耗能巨大。因此，一要优化压缩机组运行方式，减少能耗；二要提高压缩机的增压效率，降低压缩机的运行成本。近年来，国外在输气增压方面广泛采用了回热循环及联合循环系统工艺，提高了燃气透平的热效率。例如，阿意输气管道 Messina 压气站的燃气机组，采用回热联合循环系统后，每台燃气轮机的综合热效率由原来的36.5%上升到47.5%。此外，国外还广泛采用离心式压缩机的机械干密封与磁性轴承技术和故障诊断技术，有效地延长了轴承的使用寿命，降低了压缩机的运行成本，提高了机组的可靠性和完整性。

(三) 天然气管道减阻剂的研究应用

随着天然气需求量的增加和天然气管网的建设，对管道的输送能力和调峰能力要求越来越高，天然气减阻剂的研究和应用也日益受到重视。

1. 天然气减阻剂的作用

输气管道采用内涂技术后一般能提高输气量6%~10%，同时还可以有效地减少设备磨损和清管次数，延长管道的使用寿命。我国西气东输管道工程则是首次全线采用这项技术，降低了工程投资。

2. 天然气减阻剂与油品管道减阻剂的区别

石油减阻剂是典型的长链聚合物，这种聚合物融进液相来减少液体中的涡流，它的相对分子质量是百万数量级。考虑到天然气减阻剂的雾化能力和它在管壁上

“凹谷”的“填充”能力，因此，它的相对分子质量不可能很大。并且天然气减阻剂的作用区不是像油品减阻剂那样作用于层流与湍流的界面处，它是直接作用于管道内表面，减阻剂分子与金属表面牢固地结合在一起形成一个光滑、柔性表面来缓和气 - 固界面处的湍动，减少摩擦，从而达到减阻效果，它不改变流体性质，因此天然气减阻剂的减阻效果要低于石油减阻剂。

3. 减阻剂加入方式

一般天然气减阻剂相对分子质量不大，容易雾化，属于雾化成膜型减阻剂。因此，可以在保障正常管输的情况下，经过注入系统雾化注入。

（四）天然气储存技术

无论是天然气出口国家，还是主要依赖进口天然气的一些西欧国家，对建造地下储气库都十分重视，将地下储气库作为调峰、平衡天然气供需、确保安全稳定供气的必要手段。

1. 垫底气最少化的技术研究

国外管道公司非常重视大型储气库垫底气最少化技术的研究，目前正在研究应用一种低挥发性且廉价的气体作为“工作气体”来充当储存岩洞中的缓冲气垫。

2. 天然气的吸附储存技术研究

天然气的吸附储存是一种新的储气方式，将超级活性炭作为吸附剂，用特殊的方法装填在储罐中，在一定的储存压力（3～4MPa）下使吸附天然气达到与压缩天然气相接近的存储容量。此项技术对充分利用边远油气田的天然气和进行车用天然气的存储具有一定的意义。

3. 天然气水合物储运技术研究

天然气水合物储存技术也是近几年国外研究的热点之一。天然气水合物是一种高能量、高密度的能源，在2～6MPa、0～20℃的条件下制备，在常压下和 -15℃以上稳定储存，加热或降压可以实现天然气水合物的分解。单位体积的天然气水合物可以储存164倍自身体积的天然气。天然气水合物储存技术对于小型气田、零散气田、边远气田和海底天然气的储运具有很高的经济性，还可以作为一种调峰的手段。

根据目前国外对天然气水合物技术的研究，可以得出几点共识：一是天然气水合物在常压、-15℃～-5℃下储存在隔热容器中可长时间保持稳定；二是对于处理海上油田或陆上边远油田的伴生气，该技术的可行性优于液化天然气、甲醇和合成油技术，安全且对环境无污染；三是天然气水合物技术的成本比液化天然气的生产成本约低1/4；四是采用天然气水合物技术可以对天然气进行长距离运输。

三、天然气管道完整性管理技术

近年来，随着世界上天然气管道的迅速发展，管道完整性管理成为国外天然气管道工业中备受关注的重要领域，主要是因为大量已服役多年的老管道存在事故隐患，需及时检测和有效管理；老管道建设时焊接及检验技术落后，管道质量较差，破裂泄漏事故频发，因而要求加大安全管理力度；第三方破坏，特别是近年来一系列国际恐怖事件对管道的安全性管理提出了更高的要求；一些发达国家，尤其是美国在管道完整性管理领域进展迅速，已连续出台了相关的法律法规和标准，形成了一个完整的管理体系；管道的完整性检测与评价技术的发展日新月异。

目前，我国正处于天然气管道工业发展的高潮期。管道的完整和安全在天然气行业中有着更加重要的意义，无论是新建管道还是老管道，都需要建立管道完整性管理体系。

(一) 管道完整性管理的概念

1. 管道完整性

管道完整性是指管道始终处于安全可靠的服役状态。主要包括以下内涵：管道在物理上和功能上是完整的；管道处于受控状态；管道运营商已经并仍将不断采取行动防止管道事故的发生。管道完整性与管道的设计、施工、运行、维护、检修和管理的各个过程密切相关。

2. 管道完整性管理

根据不断变化的管道因素，对天然气管道运营中面临的风险因素进行识别和技术评价，制定相应的风险控制对策，不断改善识别到的不利影响因素，从而将管道运营的风险水平控制在合理的、可接受的范围内。建立以通过监测、检测、检验等方式，获取管道相关数据，并结合对系统中已有的管道属性数据、管道环境数据、运行数据、建设期的其他数据的分析，据此判别管道风险，对管道的适应性进行评估。根据评估结果，对管道进行必要的维修维护，根据风险状况，针对可能存在的威胁制定和执行预防性的风险减缓措施，达到减少和预防管道事故发生、经济合理地保证管道安全运行的目的。同时，要对管道完整性管理进行综合分析，评估完整性管理的效能，改进不足，提高管道完整性管理系统的有效性。

3. 管道完整性管理的原则

(1) 在设计、建设和运行新管道系统时，应融入管道完整性管理的理念和做法。

(2) 结合每一条管道的具体情况，进行动态的管道完整性管理。

(3) 建立进行管道完整性管理的机构和管理流程，配备必要的手段。

(4) 对所有与管道完整性相关的信息进行分析、整合。

(5) 必须持续不断地进行管道完整性管理。

(6) 在管道完整性管理过程中应当不断采用各种新技术。

管道完整性管理是一个与时俱进的连续过程。管道的失效模式是一种时间依赖的模式，腐蚀、老化、疲劳、自然灾害、机械损伤等都能够引起管道失效，必须持续不断地对管道进行风险分析、检测、完整性评价、维修及人员培训等完整性管理。

(二) 管道完整性管理的核心内容

管道完整性管理的最终目标是确保本质安全，通过风险分析，找到了高风险、中高风险的设备或管道，为了保证这些设备与管道完整性，需对它们的完整性进行评价，以实现完整性管理的全过程。管道完整性评价的目的在于防止管道结构因不完整而产生失效破坏。

管道完整性管理是一种以可靠性为核心的风险预控管理模式，目前已经成为国际上最认可的管道安全管理模式。从保证安全管理的角度出发，可以将管道完整性管理分为3个层次：风险评价、可靠性评价（检测及评价）和完整性管理。

完整性管理是一个系统工程，有一套特殊的技术流程。这个流程首先是数据收集；根据所收集的数据进行风险区域划分并识别出高后果区（会造成较大破坏的区域）；对风险因素进行评价；风险评价之后再做检测；根据检测进行管道完整性评价；基于完整性评价结果制定相应的维护措施及应急措施并实施；完整性管理系统进行效能评价，不断改善识别到的不利因素，从而将系统风险水平控制在合理的、可接受的范围内，减少和预防事故发生，经济合理地保证管道的安全。

1. 收集管道完整性管理数据

这个阶段包括管道原始施工图和监测记录、管材合格证书、制造设备技术数据、管道设计与工程报告、管道调查和试验报告、管道监测计划、运行和管理计划、应急处理计划、事故报告、技术评价报告、操作规范和相应的工业标准等。

2. 高后果区的识别

根据客观情况划分管段，确定失效类型，重点是要识别出管道发生泄漏会危及公共安全、对财产与环境造成较大破坏的区域。

3. 风险评价

(1) 风险评价的含义。风险评价是指识别对管道安全运行有不利影响的危害因素，评价事故发生的可能性和后果大小，综合地得到管道风险大小，找出管道的高风险区段。

管道风险评价技术是以诱发管道事故的各种因素为依据、以影响因素发展为危险事故的可能性为条件、以事故后果造成的经济损失为评估指标的综合性管理技术。根据评价结果，管理者及时了解管道的运行状况，而且能清楚管道的完好程度和危险管段，以便合理地分配维护资金，变管道的盲目被动维护为预知性主动维护。

(2) 管道风险评价主要流程。首先，进行数据收集。部分数据可以从管道企业的数据库中提取，部分数据需要管道沿线踏勘取得。其次，根据需要划分管段，一个管段是一个风险评价单元，对应到一段或长或短、属性相对比较一致的管道。每个管段会有自己的风险值，然后利用软件进行管道的失效可能性分析（定量时称为失效概率）和失效后果分析，并计算综合得到管道的风险值。最后完成风险评价报告编制，并与管道管理者等相关方进行结果讨论。

4. 管道检测

根据风险评价结果，开展管道检测，包括内外检测、压力试验等，获得与管道可靠性评价直接相关的数据。

5. 完整性评价

(1) 管道的完整性评价是运用统计的、数学的、经济的等各种方法，根据采集到的有关数据，对管道运行的风险性进行评估，以决定管道能否继续使用、尚能使用多长时间、是否需要修复、如何修复等，从而使管道始终处于安全的运行状态，它是管道完整性管理的重要阶段。

(2) 输气管道由于制造、损坏、工作环境、使用环境和输送介质的作用而出现不同程度的管道缺陷、疲劳和腐蚀的现象。在管道的使用过程中由于缺陷的存在、疲劳以及腐蚀会不断地削弱管道，降低管道的承载能力，甚至造成管道的泄漏和破裂，引发事故。因此，评价管道的现状和发展趋势，估算其使用寿命，对提高管道的承载能力和及时地维修更换，具有很大的意义。

(3) 完整性评价包括的内容有：① 缺陷管道的完整性评价；② 管道生产运行的安全评价；③ 管道缺陷与工况下的寿命预测。

(4) 完整性评价技术只针对油气管道中存在缺陷（凹坑、点蚀、坑蚀、面蚀、砸坑等）或管道处于某种工况（如管道中存在的腐蚀性物质、管道穿跨越、地震、断层、管道上载重车经过、管道壁厚减薄、管道沉陷等因素），评价管道在当前工况下是否满足规定的输送功能要求和安全性与可靠性方面的影响程度。寿命预测是针对管道存在影响寿命的诸多因素，通过对诸因素的分析（如统计分析或腐蚀分析等），对管道的寿命进行科学的预测。完整性评价可以给管道业主对管道维护和运行的可继续使用性一个科学的结论。

6. 维护阶段

通过管道维修、运行工况调整和预防措施来消除或减缓检测中发现的安全隐患，提高管道安全性，是对检测评价的响应。

7. 效能评价

针对完整性管理系统进行效能评价，不断改善识别到的不利因素，从而将系统风险水平控制在合理的、可接受的范围内，减少和预防事故发生，经济合理地保证管道的安全。

第二节　管输系统运行管理的基本要求

一、输气站场运行与管理原则

天然气输送管道系统在满足天然气用户需求、管道系统运行安全可靠的前提下，通过科学管理和技术进步，使系统在高效、低耗的经济状态下运行。

（一）掌握管道自身规律，投产初期，尽快达产

1. 认清管输能力变化趋势，尽早实现设计能力

管道在运转前期处于最好的工作状态，能否实现这一目标，对于缩短基建投资的回收期和提高项目总体经济效益有决定性影响。中期后，管道的输送能力受各种因素的影响将逐渐降低。与此同时，管道的维修费用也将不断增加，这是管道输送能力变化的一般趋势。

在其他因素不变的情况下，管道的输送能力决定于气体的净化程度和管道的内部和内壁状况，这两个因素又是相互联系的。气体净化、清管和内涂技术的发展，为不断提高管道输送能力开辟了广阔的前景。

2. 监测仪器配置到位，记录分析及时

天然气中固体颗粒含量应不影响天然气的输送和利用。进气点应配有微水分析仪及 H_2S、CO_2 分析仪进行监测。天然气发热量、压缩因子、气质组分分析应每季度一次；天然气 H_2S、CO_2 的测定应每月一次；天然气水露点的测定应每天一次；天然气烃露点的测定宜每月一次。当气源组成或气体性质发生变化时，应及时取样分析。气质分析和气质监测资料应及时整理、汇集、存档。

3. 加强监测、适时清管，尽量提高和保持管道的输送能力

根据管道实际运行情况及时组织清管作业，清除管道内壁腐蚀，延长管道使用寿命。

(二) 采取有效的防腐措施

(1) 维护好管道外壁防腐层，运行好阴极保护，是确保管道可靠性，使它得以长期安全生产的必要条件。

(2) 内腐蚀主要发生在天然气含水、硫、CO_2 的管道中，应及时清管和加注缓蚀剂。

(3) 加强对来气气质的监测，及时反映净化指标超标情况，以便督促净化工作，减少管道内腐蚀的发生。

(三) 维持管道及管道设备处于完好状态

天然气输送的不可中断性，对维修和事故抢修工作提出了很高的要求。

(1) 管道设备必须定期检查、维护和维修。

(2) 配备专用检测仪器，以便发现管道的绝缘层损坏、腐蚀、泄漏、变形等各种隐蔽性问题。

(3) 遵守抢修、维修质量标准。具有快速、机动和专业化的施工技术和机具、防护用具以及相应的安全操作规程。

(4) 具有有效的防火、防爆、防毒等安全技术措施和报警系统。

(四) 提高生产技术水平和管理工作质量及效率

采用先进技术和管理方法，不断提高生产技术水平和管理工作质量及效率，降低各项经营费用。

(1) 根据天然气输送计划、供气合同，利用计算机模拟仿真软件，合理编制输、供气方案，择优选择需要运行的压气站和压缩机运行台数，以能耗最低、最经济为目标设定运行参数控制值，实现优化输供气。

(2) 输气管道尽可能维持稳态工况。

(3) 输气管道供气压力符合合同规定的供气压力，尽量合理利用气源压力。尽量减少压气站总压降，合理控制气体出站温度。

(4) 制定合理的管道调峰 (包括季节调峰和日调峰) 运行方案以及合理的储气库运行方案。

(5) 加强设备的维护管理，杜绝泄漏损失。计划维、检修应尽量和上、下游协同进行，并集中作业，减少放空量。采用密闭不停气清管流程，应最大限度地减少清管作业时的天然气放空量。

(6) 加强对自用气量的定额管理，提高天然气商品率。降低电力系统的电能损耗，提高功率因数，凡功率因数未达到0.9以上者，应进行无功补偿。及时分析设备、管道运行效率下降的原因，提出改进方案。

(五) 加强运行管理

1. 基本要求

(1) 管道运行压力不应大于管道最高允许工作压力。

(2) 管道内天然气温度应小于管线、站场防腐材料最高允许温度，并保证管道热应力符合设计要求。

(3) 管道宜采用 SCADA 系统对管线生产运行实现监控。

(4) 应根据管道运行压力、温度、全线设备状况和季节特点，通过优化运行进行调峰。

(5) 地下储气库是天然气管道的组成部分，对因季节性用气量波动较大地区，宜设置地下储气库进行调峰。

(6) 在不具备建设地下储气库的天然气消费地区应考虑采用其他设施和方法调峰。

(7) 应建立各种原始记录、台账、报表，要求格式统一、数据准确，并有专人负责。

2. 调度管理

(1) 调度指令只能在同一输气调度指挥系统中自上而下下达。

(2) 调整运行参数由值班调度负责下达。

(3) 变更天然气运销计划、输气生产流程、运行方式及特殊情况下的调度指令由调度长批准后下达。

(4) 紧急调度指令由值班调度决定和传达，用于管道事故状态或管道运行受到事故威胁的情况下。现场人员应及时采取应急措施，防止事态扩大，并及时向上级汇报。

(5) 调度指令可以以书面或电话形式下达。

(6) 接受调度指令的单位，应及时反馈执行情况。

(7) 在运行管道上进行作业性试验或检测时，管道运行参数或运行方式调整必须由调度统一指挥。

(8) 调度通信除正常的专用通信外，还应备有应急通信信道，保证通信畅通。

3. 运行分析

(1) 应定期分析管道的输送能力和生产能力利用率。

(2) 应及时分析设备、管道运行效率下降的原因并提出改进方案。

（3）应分析全线和压缩机组之间负载分配，优化运行，确保输送定量气体的动力消耗（总能耗费用）最小，实现在稳定输气量下压缩机组的最优匹配。

（4）当输气工况发生变化后，应及时分析，使输气管道从初始状态尽快转换到新的稳定状态，并使新工况的实际运行参数与规定的运行参数的偏差最小和输气费用最小。

（5）应对清管效果和管道输送效率下降的因素进行及时分析。

（6）应定期对管道水力及温度、气质参数进行分析，及时掌握管道泄漏和可能造成的堵塞等异常现象，并及时确定泄漏或堵塞位置。

（7）管线在技术改造后，应对管线运行进行全面分析。

（8）应根据管道内检测、外防腐层调查检测、阴极保护的保护电位检测、杂散电流检测分析、管输介质组成、管材特性、管道沿线自然和社会状况等，定期对管道的安全可靠性进行分析与评价。

4. 气量调配

（1）根据输供气合同，应制订合理的输供气计划和运行方案。

（2）当输供气计划发生变化时，应根据管输系统现状和用户类别及时调整运行方案。

（3）当运行方案发生变化时，应提前与上游供气方和下游用户协调，做好气量调配工作。

5. 自动化管理

各种仪表及自动化设施管理应符合规定，确保现场检测仪表性能完好和正确设置，配备专业人员对 SCADA 系统进行日常维护。

二、站场工艺设备管理要求

（一）站场建设及管理要求

1. 站场建设要求

（1）站场建设应从规划、设计到施工，做到标准化、规范化。工艺生产区与职工生活区留有足够的安全距离，输气生产的污物排放点、放空点应处于工艺生产区和职工生活区的下风方向。

（2）工艺生产区场地应平阔、整洁。维修设备的车道宽度及起吊设备的回旋空间应得到保障，宜做成混凝土地面。

（3）站场生活住宅、供水供电工程及通信工程的建设应与站场工艺建设同步进行，按时交付使用；站场的绿化布置应因站制宜，符合有关规定。

2. 场地管理要求

(1) 站内备用的钢管、管件、阀门、材料等应集中堆放整齐，加以保养，不得阻碍进出通道，不得妨碍生产操作。废品、废料宜及时清离现场。

(2) 在工艺生产区场地内严禁另做他用或随意搭建。

(3) 站场场地应建围墙。围墙应整洁，不书写永久性宣传标语或其他图文。

3. 输气站保密要求

(1) 输气站生产区未经输气公司、输气队同意，严禁参观、拍照、录像。

(2) 输气站生产区严禁非本单位人员入内，来站联系工作，只能在生活区接待。

(3) 输气站的岗位设置、人员调动、资料数据，不得外传泄密。

4. 岗位管理要求

(1) 加强岗位练兵，熟练掌握岗位应知应会的知识技能和操作规程。对于各自岗位所管理的管线、设备、计量装置、仪表应做到“四懂”(懂设备结构、性能、原理、用途)、“三会”(会使用、保养、排除故障) 及“十字作业”(清洁、润滑、调整、扭紧、防腐) 内容的要求。

(2) 上岗人员经专业技术培训并考试合格后，持证上岗；应穿戴好劳动保护用品上岗。

(3) 严格执行以岗位责任制为核心的各项制度和操作规程，做到管理标准化、规范化。

(4) 团结协作，完成输气生产的各项工作任务。

(5) 遵纪守规，不迟到、不早退、不脱岗、不乱岗、不睡岗，严禁酒后上岗，杜绝意外事故的发生。

(6) 岗位制度建设，主要有站长责任制、输气工岗位责任制、管线维护工岗位责任制、主要工艺设备操作规程；恒电位仪操作规程、阴极防腐站管理制度、材料房管理制度、防火防爆制度、安全环保制度。

(二) 工艺流程

1. 工艺流程布置要求

(1) 布局总要求：输气站的工艺流程一般由汇集、分离、过滤、调压、计量、分配等部分组成，应布局合理，便于操作和巡回检查。

(2) 每套平行排列的计量装置之间有足够的间距，便于操作。

(3) 计量管道中心线离地面高度宜不小于 0.5m。

(4) 若有平行排列的计量管，其计量管长度应以最长一套计量管的长度为基准，上、下游控制阀，温度计插孔，计量放空管，节流装置 (或孔板阀) 及旁通立柱的位置均应排列在相对的同一条横线上。

2. 工艺流程安装要求

(1) 输气站内工艺流程的安装必须按标准和设计要求执行。

(2) 计量管管径 DN>100mm 时，宜在上游计量管直管段上安装一根放空管，其管径在 40mm>DN>15mm，放空管安装位置可设在上游控制阀后 2m 处的管顶部位。

(3) 同规格的阀门、调压阀、法兰、节流装置（或孔板阀）等应用统一规格的螺栓，两端突出部分的丝扣应为 2 ~ 3 扣。

(4) 同一条线上的阀门安装方向，即手轮、丝杆的朝向应一致。

(5) 设备上的铭牌应保持本色，完好，不能涂色遮盖住。

(6) 站场出入地面管线与地面接触处，绝缘层高度应高出地面 100mm。

(7) 输气干线进出站应安设限压报警装置。

3. 站内埋地管线的地面表示规定

(1) 站内埋地管线的地面表示用有瓷砖镶的间断线条来表示，瓷砖规格应选 75mm × 150mm，瓷砖间距宜为 300mm。

(2) 埋地排污管线应用黑色瓷砖镶线，放空管线应用红色瓷砖镶线，其他埋地管线应用黄色瓷砖镶线。

(3) 埋地管线交叉表示法：在埋地管线交叉处，上面的一条管线应整块瓷砖顺着管线走向条形镶贴，下面的一条应用半块瓷砖顺着走向在条形瓷砖两侧，间隔 150mm 后镶贴。

(4) 埋地管线三通表示法：顺着管线走向应用整块瓷砖镶贴，丁字垂直方向管线应用半块瓷砖无间距镶贴。

4. 管线和设备的涂色规定

地面管线和设备的涂色必须按规定执行。球筒涂黄色，放空、排污管线涂色应始于该管线沿气流方向第一只控制阀门的法兰。

5. 输气生产区的警示标志

输气站生产区内应按有关规定设置安全生产警示标志，例如：

(1) 禁止标志，生产区大门口应设置“严禁烟火”“外单位人员严禁入内”的标志；站内应按规定设置“禁止乱动”“严禁酒后上岗”的标志；消防棚内应设置“禁止乱动消防器材设施”的标志。

(2) 警告标志，排污池应设置“当心天然气爆炸”的标志；仪表间应设置“注意通风”的标志；排污、放空间应设置“当心泄漏”的标志。

(3) 提示标志，站场工艺流程巡回检查路线应设置“检查路线”的标志；站场阴极保护通电点应设置“检查点”的标志。

6. 设备维护保养要求

(1) 对设备、计量装备、仪表、管线等设施应按“十字作业”和巡回检查路线进行检查，维护保养，发现问题及时处理，并做到“一准”“二灵”“三清”“四无”“五不漏”。

(2) 对在用设备、仪表应挂牌标明。

(3) 站内停用设备应挂牌标明，对待用、备用设备应每月活动一次，并进行维护保养。

(4) 对明杆阀门的丝杆应加套筒保护，对温度计应加塑料套筒保护。

7. 消防设施要求

站场必须按规定配置消防器材设施，做到定期检查、更换，确保使用可靠。

(三) 站场设备管理

站场设备管理要做到一准、二灵、三不漏。

1. 准确

(1) 计量装置 (节流装置、导压管、温度计插孔等) 各部分尺寸、规格、材质的选择和加工、安装应符合计量规程要求。

(2) 计量仪表中的微机、变送器、节流装置应配套，应不断提高操作技能，使计量简便、快捷、准确。

(3) 调压装置的规格、型号选择合理，安装正确，适应工作条件，保证有足够的流通能力和输出压力，调压波动在允许值内。

(4) 各种仪表选择、安装、配套、调校正确，在最佳工作范围内工作，误差不超过允许误差值。

2. 灵活

(1) 各类阀门的驱动机构灵活、可靠，开关中无卡、堵、跳动等不良现象。

(2) 调压装置动作灵活、可靠性强。

(3) 收发球装置开启灵活，密封性好。

(4) 安全装置、报警装置应随时处于良好工作状态，对压力变化反应灵敏，报警快。

(5) 通信设备畅通，音质清晰。

3. 不漏

(1) 法兰、接头、盘根严密，设备管线固定牢靠，试压合格。整个站场在最高工作压力下，油、水、气线路不得有跑、冒、滴、漏现象。

(2) 电气设备不得有外层残缺和漏电现象，站场防雷接地保护好。

(3) 所有设备、仪表内外防腐良好，无锈蚀和防腐层脱落。

科学地进行输气站管理工作，是当前输气事业发展对我们提出的要求。为了保证安全地输好天然气，不断提高经济效益，除了抓好技术工作，还应当完善各项管理制度，把日常的管理工作纳入规范化的轨道。

三、输气管线的运行与维护管理

(一) 管道腐蚀管理

腐蚀破坏是天然气管道从安全走向失效的重要因素。由于土壤环境比较难以改变，针对腐蚀的影响因素，我们应该把重点放在降低输送介质腐蚀性、加强内外涂层的防腐、阴极保护、杂散电流的排查等方面。

1. 控制介质腐蚀

在天然气中如含有 H_2S、H_2O、CO_2 等会造成管道被输送介质腐蚀的风险，介质的流态和温度对管道也有影响。因此，通过去除介质中促进腐蚀的有害成分、调节介质的 pH、降低介质的含水率等措施，都能降低介质的腐蚀性。另外，根据不同介质和使用条件，选用合适的金属材料，也能缓解管道的腐蚀程度。

2. 控制应力腐蚀

受应力的材料在特定环境下产生滞后裂纹甚至发生断裂的现象被称为应力腐蚀开裂（Stress-Corrosion Cracking，SCC），可通过如下措施防止应力腐蚀。

(1) 合理地选用材料。对于 SCC 敏感的金属材料，在可能的情况下尽量避免使用。近年来，已生产了抗 SCC 的不锈钢系列，如高镍奥氏体钢、高纯奥氏体钢、复相钢、超纯高铬铁素体钢等。

(2) 管道结构设计合理，应尽可能减少应力集中。当管件需要焊接时，应使温度尽可能地均匀分布，消除产生局部应力的可能性，而且要避免在应力存在的地方有腐蚀性介质浓缩的可能性。

(3) 用机械或化学热处理方法改善管道的表面结构。

(4) 采取其他方法。如果应力不能避免，就要考虑在腐蚀性介质中加入缓蚀剂降低或消除 SCC 破坏。缓蚀剂不能使用时，采用金属或非金属保护层的方法来防止。

3. 埋地金属腐蚀的排除或防护

(1) 排除杂散电流干扰。杂散电流是由原来正常电路漏失而流入管道的电流，其主要来源是应用直流电的大功率电气装置，如电车、电气化铁路、以接地为回路的输配电系统或电化学保护装置等。杂散电流腐蚀的破坏特征是阳极区的局部腐蚀。

当土壤中的杂散电流流过埋地管道时，在电流离开金属管道时，该部位就会受到腐蚀。如果金属体的电位高于它在这种环境下的自然电位，就可能有杂散电流通过。防止措施有排流法、绝缘法和牺牲阳极法等。具体情况要复杂得多，运行过程发现这种情况时，应及时找专业队伍检测并排除。

(2) 阴极保护。阴极保护是确保埋地钢质管道长期完好运行最重要的措施之一。从管道腐蚀的机理来看，腐蚀不是电池作用就是电解作用，与其对地电位关系密切，因此阴极保护率是否能达 100% 是影响腐蚀速度的重要因素。一般情况下，应把钢铁阴极电位维持在 -0.85V (相对硫酸铜电极)，以取得完全的保护。

(3) 加强防腐层管理，选择防腐层时应根据土壤的腐蚀性、相关的环境腐蚀因素、管道运行参数以及管道使用寿命等来确定。埋地管道以及穿越铁路、公路、江河、湖泊的管道均应采用加强级防腐。

(二) 对第三方破坏的管理

对第三方破坏而言，我们应该把降低风险的重点放在健全法制、加强公众教育、改善线路状况、提高巡线频率等方面，加强这些方面的干预措施能够有效降低管道遭受第三方破坏的概率。

1. 加强法律层面建设和宣传

(1) 健全法制。对于管道方面的犯罪，需要通过不断对现有法律、法规进行完善来解决。

(2) 加大执法力度。管道安全不仅是企业独自承担的重任，保证管道的安全也是各级政府的义务。保护管道运输安全要从源头抓起，管道管理者和管道企业要尽到严格的管理责任，建立相关责任机制；管道沿线各级人民政府要履行属地监管责任，实行定期安全检查；实行群众举报奖励等制度，多措并举，确保管道安全。

(3) 加强法律的宣传。增强国民法律意识，使每个公民做到知法、守法、护法。

2. 加强线路维护措施

(1) 增加埋深。为保护管道免受地面作业 (如农业生产、交通) 的影响，通常需要专门规定管道的最低覆盖层。管道埋得越深 (当埋深在 1.6m 以上时，再增加埋深对减少风险是无效的)，其遭破坏的程度越小，但增加埋深又会使铺设管道的成本升高。对于通常的安装和安装作业，一般需要 0.9m 的覆盖层。具体指标可参考本书第二章第四节的内容。

(2) 设置安全警示标志。安全警示标志是衡量管道用地被侵占的判认标志和检测依据。一个清楚的标志或易于辨认的管道线路可以降低第三者侵入的可能性，也有助于泄漏检查。在所有的道路、河流等穿越处均需要安装警示标志，通过警示标志向社会告之管线安装信息。

3. 开展相关教育活动

公众教育是预防第三方损坏的基础性工作之一。一般来说，绝大部分的第三者破坏都是属于无意识和无知所造成的。这种无知不仅指不清楚埋地管道的位置，也包括不了解管道所在位置的地面标志和对整个管道情况知之甚少。同时，居民素质的高低很大地影响着管道破坏的可能性，居民文化素质高、安全意识强、管线公司宣传得当，那么第三方人为的破坏就将大大减小。公众教育的缓解措施包括加强管道安全教育、提高居民公共道德财产意识、提高居民平均素质、搞好社会关系、防止恶意破坏等。

4. 巡线管理

管道应由专业人员管理。应定期进行巡线，雨季或其他灾害发生时要加强巡线检查。

(1) 巡线检查内容: ① 埋地管线裸露、防腐层损坏情况; ② 跨越管段结构稳定性、构配件缺损、明管锈蚀状况; ③ 标志桩、测试桩、里程桩缺损状况; ④ 护堤、护坡、护岸、堡坎无垮塌; ⑤ 管道两侧各 5m 线路带内禁止种植深根植物，禁止取土、采石和构建其他建筑物、构筑物等; ⑥ 管道两侧各 50m 线路带内禁止开山、爆破和修筑大型建筑物、构筑物工程。

(2) 巡线检查责任: ① 管道保护工要做到对线路五清楚: 管线走向、埋深、规格、腐蚀情况、周围环境情况 (地形、地物、地貌等); ② 巡线定时到位，记录清楚，熟练运用手持式仪器进行简单的测量判断; ③ 巡线中发现的问题及时分析原因、汇报、自行处理或按照程序上报处理; 在下一次巡线时对上次上报的隐患的处理情况进行重点巡查。

(三) 人员误操作的管理

要降低运营阶段的误操作，从工程技术上讲，需从两方面入手。首先，要提高人的素质，即提高管理水平、技术水平以及群体的道德水平，如敬业精神、合作精神、刻苦钻研的精神等。其次，增加技术防错以及加强第三方监督。

1. 运行操作

(1) 运行规程

① 运行操作规程及制度种类覆盖全面。规程和管理制度应包括阀门维护; 安全装置的检查和标定; 安全的停输和启动; 油泵的操作; 输气产品的变化; 线路走廊的维护; 流量计的标定; 仪表的维护; 管内流动参数变化的管理、线路附近施工工程的监督管理等。

② 所有的操作规程由谁来编制、由谁来审核、如何进行培训、如何鉴定它是否符合规范、经多长时间对它进行重新研究和修改等都应该有所规定，针对最关键的操作（如主要设备的启动和停止、阀门的操作、流动参数的变化和仪表的故障等）应制定更严密的操作规程。

③ 操作规程应得到实际应用，现场人员操作时最好应根据规程要求填写的核对清单。操作规程和核对清单的运用可以降低操作的多变性。

（2）熟练运用 SCADA 通信系统。SCADA 系统的设计可使人们在管道的一个站上就能掌握整个管道总的情况。这使管道系统的诊断、泄漏的检测、过渡过程的分析和管道运行的调度得到加强。从避免人为差错的观点来看，SCADA 系统的主要作用是，提供另外一双眼睛来监视管道的运行，并在现场操作中提供有效的咨询。因此，控制中心和现场的及时沟通相当重要，应该保证电话和无线电通信的畅通，强调在两个地方都要正确地操作和互相交叉核实。

（3）安全措施。安全管理机制在于能够有效地约束人的不安全行为以及环境与物的不安全因素。主要包括：① 明确各级人员的安全职责，建立健全各项规章制度，建立自上而下的安全网络，从而实现有效的责任约束。② 采用多样化的教育形式，定期进行安全教育，使运行人员始终保持适度的心理紧张程度。研究表明，人的紧张程度太低时会出现烦躁、粗心、麻痹，而紧张程度太高时又会产生一系列的不适应。因此，保持适度紧张，是提高人的行为效绩的主要心理措施。③ 在管线运行期间，密集的电位检测、涂层状态调查、穿跨越调查、清管、人口密度调查和覆土深度检测等工作，可以帮助我们识别哪个区域风险在增大，从而引起管理者的重视。

（4）提高运行人员责任心。提高运行人员责任心主要在于：① 加强职业道德的建设，培养严谨沉着的工作作风和敬业爱岗的美德。保持良好的人际关系，团结协作的精神；同时又责任分明，建立良好的企业安全文化。② 营造良好的工作氛围。整洁、优美的环境也能够减少运行人员的心理压力，保持良好工作状态和心情。③ 人体工程学研究表明，当人处于兴奋状态时，思维与动作都较敏捷，而处于抑制状态时，思维与动作则明显迟缓，往往有反常举动，出现思维与动作不协调、动作不连贯等现象。因此，应倡导员工保持健康科学的生活方式，包括美满和睦的家庭关系，使其保证上岗之前心情愉快、睡眠充足，处于良好的生理、心理状况。一旦发现人的心理状态较差或因受社会舆论、婚姻、家庭等各种社会因素影响情绪时，应临时改变或停止其工作，不让因情绪可能导致的人为差错带到生产过程中。

（5）运行监督。运行监督不仅可以帮助完善各项规章制度，而且有助于管理制度的落实；促使工作人员认真工作，从而减少运营误操作；完善监察、督导制度，实施有效监督促使人们形成良好的行为习惯，从而促进管道安全。

(6) 人机工程设计。产生人为差错的事件需要同时具备两个条件：设备具有产生人为差错的可能性和人本身失误。有时很简单的机械装置就能够防止误操作。因此，在设备设计上推行“防错设计”，是预防人为差错的一项关键措施。

人机工程学具有丰富的内容，按人机工程学设计的机械防错措施，一般会使操作人员在采取行动之前需要停顿一会儿并进行思考，从而避免其由于疏忽而产生的错误。更为复杂的错误防止器是计算机逻辑，它能防止不按操作规程进行操作的错误。

2. 人员培训

培训应该看作防止人为差错的第一道防线。通过调查发现，很多人对自身违章操作可能带来的严重后果认识不足，常常认为一点小毛病不会出大事，结果恰恰因小失大，不但自身遭到伤害，也给国家造成重大经济损失。

对运行人员进行定期、专门的业务培训和水平训练，通过现场操作演示等手段使其对管道系统熟悉，对规程理解和运用正确，既要防止死搬规程又要防止超出规程的行为。

培训应该因工作岗位的不同和经验多寡而异。有效的培训应该有若干个关键方面，包括管道技术的学习、应急演习、岗位操作规程等。

(四) 地质条件与周边环境的管理

1. 增强地表排水

(1) 土壤中含水量的增加会引起土壤的膨胀。许多管线穿过这些膨胀的黏土区域，极容易因为湿度的变化产生膨胀式收缩。这种影响管道的土壤运动容易损坏防腐层，并在管壁上产生应力。应加强地表排水，尽量减少对管道的影响。

(2) 良好的管线敷设应避免将管线直接埋在这样的土壤下，通常采用一些基床材料将管线包围起来用以保护防腐层和管线。

2. 管线埋深

霜冻引起的鼓胀会对地面运动产生影响。随着土壤中冰的形成，土壤因为潮湿成分冷冻化导致膨胀，这种膨胀可对埋地管线产生垂直的或者上升压力。在管道上增加的负荷量取决于冷冻深度和管线特征。刚性管线易于在这种状况下受到损坏。将管线埋在冻结深度之下可以避免冻结负荷产生。

3. 路面标识

应在路面设置标识，以避免路面施工人员挖坏管道而造成事故。

(五) 安全管理

1. 健全完整性管理标准

完整性管理标准需要不断地进行完善才能适应不断变化的环境。

2. 提高领导人员的重视程度

在一个组织中，要有效地开展任何事关全局的重要工作，一个关键所在就是要有领导的重视和支持。

3. 建立健全安全管理规章制度

管道管理单位各部门要明确职责，落实责任部门和责任人，尽快建立健全石油天然气管道安全生产监察管理制度、规程和安全技术标准，并将此项工作纳入年度安全考核目标责任制。建立健全各种规章制度，以规章制度来管理人的不安全行为和物的不安全状态，保证管道安全。

4. 安全检查

安全检查是运用常规、例行的安全管理工作及时发现不安全状态及不安全行为的管理方法，是安全管理的途径之一，也是消除隐患、防止事故发生的重要手段。安全检查包括日巡查、定期检查和专项检查等内容。

应加强平时的安全巡检工作，及时维修保养，重点是清除危及管道安全的违章建筑，对检查出的安全隐患要限期整改，责任落实到人。要采取积极有效的预防和监控措施，把事故的隐患消灭在萌芽状态。

5. 建立质量管理体系

质量管理是企业内部建立的、为保证产品质量或质量目标所必需进行的一项系统的质量活动。加强从设计研制、生产、检验、销售、使用全过程的质量管理活动，并予以制度化、标准化，成为企业内部质量工作的要求和活动程序。天然气输送企业的质量体系不仅要保证输送气的品质，更要重视巡线、维护、维修等一系列保证安全输送的工作质量。

(六) 事故应急处理

鉴于天然气管道发生事故危害大的特点，管理单位要制定安全防范预案，做到居安思危，未雨绸缪，以便在面临突发火灾、爆炸事故时，能够统一指挥，及时有效地整合人力、物力、信息等资源，迅速针对火势实施有组织的控制和扑救，避免火灾现场的慌乱无序，防止贻误战机和漏管失控，最大限度地减少人员伤亡和财产损失。同时，应该适时进行应急预案的演习和评审。

1. 应急预案的制定

应急救援预案的制定是应急救援的重要组成部分之一，指导应急人员的日常培训和演练，在事故发生时充分利用有限的人力、物力和信息等资源指导救援行动有计划地进行，防止因组织不力或现场救援工作的混乱延迟应急救援的时间而造成损失。

2. 应急救援资源

应急资源是开展应急救援工作必不可少的条件，它包含应急人员和应急设备设施。应急人员主要从应急人员的素质、数量和在紧急情况下应急人员的可获得性等方面进行；应急设施设备主要从设备的配置标准、设备的保管和维护工作、保证装备良好的使用状态等方面进行。

3. 应急培训和演练

应急培训和演练是应对突发事故的重要环节。组织相关人员进行应急培训，保证所有应急人员都能接受有效的应急工作，具有完成应急任务所需的知识和技能。按照应急预案的内容，组织相关的人员实施应急演练，检测应急设备的充分性和应急人员的应急水平，使所有的应急人员熟悉应急所必需熟悉的步骤和设施，同时检查应急预案存在的问题和漏洞，及时提出改进措施，重新编制和添加相关内容，使应急预案的内容系统化、完整化和规范化。

（七）管道维护与管理

1. 对特殊管段的检查处理

穿越管段应在每年汛期过后检查，每 2 ~ 4 年应进行一次水下作业检查。检查穿越管段的稳管状态、裸露、悬空、移位及受流水冲刷、剥蚀损坏情况等。检查和施工宜在枯水季节进行。

跨越管段及其他架空管段的保护按石油行业标准执行。

2. 管道内防护

根据输送天然气气质情况，可使用缓蚀剂、减阻剂保护管道内壁。天然气在输送过程中宜再次分离、除尘、排除污物。当管道内有积水或污物时要及时进行清管作业。冬季要防止水化物堵塞管道，此时可向管道内加注防冻剂。

3. 管道外防腐

管道外防腐应采用绝缘涂层与阴极保护相结合的方法。管道阴极保护率应达到100%，开机率大于98%。阴极保护极化电位应控制在 −0.85 ~ −1.2V。站场绝缘、阴极电位、沿线保护电位应每月测试 1 次，同时要特别注意土壤电阻压降对真实保护电位的影响；管道防腐涂层、沿线自然电位应每 3 年检测 1 次。石油沥青防腐涂层破损、检修按石油行业规定执行。

4. 管道检测

新建管线应在1年内进行一次全面的基线检测，以后根据管道运行安全状况，原则上每3年检测1次，若管线存在安全风险，应及时进行检测，管线情况良好时，可适当延长管道全面检测间隔，但间隔最长不宜超过6年。

检测后，应分析检测结果，建立管道检测档案，原始数据及检测评价应存档。并及时根据检测评价结论进行维修维护，确保管道安全。

5. 管道安全风险评价

定期根据管道服役年限、等级、环境位置、应力水平、泄漏历史、阴极保护、涂层状况、输送介质、定期检测数据和环境因素的变化影响进行评价，确定管道修理类型和安全使用寿命。

第三节　管道完整性管理的实践

管道完整性管理是跨学科的系统工程，它所涉及的不仅是自然科学与工程技术，而且还包括政策、法律、经济、管理等社会科学。在自然科学与工程技术层面，完整性管理和数学、物理学、地质学及石油工程、机械工程、材料科学与工程、工程力学、可靠性工程、信息科学与工程等学科有密切关系。从实用角度来看，它的关键技术包括失效分析及失效案例库的建立、危险因素与危险源识别技术、风险评价技术、管道检测技术、适用性评价技术、机械设备故障诊断技术、地质灾害预警及评估技术、地理信息系统的建立等方面。

一、管道完整性管理主要应用概述

(一) 提出3种主要的风险管理技术或思想

1. 管道风险评价技术

管道完整性管理将管道风险定义为失效概率和失效后果的乘积。因此，进行风险评价之前，首先应对所评价管道的潜在危害因素进行识别。管道的潜在危害因素包括制管缺陷、现场施工缺陷、内外电化学腐蚀、应力腐蚀、第三方破坏和地质灾害等。完成危害因素识别后，对管道失效案例、管道属性数据（运行参数、材料参数等)、环境数据等进行综合分析，在此基础上开展管道的风险评价。

风险评价的方法有：

(1) 定性风险评价方法，即专家打分方法、风险矩阵方法和故障树方法。定性风险评价方法可以对管线系统各部分进行快速风险排序，虽然比较粗略，但可以为基于风险的检测提供基础。目前比较普遍的做法是采用4×4的风险指数矩阵，按高风险、中高风险、中风险和低风险来分级。

(2) 定量风险评价方法，即概率风险评价方法。它是将失效概率和失效后果的乘积求和，求出管线系统的总风险值。定量风险评价方法往往分析过程比较复杂，而且需要数据库作支撑。

(3) 半定量风险评价方法，即以风险指数为基础的风险评价方法。它能克服定量风险评价过程中缺少数据的困难，这一方法已在加拿大和美国管线风险管理中广泛应用。

2. 基于风险的管道检测技术

基于风险的检测（RBI）是以风险评价为基础，用于对检测方案进行优化安排的一种方法。基于风险的检测，是将检测重点放在高风险和高后果的管段上，而把适当的力量放在低风险部分。在给定的检测活动水平的条件下，基于风险的检测更有利于降低管道运行的风险。

3. 含缺陷管道适用性评价技术

含缺陷管道适用性评价，包括含缺陷管道剩余强度评价和剩余寿命预测两个方面。含缺陷管道剩余强度评价，是在管道缺陷检测基础上，通过严格的理论分析、试验测试和力学计算，确定管道的最大允许工作压力和当前工作压力下的临界缺陷尺寸，为管道的维修和更换，以及升降压操作提供依据。

含缺陷管道剩余寿命预测，是在研究缺陷的动力学发展规律和材料性能退化规律的基础上，给出管道的剩余安全服役时间。剩余寿命预测结果可以为管道检测周期的制定提供科学依据。

(二) 管道完整性管理对我国管道安全管理的推动

我国在管道检测技术、含缺陷管道适用性评价、管道风险评估等方面都取得了大量的研究成果。从以下几方面促进了我国管道管理特别是安全风险管理水平的发展和提高。

1. 健全法制，建立标准

在学习、研究、实践管道完整性管理的过程中，我国各界对于将管道管理纳入法制轨道的思想进一步统一。这为我国管道的完整性管理奠定了法律基础。

借鉴国际上发达国家的管道完整性管理经验，结合我国管线的特点，初步建立了我国管道的完整性管理标准体系，包括管理标准体系和技术标准体系，并充分利用我国在该领域的研究成果，使管道完整性管理有法可依。

2. 加大了管道检测技术方法的开发力度

我国的管道检测技术在最近十余年里获得了很大的发展，不仅使相对传统的无损检测手段得到丰富和加强，而且在管道变形、损伤、裂纹的内检测、埋地管道防腐层地面检测、阴极保护检测、杂散电流检测、地面瞬变电磁检测管壁剩余厚度、管道应力等方面均取得不小的进步。管道完整性管理促进了管道检测技术的发展，反过来，管道检测作为管道完整性管理的基础和前提，也使得管道完整性管理更具有实际价值。但是，从目前来看，我国的管道检测技术的发展还远远满足不了管道完整性管理发展的需要。特别是内检测技术相对落后、内检测误差偏大的现实，使得管道完整性管理在很大程度上不能发挥应有的作用。因此，要发展管道完整性管理技术，就必须下大力气重点发展管道检测技术尤其是内检测技术。

3. 完善评价技术

在完整性管理思想的指导下，我国管道评价技术有了很大提高，特别是近十年来，逐步由学术研究变成为实际管道的安全运行提供指导服务。随着管道完整性管理的进一步发展，我国的管道完整性评价技术，如管道地质灾害的评估和预警技术、管道防腐层的有效保护寿命预测技术、管道风险判据、管道 GIS 平台和数据库的开发等会取得更大的进步。

以管道缺陷直接评估为例，在管道完整性管理思想的指导下，我国管道行业关于管道缺陷直接评估的认识、思路、方法逐渐明确。

认为管道缺陷评估是决定管道修复对策的基础，只有准确评估，才能确保管道的运营安全以及修复的效果和有效性。而准确评估的基础是对缺陷的准确检测。换句话讲，根据检测结果对缺陷进行评估是指导管体修复的基础。先根据现有技术对缺陷进行检测，再利用数据库数据，计算得到缺陷的增长速率，以确定缺陷的修复办法和修复优先级。根据实际管体缺陷情况分析焊接缺陷的形式，并根据不同的缺陷形式制定相对应的修复方式。采用有限元分析方法对性能改变后以及不同修复方式的管材在外部载荷改变条件下进行应力应变分析，指导管道修复方式的优选。评估时可以采用国内外的评估软件，利用检测出的缺陷数据直接评估，并根据我国管道的管材特点进行修正。

这从一个侧面反映了我国在完整性管理研究上的进步，反映了我国完整性管理工作本身的发展。

4. 加深了对管道失效的危害及其影响的认识

通过持续的管道完整性管理技术的研究和实践，使我们进一步认识到管道失效的危害及其影响特点。

管道的失效后果主要表现在人身安全影响、环境危害和财产损失3个方面。对人身安全的影响可分为短期影响和长期影响、死亡和伤害以及不同的伤害类型；对环境的影响主要考虑管道事故对地表水或地下水的污染、对空气和土壤的污染以及对生态系统的影响；财产损失主要考虑对管道公司造成的经济损失，包括管道修复费用、泄漏的介质费用和因停输造成的损失。

天然气管道泄漏造成的事故后果对环境和生态地区的影响很小，主要是管道泄漏引起的爆炸和着火造成的人员伤亡，以及对管道周围其他资产造成的财产损失。因此，天然气管道的后果严重区主要集中在人口密集区和不易于疏散的人群居住区。

5. 交流与培训力度不断提升

加强对国外管道完整性管理的跟踪和技术交流，理解和掌握国外发展趋势已经成为业界的共识。在此基础上，各管道企业和管理部门加大了管道完整性管理的培训力度，包括对从事管道风险评价和完整性管理专业人员技能的培训，以及对完整性管理的认识和实施方法的培训。

(三) 明确了我国下一步完整性管理的努力方向

我国在完整性管理的引进、学习、研究、消化吸收过程中，虽然先后颁布了完整性管理的相关标准，开展了评价方法与检测技术的研究。但是，通过多年来的实践，我们也体会到管道完整性管理体系的建设在系统性、完整性、先进性上同国外相比还有较大差距，还有许多基础工作需要开展和完善。

(1) 需要进一步建立健全我国相关的规范、标准，加大对完整性管理的技术支持力度和监管力度。另外，根据我国实际情况对不同时期、不同条件的管道，制订定不同层次、分段实施的完整性管理计划。

(2) 创建我国管道多参数大型数据库，建立可以适应未来评价需要的数据库结构和基本程序，搭建数据共享平台，并将其作为整条管道安全评价的基础资料之一进行管理。强化管道缺陷智能检测能力，加强管道的检测及其数据库、管道腐蚀数据库的建设，并且不断更新完善，对管道、防护层状况以及其他在役设备进行动态管理。

(3) 在新管道建设过程中，坚持做好设计的安全预评价、安全评价与安全验收等工作。对近年来新建的大型管道，在已有设计、工程验收的安全评价基础上，及时制定数据收集、基线评价、完整性管理程序的计划并逐步实施。

(4) 大力发展管道完整性评价方法和评价软件技术。对风险评价中可接受的事故水平、管道相对风险评分等级、管道腐蚀程度划分、维修或更换管段的依据、HCA地区的划分等，应借鉴国外标准并根据我国具体情况来确定。加强管道完整性体系的科研及其成果应用。

(5) 管道腐蚀控制是管道完整性管理的重要内容。管道腐蚀控制是关系到管道安全运行、使用寿命、工程造价和维护费用的重要因素，主要包括管道基体材料选择、腐蚀环境控制、防腐层保护、缓蚀剂注入、阴极保护、腐蚀检测以及防腐管理等。内防腐方法有脱硫与脱水处理、内层防腐、添加缓蚀剂、增加管材的腐蚀余量、定期清管；外防腐方法有外层防腐和阴极保护等。

二、城市天然气管道完整性管理案例

(一) 推行城市埋地天然气管道完整性管理的意义

1. 提高管理者的决策水平

城市天然气供应系统的特点是负荷变动大，用户类型多，管网覆盖面广、线长且大多埋于地下，日常检测困难。对城市天然气管理部门而言，最棘手的问题不是在事故后如何采取补救措施，而是不知道何时、何地会发生下一个事故，以及下一个事故后果的严重程度。

虽然下一个事故是无法预测的，但对城市燃气供应系统进行完整性管理后，采取必要的措施，减少一定时期内天然气供应系统事故的发生是能做到的。它可以帮助决策层改变过去忙于应付的被动局面，转而实行以预测、预防为主，主动建立“跟踪分析—风险评价—检测及完整性评价—合理决策（提前制订维修维护计划或改线计划并按计划组织实施）”的城市天然气管网系统完整性管理体系，避免盲目性。因此，在城市燃气供应系统的整个生命周期，特别是在负荷预测、应急气源能力、管网维护、用气安全控制等方面，进行完整性管理至关重要。

2. 优化风险成本关系

天然气供应系统风险的降低总是以成本增加为代价的，但成本投入的增长与风险的降低并非存在正比关系。从理论上讲，风险是随着整体的维护费用的降低而增大的曲线，而风险造成的破坏损失费是一条随着维护费用的增加而减少的曲线，那么总的成本费用（整体维护费用与破坏损失费用之和）就是一个开口向上的抛物线，如果能找到抛物线的最低点，即可得到最佳风险控制值。

3. 减少突发性灾难事故的发生

城市天然气输配管网系统的完整性管理为系统事故的发生提供了有效的预报，它在减少重大事故方面具有预测性。

4. 及时消除风险因素，提高系统的可靠性、完整性和安全度

及时发现城市天然气供应系统中的薄弱环节，及时维护，最大限度地降低事故

发生率，确保城市天然气供应长期处于安全高效的运行状态，从而提高设施的使用效益。另外，还可以增强天然气工作人员的安全信心。而且，通过相关的完整性管理技术，不仅可以降低各项维修费用、环保费用等，也减少了环境污染，提高了综合经济效益。同时，使市民对城市天然气供应系统具有安全感和信任感，从而提高社会综合经济效益。

（二）模糊综合评价法简介

在计算管道失效可能性时采用的是模糊综合评价法。

1. 模糊综合评判法

模糊综合评价法是目前使用最多的模糊数学方法之一。所谓综合评判，就是对事物或对象所受到的多种制约因素进行全面综合分析评价。如果影响事物或对象的因素只有一个，那么评价就很简单，只要给事物或对象一个评价分数，然后根据分数的高低，就可以排列出被评价对象或事物的优劣次序。但影响事物的因素并不是一个或两个，而有很多个，它们之间错综复杂，相互影响。在评价事物或对象时要兼顾各个方面及各种因素，才能得出符合实际的评价结果，并以此为依据采用正确的管理措施。但由于在很多问题上，人们对事物的评价带有模糊性，习惯用模糊语言来描述被评价事物，如用“很好、较好、好、一般、较坏、很坏”来描述被评价事物的某一因素的好坏程度，用“很精确、较精确、一般、较不精确、不精确”等模糊语言来描述收集资料的精确程度等。因此，应用模糊数学的方法进行综合评判将会取得更好的实际效果。

2. 模糊综合评价法模型

模糊综合评价法是应用模糊变换原理和最大隶属度原则，考虑与被评价事物相关的各个因素，对其所做的综合评价。模糊综合评价的模型有一级模糊综合评价模型和多级模糊综合评价模型。

3. 模糊综合评价法中隶属函数的筛选

隶属函数的确定与是否使用了恰当的模糊算子是在模糊综合评价法中的两个基本问题。模糊性的根源在于客观事物的差异之间存在中间过渡，存在亦此亦彼的现象。这便决定了模糊现象和模糊性存在的客观属性。这一性质正是模糊数学和模糊系统赖以建立的深刻的哲学基础。隶属度是模糊数学与模糊系统的奠基石。引入隶属度这个概念来描述事物差异的中间过渡，是精确性对模糊性的逼近。

第四节　天然气管道安全应急管理与应急处置

通过对管道安全管理诸项目的仔细分析发现，设备管理、日常巡检管理、维修维护管理、检测评价、科学调度、数据管理等是管道完整性管理的基本内容。而关于完整性管理，本书在上一节已经从理论到实践作了比较多的论述。另外，从管理者的角度来讲，肯定是希望制度越全面越好，措施越齐全越好，管理得越细越好，能做到万无一失最好。但是，这实际上是不可能的。即便我们的措施再怎么完善，也只可能是减少事故的概率，而无法杜绝事故。因此，我们还必须考虑万一事故发生，在这种情况下该怎么办的问题，这就是应急处置。而为了做好应急处置工作，就必须有应急管理，应急管理是应急处置的前提，应急处置只涉及事故发生以后的状态，而应急管理要延伸事故以前的状态。

一、应急处置与应急管理、完整性管理

(一) 应急处置

简单来说，应急处置在于最大限度地预防和减少天然气突发事故造成的损害，保障公众的生命财产安全；按照预定方案通过高效有序的组织迅速控制事故并实施抢险救援，以最快、最安全、最适当、最经济的方式恢复正常生产，维护生命财产安全和社会稳定。

为达到上述目的，应急处置的主要内容包括以下几个方面。

(1) 启动应急预案，使这个生产组织由正常生产组织状态转入事故应急指挥状态。

(2) 根据预案规定的原则、步骤，结合现场实际，完成事故辨认、处理、求援、生产恢复等一系列工作。

(二) 应急管理

所谓应急管理，就是应对风险、减轻风险的系列管理举措，包括应急处置以及为了进行应急处置而开展的一系列工作。天然气管道的应急管理过程可分为 4 个阶段，主要包括风险消除阶段、应急准备计划阶段、应急反应阶段、恢复阶段。

1. 风险消除阶段

风险消除阶段的主要目的是减少管道风险损失，通过持续的行动以减轻或消除潜在的风险。与其他几个阶段相比较，风险消除阶段将是一个长期的过程，并涉及

大量的人员参与。通过对天然气管道进行危险有害因素的辨识、分析和风险评价等，以便有效控制危险度大、频率高的风险。天然气管道风险分析的程序要求作业人员要定期识别管道所要穿越的区域，尤其是人口居住区或人口聚集区的风险，需要详细评估管道风险对人员的影响程度和范围，并按要求及时更换、修复受损管道，以采取相关措施确保公众安全不会受到伤害。

2. 应急准备计划阶段

应急准备计划阶段主要是为了增强企业各级各部门甚至包括市民、社区、各级政府特别是专业应急人员的防灾减灾、事故灾害过程中的组织、处理以及灾后恢复能力，提供的引导、培训、预备和练习支持，以及技术和资金帮助。应急准备计划不只是一种预备状态，更是贯穿应急管理各个方面的主题。每一个功能都要确保各自的应急状态，以满足应急反应的要求。

天然气管道的准备计划阶段包括4个不断演化的过程：评价、计划、准备、评估。① 识别天然气管道灾害的类型（爆炸、中毒等），然后评价风险程度，最后确定应急水平；② 为重大危险源制定相关的应急预案，计划过程中要识别现有应急预案与天然气管道应急反应要求之间的差距，通过实施改进、修补措施完善应急准备计划，不断缩小差距；③ 应急演练和培训是为应急时刻做好准备，既要保证在应急反应阶段应急人员能高效实施救援，也能测试修正措施是否有效；④ 评估，如果没有达到要求，应重新评价目前管道灾害，开始新一轮准备计划阶段。值得注意的是，应急准备计划阶段是一个动态过程，要不定期根据管道的运行状况、现场条件进行更新评估，以制定新的应急预案、配置新的应急资源。

3. 应急反应阶段

应急反应阶段是天然气管道灾害事故发生后，迅速判断事故大小并启动相应预案，组织实施事故处理、对现场人员进行救助的过程。应急中心协调相关应急管理人员、应急参与人员、各相关部门、组织机构的行动，依据现场情况制定事故处置、救援行动目标，提供一切应急所需的资源，在较短的时间内完成事故现场人员的救援、转移，将风险后果降到最低程度。

应急反应阶段是应急管理重要的环节，应急反应的速度与效率将直接关系到人员的伤害程度与范围。而风险消除、应急准备计划阶段都是为确保事故应急反应的有效运作而服务的，因此应急反应阶段是应急管理的核心组成部分。

4. 恢复阶段

当应急反应措施已达到现场人员救援、财产保护和人员安置的要求后，就进入事故后恢复阶段。恢复阶段可能在事故开始后很短时间就进入，也可能持续很长时间，与应急反应阶段之间并无明显界限，需根据各自的功能与现场实际要求来划分。

相对于应急反应阶段目标的唯一性而言，天然气管道恢复阶段的工作内容主要包括人员安置、人员伤害治疗、损害评估、设备维修、设施重建等。

（三）完整性管理

简单来说，完整性管理的范畴比应急管理还要大。因此，管道的完整性管理是应急处置及应急管理的基础，而应急处置及应急管理更是完整性管理的重要环节。

二、应急管理与危机管理

无论是应急管理还是危机管理，从国际视野看，这两个概念的提出都有相当长的历史。但在当代中国，应急管理和危机管理两个概念主要与近十年来改革开放实践中所面临的公共安全方面的挑战密切相关。

（一）危机管理与应急管理的区别与联系

1. 应急管理与危机管理的管理对象

危机可以视为一种急迫而又构成重大威胁和危害的事件，而应急管理的对象则是突发事件。在突发事件应对法中明确界定“突发事件，是指突然发生，造成或者可能造成严重社会危害，需要采取应急处置措施予以应对的自然灾害、事故灾难、公共卫生事件和社会安全事件”，为应对突发事件，“国家建立统一领导、综合协调、分类管理、分级负责、属地管理为主的应急管理机制”。在公共管理实践领域，应急管理与突发事件的概念界定还是非常清晰的。危机事件是包含在突发事件之内的。危机就是极端的突发事件，或者特别重大的突发事件。

2. 应急管理与危机管理的管理内容

从表面上看，危机管理和应急管理的管理内容有很大程度的相似之处。这是因为危机管理和应急管理的对象——危机和突发事件，在一定程度上是子集和全集的关系。但细究起来，应急管理的管理内容比危机管理更宽泛一些。应急管理延续的时间要比危机管理长很多，危机管理更多到复位阶段就结束了，而应急管理则还包括重建和重构。危机管理的事前准备更纯粹一些，就是为了应对发生概率小而危害重的危机，而应急管理的事前准备工作更加庞杂琐细。最大的区别在于，应急管理的管理内容还包括大量危机管理所不涉及的，介于常规程序化处置与突发应急处置之间的，对常规型突发事件的应对，如消防队大部分时间内的工作，都无法归入危机管理，但属于应急管理不可或缺的部分。

正确区分突发事件与危机的不同，就会明白危机管理与应急管理内容是有区别的，不能将所有突发事件作为危机管理的对象。

3. 应急管理与危机管理的概念渊源不同

与危机管理不同，应急管理从一开始就与政府紧密联系。火灾、洪灾是最早被纳入政府应急管理的事项。后来，核攻击、恐怖袭击以及其他突发灾难事件的应对也被纳入应急管理范畴。应急管理另一个学科源头来自对灾害行为的研究，一些有代表性的研究强调要以系统的视角关注对事件全过程的社会管理。

著名学者法瑞兹曼德认为，危机管理的重点在于危机的特性——紧急性和巨大的威胁及其所对应的非常规决策与行动以及战略性思考等管理特征；而应急管理对应更加宽泛的事件，危机必然导致应急状态，但并非所有的应急状态都由危机导致，实际上大部分应急状态完全与危机无关，同时应急管理更多属于公共管理的范畴，应急管理一般而言是一个发展和执行公共政策和政府活动的过程。法瑞兹曼德的看法既肯定了危机管理与应急管理之间极大的重叠性，也明确了二者存在相互交叉的关系，从管理对象看，应急管理涵盖了危机管理，而从管理主体看，危机管理涵盖应急管理。

(二) 天然气管道事故是以企业为主体的应急管理

大量的天然气管道事故不具有危机的性质，而属于常规型突发事件。从某种意义上也是一种突发性灾害。但由于天然气管道的归属明确，而且对其所进行的日常减缓消除缺陷工作也是由特定对象组织实施的。因此，天然气管道事故的应急管理特别是突发事故中的处置工作必然是以管道企业为中心而展开的。当然，正如我们前面所分析的，危机又可能由应急发展而成，如果天然气管道突发事故发展成一场危机，那么，应急管理这时候也就变成了危机管理，管理的主体这时就自然从企业变换成政府了。

三、天然气管道应急预案编制

(一) 应急预案编制的基本要求

(1) 科学性编制应急预案应符合国家的基本法规和政策，针对事故发生的规律和特点，依托现有的应急资源，对本单位或本地区的应急职责、应急任务、应急响应以及应急保障给出科学规范的表述。

(2) 可操作性，预案的可操作性是指一旦发生事故能及时启动预案并顺利地发挥实效，也包含各项应急准备或保障措施的合理可行。

(3) 体系化，文件体系和组织体系包含全面的分级程序文件和内外部互动预案体系。

（二）预案结构

应急预案通常由综合预案、专项预案和现场预案组成。

(1) 综合预案，从整体上阐述应急方针、政策、应急组织结构及相应的职责等应急行动的总体思路。

(2) 专项预案，是针对某项具体的紧急情况的应急而制定的预案。在综合预案的基础上，充分考虑了某特定危险的特点，对应急的形势、组织机构、应急活动等进行更具体的阐述，具有较强的针对性。

(3) 现场预案，是在专项预案的基础上，根据具体需要而编制的以现场为目标的预案。其特点是针对某一具体现场的特殊危险及周边环境情况，在详细分析的基础上，对应急行动中的各个方面作出的具体、周密而细致的安排。现场预案具有更强的针对性和对现场救援活动的指导性。

（三）预案的核心内容

(1) 对应急情况或事故灾害及其后果的预测、辨识、评价。

(2) 对应急组织体系的规划及各方的职责分配。

(3) 应急救援行动的指挥和协调。

(4) 应急救援中可用的人员、设备、设施、物资、经费保障和其他资源，包括社会和外部医疗资源。

(5) 在紧急情况或事故灾害发生时，保护生命、财产和环境安全的措施以及现场恢复。

(6) 其他，如应急培训和演练规定、法律法规要求、预案管理等。

（四）预案的基本内容

(1) 预案发布令，即援引的相关法律和规定。其目的是要明确实施预案的合法授权，保证应急预案的权威性。

(2) 定义和术语的解释说明。

(3) 方针与原则，列出应急预案的类型、适用范围和救援任务，以及应急管理和应急救援的方针、指导原则。要体现人员安全优先、防止和控制事故蔓延优先、保护环境优先的原则。要体现预防为主、常备不懈、组织系统完善、协调有力、持续改进的原则。

(4) 危险源分析，列出面临的重大危险及后果预测，给出当地的地理、气象、人文等环境特点。具体包括：

① 主要危险分布范围及部位分布、特性特征；

② 城区分布、人口、地形地貌、河流、交通干线等，季节性风向、风速、气温、降雨以及其他可能对事故造成影响的气象、地理、环境条件；

③ 不利因素分析；

④ 事故危害分析。

(5) 事故分级与相应等级

① 事故的等级可划分为一般、较大、重大和特别重大 4 个等级。企业应按照这 4 个事故等级，根据燃气事故的具体情况（有无伤亡、有无财产损失、是否影响供气等）制定相应的处理预案。

② 按照分级管理、分级响应、基层先行、逐级抬升的处理模式，各级单位应根据职责范围，正确处理突发事故。

(6) 响应程序

① 基本响应程序。突发事故发生的所在基层单位作为第一响应责任单位。按照事故处置措施和办法立即展开处置工作，同时在极短的时间内（要求在 20min 内）向上级领导或相关部门报告事故情况。上级部门接到报告后，应立即作出分析，按照事故的级别，组织有关人员赶赴事故现场。现场指挥部考虑事故紧急救援的需要，可启动应急救援行动小组。

② 分级响应程序。一般事故由基层单位按照有关的事故应急处理分项或专项预案处置，并按照事故上报和处理规定上报备案。较大事故由基层单位按照相应的分项预案处理，并报管道公司及市县级政府应急中心协调处理。重大事故、特别重大事故由主管单位报总公司，经总公司领导批准后启动突发事故总预案，上报省级相关部门。

③ 扩大应急响应程序。因突发事故进一步扩大，或者突发事故次生或衍生出其他事故，仅依靠事故企业的应急救援能力很难控制事态的发展，则有必要向省市应急中心报告或联系相关单位协助开展救援工作。

(7) 事故应急处理：公司的相关人员应根据抢险小组的职责范围执行事故应急处理流程。应急处理流程如下：

① 接警。自接到报警信息起至完成应急预案启动记录单止。

② 初步确认。自完成应急预案启动记录单起至完成事故现场报告止。

③ 前期处置。自事故确认起至应急抢修方案批准实施止。

④ 应急处理。应急抢修自应急抢修方案批准实施起至应急处理完毕止。

⑤ 后期处置。自应急处理完毕后现场清理起至完成事故调查报告止。

(8) 应急救援的组织机构及其职责：一般应该设立应急指挥部和应急指挥中心，并在这些机构下设立相应的小组，且要明确负责人及其具体职责。

(9) 后期处置内容：现场清理；撤警；事故调查、上报；公共信息的发布等。

(10) 保障措施：应急处理需要的物资、人员、资金；通信和信息保障；工程抢险装备保障；应急保障队伍等。

(11) 预案管理

① 明确应急预案制定、修改及更新的部门及人员；预案审查、批准程序；发放登记。

② 建立预案的修改记录，如修改页码、日期、签名等。

③ 演习评估，主要包括以下几个方面：a. 预案的整体效能和对生产范围的覆盖面；b. 报警中心信息传递的速度，当值人员的应变反应能力；c. 修正预案的不足之处，确保能够应对重大、特别重大的事故，尽力将事故损失减低至最小，并以最快速度恢复供气；d. 通过定期演习，提高全体员工面对突发事故的能力和自信心及专业水平。

④ 预案评审与修正：应急预案和相关实施程序要每年审查，以保证符合法律法规和实际工作的需要，至少每年修正一次。各级单位对预案涉及人员的工作岗位、联系方式的变动要及时更新，预案的修正更新由公司的安全技术部负责。

(12) 预案的演习：对预案演习作出相应的计划和规定，包括预案培训、演习内容、计划、组织与准备、效果评估等。

参考文献

[1] 孔令启，杨文强，孟凡忠，等 . 天然气长输管道员工 HSSE 培训系列教材 安全操作 [M]. 北京：中国石化出版社，2020.

[2] 郑小银，王少一 . 天然气长输管道安全生产培训教材 [M]. 北京：中国石化出版社，2023.

[3] 陆阳，赵红岩，王维超 . 天然气数字管道技术与应用 [M]. 长春：吉林科学技术出版社，2020.

[4] 曲云霞 . 城市管道工程 [M]. 徐州：中国矿业大学出版社，2019.

[5] 詹胜文，胡颖，张文伟 . 油气长输管道大型穿越工程典型案例 [M]. 北京：中国石化出版社，2022.

[6] 刘新，李高磊，何华刚，等 . 公路工程跨越油气长输管道安全防护技术研究 [M]. 北京：人民交通出版社股份有限公司，2021.

[7] 李志安，张福东，魏耀东 . 压力管道设计 [M]. 北京：中国石化出版社，2019.

[8] 李庆林 . 城镇燃气管道安全运行与维护 [M]. 北京：机械工业出版社，2020.

[9] 中国石油化工集团有限公司配管设计技术中心站 . 压力管道设计与施工常用标准规范手册 [M]. 北京：中国石化出版社，2023.

[10] 周海军 . 青宁输气管道工程 EPC 联合体建设模式实践与成果 [M]. 南京：东南大学出版社，2020.

[11] 方世跃，姚正学，杨军 . 油气长输管道地质灾害——滑坡崩塌和塌陷 [M]. 徐州：中国矿业大学出版社，2022.

[12] 冯拉俊，沈文宁，翟哲，等 . 地下管道腐蚀与防护技术 [M]. 北京：化学工业出版社，2019.

[13] 王鸿，沈茂丁，崔少东 . 特殊地区长输管道敷设与防护 [M]. 北京：石油工业出版社，2020.

[14] 喻建胜，彭星煜，何莎 . 埋地钢质管道腐蚀防护系统综合评价技术 [M]. 北京：石油工业出版社，2021.

[15] 汪成森，赵庆礼，王云江 . 城市管道养护与维修 [M]. 北京：中国建材工业

出版社，2019.

[16] 唐德志，张雷，陈宏健，等 . 油气集输管道腐蚀图集 [M]. 北京：石油工业出版社，2022.

[17] 刘奎荣，余东亮，周广，等 . 管道地质灾害监测数据挖掘及预警模型研究与应用 [M]. 成都：西南交通大学出版社，2022.

[18] 田中山，路民旭 . 成品油管道腐蚀控制技术及应用 [M]. 北京：科学出版社，2021.

[19] 郭臣 . 油气长输管道抢修技术培训教程 [M]. 东营：中国石油大学出版社，2020.

[20] 曹静，张恩勇 . 深水海底管道和立管工程技术 [M]. 上海：上海科学技术出版社，2021.

[21] 陈荣旗 . 海底管道工程质量验收 [M]. 上海：上海交通大学出版社，2020.

[22] 王卫国 . 天然气管道建设与运行技术 [M]. 北京：石油工业出版社，2019.

[23] 安金钰，张祖敬 . 天然气管道失效风险超前预测及布局优化 [M]. 北京：化学工业出版社，2023.

[24] 油气管道工程施工质量管理技术编委会 . 油气管道工程施工质量管理技术 [M]. 北京：石油工业出版社，2023.

[25] 张明 . 煤制合成天然气技术与应用 [M]. 北京：化学工业出版社，2017.

[26] 廖佳佳，张太佶 . 怎样寻找海洋石油与天然气宝藏 [M]. 北京：海洋出版社，2017.

[27] 唐志远 . 天然气水合物勘探开发新技术 [M]. 北京：地质出版社，2017.

[28] 梁金强，沙志彬，苏丕波 . 天然气水合物成矿预测技术 [M]. 北京：地质出版社，2017.

[29] 李洪烈，王维斌，禹扬 . 电驱天然气压气站施工监管和调试投产指南 [M]. 哈尔滨：哈尔滨工程大学出版社，2017.

[30] 管延文，蔡磊，李帆 . 城市天然气工程 [M]. 武汉：华中科技大学出版社，2018.

[31] 周均，刘俊，胡建民 . 西部天然气概述及质量检验 [M]. 中国质检出版社，2018.

[32] 陈占明，张晓兵 . 改革中的中国天然气市场 · 回顾与展望 [M]. 北京：中国社会出版社，2018.

[33] 叶张煌 . 能源新时代背景下天然气全球格局分析 [M]. 徐州：中国矿业大学出版社，2018.

[34] 梁金强，王宏斌，苏丕波 . 天然气水合物成藏的控制因素研究 [M]. 北京：地质出版社，2018.
[35] 孙仁金，曹峰 . 中国天然气产业可持续发展系统标度及优化研究 [M]. 北京：中国经济出版社，2018.
[36] 秦志宁 . 石油和天然气 [M]. 北京：北京语言大学出版社，2018.
[37] 黄晓勇 . 天然气人民币 [M]. 北京：社会科学文献出版社，2018.
[38] 龚斌磊 . 页岩能源革命：全球石油天然气产业的兴衰和变迁 [M]. 杭州：浙江大学出版社，2019.
[39] 孟尚志 . 煤系非常规天然气合采理论与技术 [M]. 北京：地质出版社，2019.
[40] 耿江波 . 基于多尺度分析的天然气价格行为特征分析 [M]. 武汉：湖北人民出版社，2019.
[41] 欧阳永林，刘洋 . 天然气地震学 [M]. 北京：石油工业出版社，2019.
[42] 郑欣 . 天然气地面工艺技术 [M]. 北京：中国石化出版社，2019.
[43] 贾爱林 . 天然气开发技术 [M]. 北京：石油工业出版社，2019.
[44] 顾安忠，成德营 . 中国液化天然气之梦 [M]. 沈阳：沈阳出版社，2019.
[45] 卢锦华，贾明畅 . 天然气处理与加工 [M]. 北京：石油工业出版社，2019.
[46] 张希栋 . 中国天然气价格规制改革与政策模拟 [M]. 上海：上海社会科学院，2020.
[47] 董长银，高永海，辛欣 . 天然气水合物开采流体输运与泥砂控制研究进展 [M]. 东营：中国石油大学出版社，2020.
[48] 周永强 . 天然气法立法研究 [M]. 北京：石油工业出版社，2020.
[49] 邢云 . 液化天然气项目管理 [M]. 北京：石油工业出版社，2020.
[50] 樊栓狮，王燕鸿，郎雪梅 . 天然气利用新技术 [M]. 北京：化学工业出版社，2020.
[51] 贾爱林，郭建林，韩永新 . 天然气开发理论与实践 [M]. 北京：石油工业出版社，2020.
[52] 王文新，高亮 . 液化天然气船货物运输 [M]. 大连：大连海事大学出版社，2020.
[53] 辛志玲，王维，赵贵政 . 天然气加工基础知识 [M]. 北京：冶金工业出版社，2021.